JOHANNES DIETLEIN

JAGD VORBEI — UND HALALI

DAS DEUTSCHE WAIDWERK – EIN AUSLAUFMODELL?

INHALT

EINLEITUNG

SUCHE NACH ORIENTIERUNG

Debatte in unübersichtlichem Gelände

Wehklagen über ein nahendes Ende der Jagd sind nicht neu. Schon zu Beginn des 19. Jahrhunderts, aber auch nach den Revolutionsjahren 1848/49 schien vielen der Untergang der Jagd gewiss. Überliefert wird die seinerzeit vorherrschende Meinung, *„daß das edle Waidwerk so schnell seinem Verenden entgegenginge, daß man ihm nicht mehr das Waidmesser zu geben brauche"*.[1] Ging es seinerzeit um die befürchtete Ausrottung der Wildbestände durch eine *„Demokratisierung der Jagd"*[2], so liegen die Dinge heute eher umgekehrt. Im Zentrum der Kritik steht der Vorwurf überhöhter Wildbestände, die dem Aufbau klimaresilienter Wälder im Weg stünden. Die Schuldigen und die Ursachen sind rasch ausgemacht: die privaten Jäger in unserem Land und ihre vermeintliche Fokussierung auf Trophäen. Selbst auf den höchsten staatlichen Ebenen wächst das Misstrauen.

Offen artikuliert wird es in der Expertise „Eckpunkte der Waldstrategie 2050“ des Wissenschaftlichen Beirates Waldpolitik beim Bundesministerium für Ernährung und Landwirtschaft aus dem Jahre 2020. Hier heißt es:

> *„Ein zentrales Hindernis für ein effizientes Wildtiermanagement zur Verbesserung der Verjüngungssituation im Wald ist die Tatsache, dass die Jagdausübung vielfach in der Hand von Jägern liegt, die bei der Jagd Entspannung vom beruflichen Alltagsstress und Erholung in der Natur suchen und dem Waldzustand gegenüber der Jagd keinen Vorrang einräumen.“*[3]

Das ist starker Tobak, der im politischen Diskurs seine Wirkungen hinterlässt. Da scheint es wenig zu helfen, wenn die viel gescholtenen „Hobbyjäger“, wie zuletzt für das Jagdjahr 2022/23 in Nordrhein-Westfalen[4], mit immer neuen Rekordzahlen bei der Erlegung der besonders schadensträchtigen Wildarten wie Reh-, Sika- und Muffelwild aufwarten.

Im Wettbewerb der öffentlichen Meinungen dominieren kritische Stimmen wie jene von Richard D. Precht, der die Jagd als „reinen Lustsport“ diskreditiert und Jagdscheine in privater Hand am liebsten gleich ganz verbieten möchte.[5] Parallel hierzu debattieren zahlreiche Landtage über grundlegende Reformen der tradierten Jagdgesetze. Selbst das scheinbar sakrosankte „Revierprinzip“, seit 175 Jahren Fundament der jagdlichen Ordnung in Deutschland, ist zur Zielscheibe der Kritik geworden. Ist das deutsche Waidwerk, wie wir es kennen, ein Auslaufmodell?

Auffallend ist immerhin, dass unter den vielen Kritikern wenig Einigkeit darüber besteht, wer denn an die Stelle der zahlenden Freizeitjäger treten soll. Während Waldeigentümer zunehmend Gefallen an der Idee finden, selbst die Büchse in die Hand zu nehmen, votieren andere für eine Überleitung der Jagd auf staatlich alimentierte Wildhüter. Daneben gewinnen Überlegungen an Boden, die Jagd der Natur selbst zu überlassen. Hoffnungsträger der Vision von einer „natürlichen Selbstregulierung“ ist der Wolf. In atemberaubendem Tempo erobert er sich Stück für Stück seinen vormaligen Lebensraum zurück – genauer gesagt das, was in unseren dichtbesiedelten Landschaften von seinem früheren Lebensraum übriggeblieben ist. Die Dynamik des Anstiegs der Wolfspopulation überrascht selbst Fachleute. Aber auch die Wolfsattacken auf Nutztiere steigen an, auf zuletzt 4366 verletzte, vermisste und getötete Weidetiere im Jahr 2022. Nicht eingerechnet sind darin die unzähligen schwer traumatisierten Tiere in den betroffenen Herden. Viele Schäfer sehen bereits das Ende ihrer Zunft nahen.

In die Defensive gedrängt sieht sich auch die Jägerschaft. Ihr lange Zeit so plausibles Narrativ, mit der Jagdausübung an die Stelle der fehlenden großen Landraubtiere treten zu müssen, scheint zu einem gefährlichen Bumerang zu werden. Denn wenn die großen Räuber ihre Reviere wieder bezogen haben, ist es dann nicht folgerichtig, ihnen als den „natürlichen“ Jagdprofis Wald und Feld zu überlassen? Und überhaupt: Ist die Jägerschaft nicht womöglich mit schuld an den steigenden Wolfsattacken auf Weidetiere, eben weil sie Hirsch und Reh für sich beansprucht, anstatt die Beute mit der wachsenden Wolfspopulation fair zu teilen? So jedenfalls schwingt es zwischen den Zeilen in einer Äußerung des Wolfsberaters des Umweltministeriums mit, wenn er ausführt: „Der Wolf gehört nach Deutschland. Aber er braucht in seinem Biotop auch genügend zu fressen.“[6] Kann es da verwundern, dass Forderungen der Jägerschaft, den Wolf in den Katalog der jagdbaren Arten zu nehmen, eher auf Misstrauen stoßen? Geht es den Jägern am Ende nicht doch allein darum, einen unliebsamen Konkurrenten loszuwerden und das eigene Fell zu retten? Die Lage ist kompliziert.

Im Dickicht der Regelungszuständigkeiten

Ähnlich unübersichtlich wie die inhaltliche Debatte ist die Frage, wer eigentlich über die jagdliche Ordnung in Deutschland zu befinden hat. Lange Zeit galt das Bundesjagdgesetz vor allem der Jägerschaft als „die Bibel" der Jagd und deren zentrales Fundament. Sie bildete den Rahmen, den die einzelnen Länderparlamente noch ausmalen, aber nicht umgestalten durften. Doch diese Zeit ist vorbei. Seit der Föderalismusreform I des Jahres 2006 teilen sich Bund und Länder die Gesetzgebungszuständigkeit für das Jagdwesen, was zu einer bunten Vielstimmigkeit des politischen Diskussions- und Entscheidungsprozesses geführt hat. Für Nichtjuristen ist kaum mehr erkennbar, wer hier eigentlich das letzte Wort spricht. Selbst Juristen tun sich schwer mit präzisen Erklärungen und sprechen vereinfachend von einem „Ping-Pong-Modell": Tatsächlich dürfen der Deutsche Bundestag und die 16 Landtage unabhängig voneinander Jagdgesetze nach ihrer eigenen Vorstellung erlassen. Maßgeblich ist in jedem Bundesland dann das jeweils jüngere Gesetz.

Beabsichtigt war damit, dass sich Bund und Länder im Ernstfall gegenseitig korrigieren können. Da nun der Bund jedoch nicht jedes unliebsame Landesgesetz mit dem Neuerlass eines eigenen Jagdgesetzes parieren kann und wird, hat das „Ping-Pong-Modell" de facto zu einer Verlagerung der Jagdgesetzgebung auf die Länder geführt. Nicht nur die Landesjagdverbände können sich über einen deutlichen Machtzuwachs freuen. Auch die Länder selbst finden zunehmend Gefallen daran, ihre Eigenständigkeit gerade auch in der Neuordnung des Jagdrechts zu dokumentieren. Zum Leidwesen einer Jägerschaft, die sich bis dahin nur selten mit größeren Reformdebatten konfrontiert sah, ist das Jagdwesen zu einem Experimentierfeld im föderalen System geworden.

Was zunächst negativ klingen mag, ist jedoch in einem Föderalstaat nicht von vornherein negativ oder gar illegitim. Im Gegenteil: Experimente können den Weg zum Besseren weisen. Und Wettbewerb belebt – auch zwischen den Ländern – das Geschäft. Das ist eine der Ideen des Föderalismus. Allerdings können Experimente auch scheitern, was für ein Gemeinwesen verständlicherweise weniger günstig ist. Dies gilt auch im Bereich der Jagd. Umso wichtiger ist es, die relevanten Fragen, die Vor- und Nachteile der verschiedenen Regulierungsmodelle, im Vorfeld gründlich zu eruieren und sachlich zu prüfen.

Nicht in allen Ländern, die eine Reform der Jagdgesetze anstreben, ist dies in der erforderlichen Weise geschehen. Die massiven Konflikte um die Neuordnung der Jagd in Nordrhein-Westfalen, die mit Inkrafttreten des Ökologischen Jagdgesetzes im Mai 2015 und dessen weitgehender Rückabwicklung in den Jahren 2018 und 2019 ihre Kulminationspunkte fanden, bieten ein unrühmliches Beispiel für eine Gesetzgebung, die in den Sog von Ideologie und Klientelpolitik geraten ist. Auch in Brandenburg und Rheinland-Pfalz erwiesen sich vorgelegte Reformentwürfe als unausgereift und praxisfern.

Umso wichtiger erscheint es, den Grundlagen und Zielen unserer bestehenden jagdlichen Ordnung genauer nachzuspüren und die in der öffentlichen Debatte diskutierten Alternativen näher zu beleuchten. Welche Erwägungen stehen hinter der geltenden Ordnung? Genügen sie den Anforderungen unserer Zeit? Und welche Anforderungen und Erwartungen sind es überhaupt, die unsere Zeit stellt – eine Zeit, die in ihrem Hang zur plakativen Vereinfachung oft genug selbst um Orientierung ringt.

Lustsport oder angewandter Naturschutz?

Es ist jedenfalls bezeichnend, wenn bekennende Jagdgegner wie Richard D. Precht, der den rund 400 000 Jägerinnen und Jägern in Deutschland allen Ernstes Entzugstherapien anrät, im gleichen Kontext konstatieren, dass *„niemand … etwas dagegen (hätte), wenn sich die Jagd … zu einer wildbiologisch sinnvollen Betätigung wandelte“.*[7]

Wo aber steht die Jagd in Deutschland wirklich? Ist sie tatsächlich jener von Precht angeprangerte Lustsport, der unvereinbar ist mit einer Rechtsordnung, die sich zum Tierschutz bekennt? Oder ist sie womöglich längst die von ihm selbst als legitime Alternative aufgezeigte wildbiologisch und ökologisch sinnvolle, wenn nicht gar notwendige Betätigung? Und wie steht es um die wohlklingende Forderung nach einer Übertragung der Jagd auf staatlich finanzierte Berufsjäger? Sind derartige Vorstellungen ökonomisch, rechtlich und praktisch überhaupt realistisch? Und was hat es mit der vielzitierten „Selbstregulierung der Natur" auf sich: Würde die Natur die Dinge wirklich in unserem Sinne richten, wenn wir sie nur walten ließen? Das impliziert auch die Frage, ob wir die Regulierung der heimischen Wildbestände wirklich einer ungebremst ansteigenden Wolfspopulation überlassen wollen. Und kann der Rückzug aus einer nachhaltigen Nutzung natürlicher Ressourcen der Weg aus der Krise sein?

Andererseits bedürfen auch die tradierten Ordnungsmodelle unserer Jagdgesetze einer kritischen Prüfung, allen voran das aus dem 19. Jahrhundert stammende Revierprinzip. Halten die überkommenen Modelle den gegenwärtigen Realitäten, aber auch den aktuellen Anforderungen an einen angemessenen Interessenausgleich in Zeiten des Klimawandels stand?

Hinter allen fachlichen Diskussionen verbirgt sich schließlich die spannende Frage, welche historischen Erblasten die aufgeladenen Debatten zum Thema Jagd in sich tragen. Die jagdliche Ordnung in Deutschland ist ein facettenreiches Thema, das immer wieder überraschende Erkenntnisse zutage fördert.

KAPITEL 1

KONFLIKTLINIEN IN EINEM LANGEN STREIT

Jagd als Motor der Evolution

Der politische Diskurs um die Jagd und ihre Rechtfertigung ist nicht nur eine tagespolitische Debatte. Vielmehr reichen die Facetten des Themas weit in die Vergangenheit bis hin zu den Ursprüngen des Menschen. Nicht von ungefähr wird gerade die besondere Entstehungs- und Entwicklungsgeschichte des Homo sapiens vielfach als eines der zentralen Argumente zur Rechtfertigung der Jagd in der Neuzeit vorgebracht: Wenn denn der Mensch, wie uns die Anthropologie lehrt, entstehungsgeschichtlich ein „geborener Jäger" ist, was sollte falsch daran sein, wenn er weiter der Jagd nachgeht?

Ohne Zweifel ist es richtig, dass der Jagd eine maßgebliche Rolle bei der Entstehung und Entwicklung unserer Art zukommt. Zwar stellten die vor fünf bis zweieinhalb Millionen Jahren lebenden menschenähnlichen Vorläufer der Gattung Homo vermutlich eher die

Beute tierischer Jäger dar, als dass sie selbst als Jäger unterwegs gewesen wären.[8] Doch während sich die Spur der auf den Verzehr pflanzlicher Kost spezialisierten Gruppen der Hominini vor rund einer Million Jahre im Nichts verliert, leiteten die Hinwendung zur Jagd und die Umstellung auf tierische Nahrung für eine andere Linie den Übergang zur Gattung Homo und zuletzt zur Entwicklung des Homo sapiens ein. Insbesondere die exorbitante Steigerung des menschlichen Gehirnvolumens wird evolutionsgeschichtlich vielfach mit der Umstellung auf energiereiche tierische Nahrung in Verbindung gebracht.[9]

Vermutlich vor 200 000 bis 300 000 Jahren tauchte Homo sapiens erstmals auf dem afrikanischen Kontinent auf und erreichte vor ca. 54 000 bis 45 000 Jahren, vielleicht früher, die europäischen Breiten.[10] Gerade einmal 7500 Jahre ist es her, dass die Jagd als vorrangige Lebensform des Homo sapiens durch die ortsgebundene Landwirtschaft abgelöst wurde. Über mehr als 40 000 Jahre hatte Homo sapiens zuvor seine jagdlichen Spuren in Europa hinterlassen, so wie vor ihm der Homo neanderthalensis und der Homo heidelbergensis. Ihrer aller zentraler Überlebensfaktor war die Jagd: Sie eröffnete Nahrungsquellen und gewährte Schutz vor gefährlichen Raubtieren. Eindrucksvolle Zeugen dieser Zeit sind etwa die Schöninger Jagdspeere und -lanzen des Homo heidelbergensis, der vor 300 000 Jahren in unseren Breiten wilden Pferden, Rindern und Hirschen nachstellte, die gut 100 000 Jahre alte Lanze von Lehringen des jagenden Neandertalers oder die rund 54 000 Jahre alten, wohl bereits vom Homo sapiens bearbeiteten Feuerstein-Pfeilspitzen aus der Mandrin-Grotte im Südosten Frankreichs.[11]

Eindrucksvolles Zeugnis dieser jagdlichen Geschichte des Menschen ist nicht zuletzt unser eigener Körperbau mit seiner in der Tierwelt einzigartig flexiblen Arm- und Schulterpartie; von der Natur über Tausende von Jahren geformt für das Schleudern von Lanzen und Speeren.[12]

Eine mindestens ebenso entscheidende Rolle dürfte der Jagd aber auch im Hinblick auf die soziokulturelle Evolution des Menschen zukommen. Denn die Jagd erforderte ein koordiniertes Zusammenwirken innerhalb der jagenden Gruppen und wurde dadurch zum entscheidenden Katalysator für das besondere Sozialverhalten des Menschen.

Ebenso kann die Jagd als Motor für die künstlerisch-kulturelle Evolution des Menschen gesehen werden. Beredtes Zeugnis hierfür sind die von dem Tübinger Archäologen Nicholas J. Conard entdeckten Eiszeitplastiken jagdlicher Beutetiere in Höhlen der Schwäbischen Alb, die aus der frühen Besiedlungszeit Europas stammen und seit 2017 zum UNESCO-Weltkulturerbe zählen. Sie sind nur unwesentlich jünger als die berühmte Darstellung eines wilden Schweins, das vor 45 500 Jahren von eiszeitlichen Jägern in die Wände einer Kalkstein-Höhle auf der indonesischen Insel Sulawesi gezeichnet wurde und derzeit als das älteste bekannte Gemälde der Welt gilt.[13]

Selbst das religiöse Denken, die „religiöse Evolution" der Menschheit, scheint ihre Ursprünge im Umfeld der Jagd zu finden. Darauf jedenfalls deutet die Grabbeigabe zu dem mutmaßlich ältesten bislang freigelegten Grab in Israel aus der Zeit um 100 000 v. Chr., die ausgerechnet in einem Hirschgeweih bestand. Grabbeigaben aus Hirschgeweih wurden, wenngleich deutlich jüngeren Ursprungs, auch in Deutschland aufgefunden.[14] Und die Überlegung liegt nahe, dass man diesen „Trophäen" womöglich eine transzendentale Bedeutung beigemessen hat. So vermutet der Bochumer Religionswissenschaftler Volkhard Krech, dass es von den existenziellen Erfahrungen der frühzeitlichen Jagd hin zu religiösen Vorstellungen nur ein kleiner Schritt war. Immerhin geht es bei der Jagd durchaus auch um Grundfragen von Leben und Tod. „Da dockt Religion an", so der Religionsforscher.[15]

Archaische Triebmodelle und das Wesen der Zivilisation

Aber hat die Entstehungsgeschichte des Menschen wirklich noch etwas mit unserer Gegenwart und mit der Gegenwart der Jagd in unserem Lande zu tun? Lässt sich die Jagd in der Moderne damit begründen, dass sie als Urform menschlichen Handelns gleichsam im menschlichen Trieb- und Instinktsystem grundgelegt sei? Tatsächlich findet sich eine unübersehbare Anzahl an Abhandlungen und Theorien zur fortdauernden Präsenz des steinzeitlichen Jägers im modernen Menschen, dem, wie es die US-Anthropologen Tiger und Fox formulierten, „die Zeit für die Evolution eines bäuerlichen oder industriellen Gehirns und Körpers“ fehlte.[16]

Spannend und unterhaltsam sind die Versuche, bestimmte Verhaltensweisen des modernen Menschen auf archaische Instinkte der steinzeitlichen Jäger zurückzuführen. Etwa die bevorzugte Wahl von Wandplätzen in Lokalen, die nach Auffassung mancher Forscher auf steinzeitliche Ängste vor den Attacken wilder Tiere geprägt sein soll; oder unser Appetit auf Fastfood, dessen Wurzeln manche in der steinzeitlichen Nahrungsknappheit und dem daraus resultierenden Heißhunger unserer frühen Vorfahren auf Zucker und Fett sehen. Natürlich ist die Existenz solcher Vererbungslinien keineswegs ausgeschlossen. Immerhin wissen wir aus der modernen Epigenetik, dass Verhaltensweisen und erst recht traumatische Erlebnisse der Eltern und Großeltern Einfluss auf unseren „epigenetischen Code“ haben können, der dann über die Aktivierung bestimmter Gene entscheidet.

Doch genau diese hohe Dynamik unseres Erbgutes dürfte es zugleich schwierig machen, bestimmte Verhaltensformen ausgerechnet auf Erfahrungen unserer steinzeitlichen Vorfahren zurückzuführen. Dies gilt übrigens auch für Theorien, die die scheinbar nicht auszurottende Neigung der Menschen zur Gewalt mit dem frühen Jägerdasein des Homo sapiens in Verbindung bringen wollen. Ihnen ist der US-Anthropologe Travis Pickering von der University of Wisconsin-Madison mit der ebenso bemerkenswerten These entgegengetreten, dass gerade umgekehrt die Professionalisierung der Jagd und der Einsatz von Distanzwaffen wie Speeren und Lanzen schon bei den frühen Menschen zu einer Entkoppelung von Aggression und Jagd geführt habe. Aber auch die De-Emotionalisierung der Jagd wäre dann womöglich eine frühzeitliche jagdliche Prägung.

Wie immer man zu den vielfältigen Theorien um unser inneres Sein steht, so erscheint es doch schwierig, aus frühzeitlichen Verhaltensformen des Menschen eine Rechtfertigung für heutiges Handeln und damit eben auch für die rechtliche Zulassung der jagdlichen Tötung hochentwickelter Säugetiere in der Neuzeit ableiten zu wollen. So belegt nicht nur der marginale Jägeranteil von gerade einmal 0,5 % an der deutschen Gesamtbevölkerung, dass es bei der modernen Jagd nicht um eine typusprägende Form der Selbstentfaltung des Menschen geht. Und selbst wenn man dies anders bewerten will: Besteht die Einzigartigkeit des Menschen nicht gerade darin, dass er, anders als alle übrigen Mitgeschöpfe auf diesem Planeten, so etwas wie einen eigenen Willen entwickeln konnte und sich damit weithin aus der Gefangenschaft der bloßen Instinktsteuerung befreit hat? Diese Freiheit sowie die Fähigkeit des empathischen Blicks auf seine Mitgeschöpfe geben dem Menschen die Möglichkeit, das eigene Handeln zu reflektieren und an den jeweiligen Reflexionsstand anzupassen. Es ist dies der Ausgangspunkt dessen, was wir Zivilisation nennen, und deren Wesen in der stetigen Weiterentwicklung des sozialen Miteinanders und des verantwortungsvollen Umgangs mit unserer Umwelt und unseren eigenen Lebensgrundlagen liegt. In die hierdurch eröffnete zivilisatorische Entwicklung der Menschheit ist die Jagd als menschliche Verhaltensform einbezogen.

Empathie, Reflexion und die Überwindung korrekturbedürftiger Verhaltensformen sind in diesem Prozess zentrale Bausteine. So käme denn auch niemand auf die Idee, aus der Abwehrhaltung steinzeitlicher

Menschengruppen gegenüber ihnen unbekannten anderen Gruppen auf eine Legitimation rassistischen Verhaltens in der Neuzeit zu folgern. Und niemand würde aus dem von Yuval Noah Harari rekonstruierten Gebaren unserer steinzeitlichen Artgenossen, alten und kranken Angehörigen der eigenen Horde beizeiten den Schädel einzuschlagen[17], irgendwelche Rechtfertigungsgründe für Mord und Totschlag in der Neuzeit ableiten.

Zudem zeigt uns die moderne Forschung, dass empathisches Verhalten durchaus auch in der Tierwelt nachzuweisen ist. Etwa wenn Ratten Futter verweigern, sobald ihnen dieses bei gleichzeitiger Beschallung mit Schmerzlauten ihrer Artgenossen angeboten wird; aber auch artübergreifend, wenn etwa in Zoologischen Gärten gehaltene Gorillas, wie die legendäre Binti Jua oder ihr männlicher Artgenosse Jambo, zu Rettern von kleinen Menschenkindern wurden, die in das Tiergehege gefallen waren. Und zeichnet sich die heutige Jagd nicht gerade dadurch aus, dass sie das Wild als fühlende und schmerzempfindende Mitgeschöpfe wahrnimmt und diesem Umstand mit dem Bekenntnis zur Waidgerechtigkeit Rechnung zu tragen sucht? So wenig daher Empathie und Jagd in der Neuzeit einen Widerspruch bilden, so wenig trägt der Hinweis auf das steinzeitliche Erbe des Menschen als Rechtfertigung der Jagd auf wild lebende Tiere.

Mensch und Natur: „Zeitenwende“ des Denkens

Dies gilt umso mehr, als das Thema Jagd in einem unmittelbaren Bezug zu der immerwährenden großen Frage nach dem Verhältnis von Mensch und Natur steht. In kaum einem anderen Lebensbereich aber ist ein solch grundlegender Umdenkens- oder auch Zivilisationsprozess festzustellen wie in Fragen des Umgangs mit der Natur. Wäre der Begriff nicht politisch abgenutzt, könnte man in der Tat von einer „Zeitenwende“ sprechen.

Über Jahrtausende hinweg folgte das Verhältnis des Menschen

zur Natur dem alttestamentarischen Gebot, sich die Welt „untertan“ zu machen und über alles Vieh und Getier zu herrschen, welches auf Erden kriecht (Genesis 1,26-28). Und mit dem komfortablen Freibrief dieser biblischen Herrschaftsverheißung ließ sich die Frage nach den ethischen Anforderungen im Umgang mit der Natur und den Tieren nur allzu bequem an den Rand drängen. Gewiss gab es immer schon differenzierende Aussagen wie jene des griechischen Philosophen Pythagoras (um 570 v. Chr.–510 v. Chr.), dem der Aphorismus zugeschrieben wird: „Alles, was der Mensch den Tieren antut, kommt auf den Menschen wieder zurück.“ Und auch Martin Luther (1483–1546) soll sich bereits differenziert über die Rechtfertigung speziell der Jagd geäußert haben, die nach seiner Auffassung „wohl göttlich und recht geübet werden kann“, dies aber nur, soweit sie „ohne gewaltsame und unrechte Vergreifung an ihren Unterthanen und auch ohne Schaden und Verderb derselben“ erfolge. „Wo es aber anders gehet, da ist das Jagen der allerärgeste und schädlichste Handel.“[18]

Ein systematisches Nachdenken über den Umgang des Menschen mit den Tieren nahm freilich erst mit der Aufklärung im 18. Jahrhundert den Anfang. Endgültige Fahrt nahmen die zunächst eher zersplitterten Initiativen zum Schutz der Tiere im 20. Jahrhundert auf. Dass hierbei auch die Jagd unter Rechtfertigungsdruck geraten würde, wurde spätestens am 26. Dezember 1963 deutlich, als die in demselben Jahr von John Prestige gegründete „Hunt Saboteurs Association“ erstmals Störaktionen gegen eine Fuchsjagd im Vereinigten Königreich durchführte, freilich nicht ohne heftige staatliche Gegenreaktion. Schon wenig später schufen Schriften wie Peter Singers „Animal Liberation“ aus dem Jahre 1975 oder der von John Harris herausgegebene Sammelband „Animals, Men and Morals“ aus dem Jahre1973 das gedankliche Fundament der modernen Tierrechtsbewegung.

Wandlungen der Mehrheitsgesellschaft

Aber auch innerhalb der Mehrheitsgesellschaft setzte ein langsames, aber stetiges Umdenken ein. Spektakulär, wenn auch für die meisten Menschen eher weit entfernt, waren die Warnungen des Club of Rome aus dem Jahre 1972, mit denen US-Forscher unter anderem auf drohende Umweltschäden als Folge eines scheinbar grenzenlosen Wachstums hinwiesen. In gleicher Richtung hatte bereits ein Jahr zuvor Papst Paul VI. in seinem Apostolischen Schreiben Octogesima adveniens auf die Probleme der zunehmenden Umweltzerstörung hingewiesen. Greifbarer waren da die Bedrohungen durch den zunehmenden Artenrückgang. Sie wurden in den Kindes- und Jugendjahren der Boomer-Generation insbesondere in der Fernsehserie „Ein Platz für Tiere" breiter thematisiert. Die hierbei erzielten Einschaltquoten des ebenso legendären wie streitbaren Frankfurter Zoodirektors Prof. Bernhard Grzimek lagen bei sagenhaften 75 Prozent.[19]

Einen ersten großen rechtlichen Erfolg bildete der Abschluss des Washingtoner Artenschutzübereinkommens im Jahre 1973. Ihm sind bis heute 184 Staaten beigetreten. Dem Washingtoner Abkommen folgten im Jahre 1979 die Berner Konvention sowie die Europäische Vogelschutzrichtlinie. Eine tiefgreifende Zäsur bildete kurz darauf das neuartige Phänomen des sogenannten „Waldsterbens", das auch die Menschen in Deutschland bewegte. Die Schreckensvision von einer „baumlosen Zukunft" versetzte weite Teile gerade der jüngeren Bevölkerung in Angst und Schrecken.[20] „No future" war lange vor der „letzten Generation" eines der Schlagworte der 80er-Jahre des letzten Jahrhunderts.

Die befürchtete Apokalypse blieb aus. Die zunehmende Sensibilisierung der Öffentlichkeit im Umgang mit der Umwelt aber blieb. Schrittweise fand sie Eingang in die rechtliche Ordnung Deutschlands. Im Jahre 1990 wurde das altehrwürdige Bürgerliche Gesetzbuch aus dem Jahre 1900 dahin geändert, dass Tiere fortan keine Sache mehr darstellten und durch besondere Gesetze geschützt sein sollten. Von erheblicher Tragweite war der Erlass der europäischen Fauna-Flora-Habitat(FFH)-Richtlinie zwei Jahre später. Ihr folgte im Jahre 1994, also wiederum zwei Jahre später, die Verankerung des Schutzes der natürlichen Lebensgrundlagen als Staatsziel in Art. 20a des Grundgesetzes der Bundesrepublik Deutschland, und nochmals drei Jahre später, im Jahre 1997, die unionsrechtliche Verankerung des Tierschutzes im Protokoll zum Amsterdamer Vertrag, der im Mai 1999 in Kraft trat. 2002 wurde das grundgesetzliche Staatsziel des Schutzes der natürlichen Lebensgrundlagen schließlich um den Schutz der Tiere erweitert.

Aber es blieb keineswegs bei rechtlichen Regelungen. Auch im Lebensalltag der Menschen sind für die vergangenen Jahrzehnte grundlegende Veränderungsprozesse zu verzeichnen. Und dabei geht es nicht nur um die einst so beliebten Nerz- und Persianermäntel, die in den 1960er und 1970er Jahren zu einem allgegenwärtigen Symbol des Wohlstandes avanciert waren und heute nahezu vollständig aus dem öffentlichen Leben verschwunden sind. Auch die tierexperimentelle Forschung an Deutschlands Universitäten ist seit Jahren rückläufig. Längst stehen vormalige Selbstverständlichkeiten wie der Fleischkonsum insgesamt in der Diskussion. Rund acht Millionen Menschen in Deutschland ernähren sich mittlerweile fleischlos, Tendenz steigend. Der durchschnittliche Pro-Kopf-Fleischverzehr sank nach den Zahlen des Bundesinformationszentrums Landwirtschaft von 2011 bis 2021 um 12,4 Prozent.[21] Das Jahr 2022 brachte ein nochmaliges massives Absacken des Pro-Kopf-Verzehrs, der mit 52 Kilogramm rund 4,2 Kilo niedriger lag als im Vorjahr. Die Zahlen für das Jahr 2023 lassen mit 51,6 Kilo Durchschnittsverzehr eine fortdauernde Tendenz nach unten erkennen.[22]

Der gefährliche Weg von der Idee zur Ideologie

Man mag in dieser Entwicklung den Ausdruck eines fortschreitenden Reflexionsprozesses sehen. Geichwohl hat es nicht selten den Anschein, als drohten gute Absichten über das Ziel hinauszuschießen. Etwa wenn in dem Bemühen um eine Verbesserung des Tierwohls der Ruf nach „Grundrechten für Tiere“ und der Anerkennung eines „Grundrecht des Fuchses“ auf Leben und körperliche Unversehrtheit laut wird.[23]

Solche Forderungen relativieren nämlich nicht nur die Grundrechtsidee, indem sie uneinlösbare Versprechen geben und Grundrechte damit zur kleinen Münze machen. Sie übergehen vor allem den kategorialen Unterschied zwischen Mensch und Tier und relativieren hiermit die Einzigartigkeit des Menschen, die doch gerade das Fundament der Grundrechtsidee darstellt. Bedenklich ist auch, wenn das für freiheitlich-demokratische Ordnungen fundamentale Mehrheitsprinzip im Kampf für den Schutz der Umwelt mit Floskeln wie „Follow the science“ außer Kraft gesetzt werden soll. Schon die Annahme, dass Wissenschaft mit einer Stimme spreche und hierbei unverrückbare Wahrheiten verkünde, verkennt grundlegend das Wesen von Wissenschaft. Denn Wissenschaft ist ihrem Wesen nach auf permanenten Diskurs angelegt und damit zugleich auf die Offenheit für permanente Selbstkorrektur. Unverrückbare Wahrheiten gibt es in einem solchen Wissenschaftsmodell grundsätzlich nicht.

Vor allem aber ist zu betonen, dass Wissenschaft keine politische Agenda verfolgt. Gerade weil es der Wissenschaft zweckfrei um die Vermehrung des Wissens geht, bedürfen wissenschaftliche Erkenntnisse notwendig einer politischen Einordnung und Transformation. Wissenschaft kann und will Politik nicht ersetzen. Und um der Freiheit der Bürger willen darf sie es auch nicht. Insofern kann es nie das Ziel eines demokratischen Gemeinwesens sein, wissenschaftliche Wahrheiten – oder womöglich nur vermeintliche wissenschaftliche

Wahrheiten – gegen die Bürger durchzusetzen. Vielmehr muss es umgekehrt darum gehen, im politischen Diskurs Mehrheiten „für" die als richtig erachteten Ziele zu gewinnen. Eben dies unterscheidet ein freiheitlich-demokratisches Gemeinwesen von einem autoritären Staat.

Und selbst über die Frage, ob der Verzicht auf Fleischgenuss dem Menschen wirklich zum Vorteil gereicht, ist die Wissenschaft keineswegs so einig, wie dies oft dargestellt wird. Immerhin haben sich zuletzt nahezu 1000 Wissenschaftler aus aller Welt in der – medial allerdings nur mäßig transportierten – „Dubliner Erklärung" von 2022 dezidiert gegen eine fleischlose Ernährung positioniert. In offener Konfrontation mit dem Zeitgeist heißt es hier, dass die Nutztierhaltung *„zu kostbar (ist), um Opfer von Vereinfachung, Reduktion oder Fanatismus zu werden"*.[24]

Die Jagd im Visier

Dass sich im Zuge des aufgezeigten rasanten Mentalitätswandels auch das lange eher als „Hobby" wahrgenommene Jagdwesen neuen Fragen und Herausforderungen ausgesetzt sehen würde, zeichnete sich früh ab. Zum Fanal wurde die in jagdkritischen Kreisen bis heute gefeierte ARD-Dokumentation mit dem Titel „Bemerkungen über den Rothirsch" an Heiligabend 1971. In ihr stellte der prominente Journalist Horst Stern das tradierte Bild des naturverbundenen „Waidmanns" massiv infrage und monierte mit drastischen Worten die von ihm diagnostizierten überhöhten Rotwildbestände in deutschen Wäldern.

Seither ist die Diskussion um Inhalt und Rechtfertigung der Jagd nicht mehr verstummt. Vermochte die zentrale Gesetzgebungszuständigkeit des Bundes für den rechtlichen Rahmen der Jagd die aufbrechenden Debatten um eine zeitgemäße Jagd noch einige Zeit in Schach zu halten, so änderte sich dies spätestens mit der bereits erwähnten „Föderalismusreform I" im Jahre 2006. Mit ihr wurde den 16 Länderparlamenten erstmals der nahezu umfassende Zugriff auf die Jagdgesetzgebung eröffnet. Die bald auf Länderebene anlaufenden Debatten erhielten einen massiven und unerwarteten Schub durch ein Urteil des Europäischen Gerichtshofs für Menschenrechte (EGMR) aus dem Jahre 2012. Mit ihm gewährte der Menschenrechtsgerichtshof privaten Grundstückseigentümern das Recht, die Jagd auf ihren Grundstücken aus Gewissensgründen untersagen zu können.

Das Pikante an der Entscheidung des EGMR bestand darin, dass das Recht zur Ausübung der Jagd – vom Sonderfall der sogenannten Eigenjagden großer Grundbesitzer abgesehen – nach deutschem Recht gar kein Recht des Grundeigentümers ist, sondern ein eigenständiges Recht der Jagdgenossenschaft, eines öffentlich-rechtlichen (Zwangs-)Verbundes der Grundeigentümer mit eigener Rechtspersönlichkeit, die dieses Recht regelmäßig durch Verpachtung nutzt. Die Entscheidung des EGMR führte damit zu dem paradoxen Ergebnis, dass einem privaten Dritten das Recht zuerkannt wurde, die Wahrnehmung von Eigentumsrechten durch den hierzu legitimierten Eigentümer und Nutzungsberechtigten zu unterbinden.[25]

Dass der siegreiche Beschwerdeführer zwar die Jagdausübung auf seinen Grundflächen ablehnte, auf eben diesen Flächen aber die Beweidung von Schlachtvieh akzeptierte, machte die Dinge nicht einfacher. Ist die jagdliche Erlegung von Tieren, wie der Entscheidung entnommen werden könnte, ethisch tatsächlich anders und negativer zu beurteilen als die industrielle Schlachtung im Rahmen der Massentierhaltung? Und so stellte die Entscheidung gewiss eine weitere Etappe in der seither deutlich heftigeren Debatte um die Zukunft der jagdlichen Ordnung in Deutschland dar.

Hinzu kommt, dass die insgesamt gewiss hohen Schalenwildbestände in Deutschland vermehrt als Bedrohung insbesondere der klimagestressten Wälder empfunden werden, ein Thema, das mit dem anstehenden Umbau der Wälder hin zu klimaresilienten Wäldern massiv an Brisanz hinzugewonnen hat. Scheitert effektiver Klimaschutz im Wald also womöglich an den partikularen Egoismen der Jägerschaft?

Zur soziokulturellen Nachhaltigkeit der Jagd

Es gibt keinen Zweifel: Die Jagd der Neuzeit muss ihren Standort neu bestimmen, nicht nur in unserem Lande. Sie muss zeitgemäße Antworten finden auf die Frage nach ihrer Funktion und den maßgeblichen Funktionsbedingungen. Und vor allem: Sie muss ihr Handeln und ihre Funktion der nichtjagenden und zunehmend naturentfremdeten Bevölkerung gegenüber erklären. Dies ist kein einfaches Unterfangen. Zumal für eine Gruppe, die sich über Jahrhunderte hinweg mit einer eigenen Sondersprache von der Normalbevölkerung abzugrenzen und diese gezielt von der jagdfachlichen Kommunikation auszuschließen suchte.[26]

Natürlich hat sich seither sehr viel getan. Längst wurde erkannt, dass die Idee der Nachhaltigkeit der Jagd auch eine soziokulturelle Komponente enthält: Denn nur eine Jagd, die sich der Mehrheitsgesellschaft rational vermitteln lässt, wird dort die für ihr eigenes Überleben unabdingbare Akzeptanz finden.[27] Zu Recht hat die renommierte Jagdwissenschaftlerin Sigrid Schwenk schon im Jahre 1997 ausgeführt, dass gerade die nichtjagende Bevölkerung heute „eine besonders wichtige Stellung im Jagdwesen und damit auch in der Jagdwissenschaft (ein)nimmt … – denn die Gesellschaft ist es, die entscheidet, ob und wie in Zukunft gejagt werden kann“.[28] Wie wichtig dieser Aspekt ist, verdeutlicht eine jüngste Marktforschungsstudie, die für unser Nachbarland Österreich ein kontinuierliches Absinken der Zustimmung zur Jagd diagnostiziert, deren Kipppunkt im Jahre 2030 erreicht werde. Von der danach erwarteten jagdkritischen Mehrheit seien dann neue und „vermutlich sehr enge“ Regeln für die Jagd zu erwarten.[29] Aber natürlich handelt es sich nur um eine Prognose. Und Zustimmungswerte können sich ändern, manchmal sogar auf kürzere Sicht.

Auch in Deutschland hat die Debatte um die Zukunft der Jagd spätestens mit der Föderalismusreform des Jahres 2006 und der De-facto-Überleitung der Jagdgesetzgebung auf die Länder an Fahrt aufgenommen. Nicht zufällig sind gerade die Länderparlamente in den vergangenen Jahren wiederholt Austragungsort heftiger Debatten um eine zeitgemäße Jagd gewesen.

Bemerkenswert dabei: Trotz unterschiedlichster Standpunkte und hitzigster Debatten wurde die Notwendigkeit eines geordneten Wildtiermanagements, also letztlich „die Jagd" selbst, in keinem Land und von keiner Seite grundsätzlich infrage gestellt. Selbst die von der traditionsorientierten Jägerschaft erbittert bekämpften „Öko-Gesetze" zielten nicht etwa auf eine Abschaffung, sondern im Gegenteil auf eine Intensivierung der Jagd zum Schutz insbesondere der Wälder. Treibjagd als Wald- und Klimaschutzjagd! Dass weite Teile der Jägerschaft mit diesem doch im Grunde ehrenvollen Mandat überwiegend gar nicht einverstanden waren und sich bisweilen zum Schädlingsbekämpfer degradiert sahen, gehört für Außenstehende gewiss zu den nicht sogleich verständlichen Volten dieser vielschichtigen Debatte. Wir werden hierauf vor allem in dem Kapitel „Wald vor Wild" zurückkommen.

Allem politischen Getöse zum Trotz sind die Auswirkungen der Reformen auf die Jagd in Deutschland zumindest bislang eher überschaubar geblieben. Dies selbst für Nordrhein-Westfalen, wo ein neuer Landtag manchen Übertreibungen des in der Jägerschaft so verhassten Öko-Jagdgesetz des Jahres 2015 alsbald die Zähne zog. Immerhin zeigen die neueren Reformentwürfe, etwa in Brandenburg und Rheinland-Pfalz, dass die politischen Vorstellungen über die Jagd und ihre Ordnung sehr weit auseinanderliegen.

Jagd als Projektionsfläche

Aber woher kommt dann das schillernde Charakterbild der Jagd? Ist es wirklich das Erlegen wilder Tiere, das so viel Gegnerschaft und Widerwillen begründet? Wenn dies so wäre, weshalb treffen Kritik und Wut dann nicht in gleicher oder sogar größerer Wucht die großen Schlacht- und Lebensmittelbetriebe, in denen eine um den Faktor 350 größere Anzahl von Tieren ihr Leben lässt als in den Jagdrevieren unseres Landes? Wieso treffen Kritik und Wut nicht in gleicher Weise die vielen Forstbeamten, die oft sogar deutlich „abschussorientierter" ans jagdliche Werk gehen als die „Freizeitjäger"? Ist es vielleicht vielmehr die sogenannte Jagdpassion, dieser vielzitierte und doch so undurchschaubare innere Trieb, der vorgeblich speziell die Freizeitjäger antreiben soll und weniger die Beamten im staatlichen Forstdienst? Und wenn dies so wäre, weshalb treffen Kritik und Wut dann nicht auch die geschätzt über drei Millionen deutschen Freizeitangler[30], die – oft in Familienbegleitung – am Seeufer nicht weniger passioniert der Fischwaid nachgehen und deren spitzen Haken weit mehr Wirbeltiere „zum Opfer fallen" als der jagdlichen Kugel? „6,64 Mio. Deutsche", so heißt es auf der Website des Deutschen Anglerverbands, „gehen mindestens einmal im Jahr angeln. Das entspricht einer Beteiligung an der Angelfischerei von 9,4 % der Gesamtbevölkerung (über 14 Jahre)."[31] Sind es also vielleicht doch auch noch andere Aspekte, die Grund oder zumindest Auslöser der speziellen Assoziationen und Reaktionen sind?

Es ist kaum zu bestreiten, dass die Jagd in einem nicht unerheblichen Maße Projektionsfläche ist, und zwar für deren Anhänger ebenso wie für deren Gegner. Schauen wir zunächst auf die Jägerschaft, für die die Jagd nicht selten ein eigenes grünes Universum neben dem Grau des Alltags darstellt – ein Universum, das sich mit eigener Sprache, eigener Tracht, eigenen Konventionen von der „normalen" bürgerlichen Welt abhebt. Zugehörig im klassischen Sinne zu einer verschworenen „grünen Zunft“ – und das, obgleich die moderne wildbiologische Forschung ironischerweise ausgerechnet die Farbe Rot als diejenige Farbe ausgemacht hat, die von den bejagten Wildarten am wenigsten wahrgenommen wird. Bisweilen in einer Weise traditionsorientiert, dass es den nüchternen Blick auf die glücklicherweise überwundenen Missstände der feudalen Jagd in unserem Land zu verstellen droht.

Beliebt ist auch der Verweis darauf, dass man als Jäger im Auftrage des Gemeinwohls unterwegs ist. Selbstbewusst prangen die wappenverzierten „Jagdschutz“-Embleme an den Windschutzscheiben vieler Jagdfahrzeuge; ein Umstand, der im Jahre 2013 im Land Nordrhein-Westfalen zu einem bizarren Wappenstreit geführt hat. Nach Protesten aus Kreisen des Tierschutzes verzichtete der dortige Landesjagdverband auf die weitere Verwendung des offiziellen Landeswappens. In der weiteren Folge wurden vielfach auch die Jagdschutz-Embleme der Fahrzeuge umgestellt.

In der Tat: Die Jägerschaft ist nicht im staatlichen Auftrag unterwegs. Aber ist das ein Makel? Dass ein freies Land auch die Regulierung der Wildbestände soweit möglich freiheitlich organisiert, sollte doch eigentlich eine Selbstverständlichkeit und unser aller Anspruch sein. Und dass in diesem freiheitlichen Rahmen durchaus auch Gemeinwohlaufgaben übernommen werden, ist kein Widerspruch, sondern geradezu das Idealbild des sozialpflichtigen Eigentums. Der Gebrauch des Eigentums soll, so klärt uns unsere Verfassung in Art. 14 Abs. 1 Satz 2 GG auf, „zugleich dem Wohl der Allgemeinheit dienen“. Ein hoher Anspruch, den sich die Jägerschaft sicherlich nicht mit weniger Stolz an die Windschutzscheiben heften könnte.

Aber auch in jagdkritisch eingestellten Kreisen muss die Jagd vielfach als Projektionsfläche herhalten: Als vermeintliches Paradigma für den leider zu oft unbarmherzigen und ausbeuterischen Umgang der Menschen mit der Natur, vor allem aber auch als Paradigma für soziale Ungerechtigkeit, wie zumal das vormalige Jagdregal der Fürsten gewiss zu Recht wahrgenommen worden war. Das Ende der Feudaljagd änderte aber für viele nichts an der Bewertung der Jagd als „feudales Hobby".

In eben diesem Sinne kam eine vor einigen Jahren an der Universität Freiburg erstellte sozialwissenschaftliche Studie zu dem bemerkenswerten Ergebnis, dass die ablehnende Haltung in Teilen der Bevölkerung, insbesondere des sogenannten „Selbstverwirklichungsmilieus", weniger der Jagd selbst gelte als vielmehr der Personengruppe der Jäger. Insofern werde Jägern auch nicht per se das Töten von Tieren angelastet. Vielmehr kam die Soziologin Annette Braun zu dem Schluss, dass vielen der von ihr befragten Menschen

> *„der Prototyp des Jägers vorzuschweben (scheint), den bestimmte negative Eigenschaften auszeichnen. Es wird häufig festgestellt, dass Jäger Männer seien, deren Beweggründe für die Jagd eher Prestigegewinn, ‚Mordlust' oder ‚Aufgeilen' seien. Die Wortwahl ist bei den entsprechenden Äußerungen teilweise sehr heftig, was die deutliche Ablehnung unterstreicht."*[32]

In ausgeprägter Form lässt sich die von Annette Braun diagnostizierte soziale Komponente zumal in Großbritannien beobachten. Nicht allein die früheren Debatten um das Verbot der Fuchsjagd, sondern auch das im März 2023 beschlossene Importverbot für Jagdtrophäen werden hier vielfach auf einen latent fortwirkenden „Klassengegensatz" zurückgeführt, „der Jagd mit Herrschaft gleichsetzt".[33]

Gewiss wäre die Diskussion um die Zukunft der Jagd in Deutschland um einiges einfacher, wenn sich das bisweilen reflexartige Abrutschen in entsprechende Projektionsebenen vermeiden ließe. Diskussionsstoff bliebe allemal genug. Denn Jagd bedeutet das legale

Töten hochentwickelter Wirbeltiere in der freien Natur und das privilegierte Führen von Schusswaffen. Die Gewährleistung derartiger Rechte durch die Rechtsordnung ist ohne Zweifel mit einem besonderen Vertrauensvorschuss verbunden. Es ist daher Aufgabe der Berechtigten, diesem Vertrauen gerecht zu werden und den Gesamtnutzen ihres Handelns zu erklären. Insofern reicht es nicht, auf tradierte Besitzstände zu pochen. Erst recht hilft es wenig, mit dem Finger auf andere zu zeigen, selbst wenn in der arbeitsteiligen Gesellschaft der Neuzeit letztlich hinter jedem Einkauf an der Fleischtheke die Tötung eines hochentwickelten Wirbeltieres steht.

Demokratie als Diskurs

Die Wahrheit ist nämlich, dass die Regeln des Zusammenlebens, einschließlich jener zur Jagd, in einem demokratischen Gemeinwesen immer wieder neu diskutiert werden. Dies gilt letztlich selbst für die von den Jägern durchaus zu Recht als Schutzschild hochgehaltene Eigentumsgarantie des Grundgesetzes. Warum dies so ist, erklärt unsere Verfassung selbst: So heißt es in Art. 14 Abs. 1 Satz 2 GG: „Inhalt und Schranken (des Eigentums, d. V.) werden durch die Gesetze bestimmt.“ Nicht nur die Schranken des Eigentums unterliegen also einer gesetzlichen Regelung, sondern der Inhalt des Eigentums selbst, also das, was eigentlich Eigentum ist. Gesetze aber werden durch den Gesetzgeber erlassen, und Gesetzgeber ist zunächst einmal das Parlament mit seinen jeweiligen politischen Mehrheiten.

Es ist also gerade nicht so, als wenn die jeweilige eigentumsrechtliche Ausgestaltung der Jagd in Stein gemeißelt und so den tagespolitischen Mehrheiten im Parlament entzogen wäre. Dies mag für einen Kernbereich der eigentumsrechtlichen Ordnung der Fall sein. Jenseits dieses Eigentumskerns dagegen wird die Frage, welche konkreten Nutzungs- und welche Ausschlussrechte das Eigentum gegenüber Dritten vermittelt, in den Parlamenten verhandelt und austariert. Die dem Eigentümer zuerkannten Ausschlussrechte werden dabei schon wegen der im Grundgesetz normierten „Sozialpflichtigkeit" des Eigentums niemals absolut sein können. Und je mehr die jeweiligen Eigentumsrechte in einem Sozialbezug stehen, umso größer ist der Spielraum des Gesetzgebers bei der Festlegung von Inhalt und Schranken des Eigentums.

In eben diesem Sinne müssen etwa Waldeigentümer Schranken ihres eigentumsrechtlichen Ausschlussrechts hinnehmen, wenn es um die Erholungsinteressen der Waldbesucher geht. Die Eigentümer großer Unternehmen müssen die Mitbestimmung der Arbeitnehmer in ihren Unternehmen hinnehmen. Und ebenso ergeht es den jagdlichen Eigentümern, deren Nutzungsrechte immer wieder neu mit den Interessen der Land- und Forstwirte sowie den Interessen der Allgemeinheit, insbesondere jenen des Umwelt- und des Tierschutzes, in Ausgleich gebracht werden müssen. Auch das jagdliche Eigentum ist also letztlich, selbst wenn es als solches „verfassungsfest" garantiert ist, eine wandelbare Größe. Es ist, ob es Eigentümern gefällt oder nicht, in weitem Umfang das Ergebnis eines immer neuen politisch-gesellschaftlichen Abwägungsprozesses.

Dies bedeutet aber zugleich, dass das Eigentum nicht nur rechtlich, sondern vor allem auch politisch verteidigt werden muss. Und hierzu gehört in erster Linie zu erklären, worum es geht und weshalb mit einer möglichst freien Nutzbarkeit des Eigentums regelmäßig der höchste Nutzen für das Gemeinwohl einhergeht. Argumente hierfür gibt es genug. Prägnant fasste sie der preußische Reformer Freiherr vom und zum Stein vor mehr als 200 Jahren in dem Diktum zusammen:

> *„Es scheint, dass eine Wirtschaft nur dort gedeiht, wo wirklich Eigentum und uneingeschränkte Verfügung darüber stattfindet. Bei einem ungewissen Eigentum wird man die Anlagen vermissen, die nur mit der Zeit Nutzen bringen; es wird wenig zur Verbes-*

serung der Viehzucht geschehen, es werden nicht Gräben gezogen, nicht Wiesen abgewässert, nicht Baumpflanzungen angelegt, und wenn es mit Zwang geschieht, so geschieht es schlecht.“[34]

Wer die Eigentumsgarantie unseres Grundgesetzes genauer liest, der bemerkt, dass die Formulierung des Eigentumsgrundrechts durchaus in der gedanklichen Tradition des Freiherrn vom Stein steht. Denn nach dem Wortlaut der Eigentumsgarantie des Art. 14 Abs. 2 Satz 2 GG ist es gerade der „Gebrauch“ des Eigentums, der „zugleich dem Wohle der Allgemeinheit dienen (soll)“, nicht die Beendigung des Gebrauchs oder der „Ausstieg“ aus der Eigentumsnutzung. Auch für diejenigen, die Eigentumsrechte für sich beanspruchen, führt daher kein Weg daran vorbei, den Diskurs aufzunehmen und den unbestreitbaren Gemeinwohlvorteil einer privaten Eigentumsordnung darzulegen.

Die gilt für das jagdliche Eigentum womöglich noch mehr als für das ebenfalls mit zunehmenden Nutzungsbeschränkungen überzogene landwirtschaftliche Eigentum. Denn für die weite Bevölkerungsmehrheit der Nichtjäger bleibt die Jagd zumeist fremd und undurchsichtig. Und wer sich als Außenstehender im Internet über die Jagd fachlich zu informieren sucht, gerät schnell entweder auf die Seiten entschiedener Jagdgegner, oder aber wird mit martialisch inszenierten Erlegerfotos oder -videos konfrontiert, die dem Image der Jagd alles andere als zuträglich sind.

Nicht zuletzt haften der Jagd erhebliche historische Erblasten an, die den öffentlichen Diskurs nicht einfacher machen. Bereits erwähnt wurde die Jahrhunderte währende Drangsalierung weiter Teile insbesondere der Landbevölkerung durch die feudale Jagd. Ihre neuzeitliche Fortsetzung fand sie in der brutalen Errichtung sogenannter Reichsjagdreviere durch den selbsternannten NS-„Reichsjägermeister“ und verurteilten Kriegsverbrecher Hermann Göring, aber auch in der

„Reservierung" von rund fünf Prozent des Territoriums der DDR durch die sozialistischen „Feudalherren" um Erich Honecker.

Das Bambi-Trauma

Man geht wohl nicht fehl in der Annahme, dass die negativen Erfahrungen der Deutschen mit einer „Jagd der Privilegierten" subkutan und unterschwellig weiterwirken im kollektiven Gedächtnis des Landes. Ebenso subkutan werden sie weitergegeben in der gewiss unreflektierten Heroisierung des „Wildschützen" als Symbolfigur für den Kampf des einfachen Volkes gegen „die da oben" und als Namensgeber für zahllose Restaurants, aber auch in den traurig-lustigen Kinderliedern wie jenem um den „armen Kuckuck", der vom Jäger erschossen wurde.

Und nicht zuletzt ist da der legendäre Bambi-Zeichentrickfilm aus dem Jahre 1942, ausgerechnet aus der Feder eines Jägerschriftstellers, der mit der Darstellung des durch gedankenlose Jägerhand zum Halbwaisen gemachten jungen Hirsches Bambi die öffentliche Wahrnehmung der Jagd gerade in Deutschland nachhaltig zum Negativen beeinflusst hat. So ergab eine kürzlich erhobene Umfrage der Münchener Medienwissenschaftlerin Maya Götz, dass die Filmsequenz mit dem Tod von Bambis Mutter auf einer Treibjagd bei den 630 befragten Erwachsenen zu den mit am häufigsten erwähnten frühen Angsterlebnissen dieser Menschen zählte.[35] Maya Götz selbst spricht insoweit gar von einem „traumatischen Erlebnis" dieser Menschen, dessen Auswirkungen auf das eigene Weltbild gewiss noch nicht vollständig ausgelotet wurden. Als „Supergau für die Forstwirtschaft" bezeichnet den Bambi-Zeichentrickfilm der bayerische Autor Rudolf Neumaier. Denn die Marke Bambi mache es schwierig, „eine Geschichte zu erzählen, in der es ein Schädling ist".[36]

Gewiss haben sich die Kinder von heute längst anderen Filmen zugewendet. In den Köpfen der Erwachsenen aber ist die eigene

Vergangenheit eben doch nie ganz vergangen. Unbemerkt beeinflusst sie das Denken und Fühlen, schafft Sensibilitäten, die ihren Weg auch in die nachfolgenden Generationen finden. Nur zu leicht lassen sich diese Sensibilitäten im politischen Meinungskampf einsetzen. So geschehen etwa, als ein trickreicher Fachminister im Streit um sein „ökologisches Jagdgesetz" für Nordrhein-Westfalen symbolträchtig das Verbot des Abschusses von Hauskatzen auf die politische Agenda setzte und hiermit die auf angestammte Rechte pochende Jägerschaft in die mediale Falle tappen ließ. Auch diese subkutanen Einflussfaktoren gilt es ans Licht zu ziehen. Eines jedenfalls steht fest: Mehr denn je bedarf die Jagd eines sachorientierten Diskurses, der die Grundlagen und Bedingungen der Jagd in der Moderne offenlegt und das Handeln und den eigenen Anspruch der Jagd kritisch reflektiert.

Beginnen wir also unsere Gedankenreise mit einer kurzen Bestandsaufnahme. Hierbei geht es nicht allein um Zahlen, sondern auch um die rechtliche, ökonomische und kulturelle Dimension der Jagd. Nehmen wir daran anschließend die historischen Erblasten des Jagdwesens in Deutschland in den Blick, um sodann auf die aktuellen Anfragen an die Jagd näher einzugehen. Schließen soll unsere Gedankenreise mit einigen Überlegungen zur Fortentwicklung der jagdlichen Ordnung in Deutschland.

KAPITEL 2

EINE BESTANDSAUFNAHME

DEUTSCHLAND: EIN LAND DER JÄGER?

Die Bedeutung einer Bevölkerungsgruppe im politischen Diskurs hängt immer auch mit ihrer zahlenmäßigen Stärke zusammen. Insofern lohnt sich ein Blick auf die statistische Repräsentanz der Jägerschaft in der Gesamtbevölkerung.

Zahlenspiele

Auf die Gesamtzahl der Jäger bezogen, gehört Deutschland mit zuletzt rund 435 930 Jagdscheininhabern zunächst einmal zu den Top Ten im europäischen Vergleich. Die Jägerschaft kann dabei gerade in den letzten Jahren auf einen beachtlichen Anstieg von Jagdscheininhabern verweisen, deren Zahl etwa 1968/69, allerdings ohne die erst 1990 beigetretenen neuen Länder, noch bei bescheidenen 220 000 lag.[37]

Zu einem etwas anderen Ergebnis kommt man freilich, wenn man die Zahl der Jagdscheininhaber zu der Gesamtbevölkerung des Landes in Bezug setzt. Denn bei einer Bevölkerungszahl von zuletzt 84,7 Millionen Menschen ergibt sich rechnerisch ein Verhältnis von ca. 1:194. Die Gruppe der Jagdscheininhaber macht danach also rund 0,5 % der Bevölkerung aus. Mit diesem Pro-Kopf-Anteil liegt Deutschland abgeschlagen hinter Frankreich, wo etwa jeder 51. Einwohner Jäger ist, erst recht hinter Dänemark, wo jeder 33. Einwohner Jäger ist, oder Irland und Norwegen, wo jeder 14. bzw. 11. Einwohner Jäger ist.[37a] Statistisch bereinigt zählt Deutschland damit wohl in Wahrheit zu den Top Ten der EU-Länder mit dem geringsten Bevölkerungsanteil an Jägern.

Der Grund für diese eher schwache Verankerung der Jagd in der Bevölkerung wird dabei kaum in einer im Vergleich zu unseren Nachbarn höheren Empathie der Deutschen gegenüber der Tierwelt liegen. Denn immerhin zählt Deutschland gleichzeitig zu den europäischen Spitzenreitern in der industriellen Fleischproduktion, aber auch – trotz rückläufiger Zahlen – bei der Anzahl von Tierversuchen.[38] Selbst was den eigenen Fleischkonsum angeht, bewegen sich die Deutschen beim Pro-Kopf-Verbrauch trotz sinkender Tendenz immer noch im Mittelfeld – wenn auch deutlich hinter den jagdbegeisterten Iren und Norwegern.[39]

Die Gründe für die unterdurchschnittliche gesellschaftliche Verankerung der Jagd dürften denn wohl eher an anderer Stelle zu suchen sein. Da sind zunächst „nachhaltige“ Imageprobleme einer Jagd, deren öffentliche Wahrnehmung lange Zeit durch die Prunksucht ihrer feudalen Repräsentanten geprägt wurde und bis heute durch gedankenlose Erlegerfotos in den Sozialen Medien belastet wird. Kaum weniger bedeutsam dürften das fortdauernde Anwachsen urbaner Milieus sowie nicht zuletzt der bis heute alles andere als niedrigschwellige Zugang zur Jagd in Deutschland sein. Insbesondere das in Deutschland seit rund 175 Jahren geltende „Revierprinzip“ bildet durchaus einen engen Flaschenhals für die tatsächliche Ausübung der Jagd.

Ein Blick auf die Anzahl und die Verteilung der zur Verfügung stehenden Reviere zeigt diese Problematik deutlich auf: Groben Schätzungen zufolge gibt es in Deutschland ca. 50 000 Reviere[40]. Setzt man diese Zahl in Bezug zu der Anzahl allein der inländischen Jagdscheininhaber, ergibt sich, dass gerade einmal für jeden achten Jäger ein Revier zur Verfügung steht. Unberücksichtigt bleibt dabei, dass zahlreiche ausländische Jäger, etwa aus den Niederlanden, Reviere in Deutschland pachten. Besonders auffällig sind die Zahlen im bevölkerungsreichsten Bundesland Nordrhein-Westfalen, wo sich rund 91 000 einheimische Jäger auf knapp 8 000 Jagdbezirke verteilen.[41] Rein rechnerisch kann damit nicht einmal jeder 11. Jäger ein eigenes Revier für sich beanspruchen.

Hinzu kommt die finanzielle Barriere einer Revierpacht. Geht man davon aus, dass die Pachtpreise pro Hektar und Jagdjahr häufig bei 25 bis 30 Euro liegen, bei sogenannten Hochwildrevieren in der Regel sogar deutlich mehr, so ergeben sich für Jagdreviere mit 400 Hektar rasch Pachtpreise von 10 000 bis 12 000 Euro, zuzüglich der „Nebenkosten“ für Wildschäden, Jagdsteuer und anderes. Es überrascht daher nicht, dass die weit überwiegende Anzahl der Jägerinnen und Jäger in Deutschland „revierlose“ Jäger sind – Jäger also, die die Jagd allenfalls im Rahmen gelegentlicher Einladungen, gegen Entrichtung handwerklicher Gegenleistungen („Hochsitzbau“) oder nach Maßgabe mehr oder minder „nachhaltiger“ entgeltlicher Einzelerlaubnisse (sogenannter Begehungsscheine) unter der Aufsicht des Revierinhabers ausüben können. Und selbst der Kostenaufwand für solche Begehungsscheine erreicht schnell den beachtlichen Betrag von ein- oder mehreren Tausend Euro jährlich.

Nach Daten des Deutschen Jagdverbandes geben Jäger jährlich insgesamt etwa 1,8 Milliarden Euro für die Jagd aus.[42] Dies führt bei rund 400 000 Jägerinnen und Jägern immer noch zu der stattlichen Summe von jährlich rund 4500 Euro pro gelöstem Jagdschein. Nach wie vor wird man damit kaum von einem niedrigschwelligen Zugang zur Jagd in Deutschland sprechen können. Auch dies dürfte ein Grund dafür sein, dass die Jagd vielfach als „feudales Hobby" wahrgenommen wird und von einer breiten Verwurzelung der Jagd in der Gesellschaft nicht die Rede sein kann.

Soziale Zuordnung und Geschlechterproporz

Ebenfalls aufschlussreich ist die Frage nach der beruflich-gesellschaftlichen Zuordnung der Jägerschaft. Folgt man veröffentlichten Statistiken, so ist die Sozialstruktur der Jägerschaft erstaunlich ausdifferenziert und keineswegs ein Abbild der „oberen Zehntausend". So führt die vom Deutschen Jagdverband initiierte Plattform „JagdFakten" für das Jahr 2021 folgende Verteilung der Teilnehmer an Jagdkursen auf: 14 % Schüler und Studierende, 17 % Angehörige von Dienstleistungsberufen, 11 % Handwerker, 11 % Bürokräfte, 11 % Selbstständige sowie 7 % Land- und Forstwirte.[43] Eine Mitgliederbefragung des Deutschen Jagdverbandes zur Zusammensetzung der Jägerschaft aus dem Jahre 2022 ergab[44], dass die stärkste Gruppe mit 34 % diejenigen der „Nicht-(mehr-)Berufstätigen" war, wobei deren finanzieller Hintergrund nicht näher ausgeleuchtet wird. Mit 27 % bildete die Gruppe der Facharbeiter, Angestellten und Beamten die stärkste aktive Berufsgruppe, ihr folgt mit 18 % die Gruppe der leitenden Angestellten (einschließlich der Beamten des höheren Dienstes). Selbstständige Gewerbetreibende und Freiberufler machen 10 % bzw. 5 % der Jägerschaft aus, wohingegen die Gruppe der Land- und Forstwirte 3 % der Jägerschaft stellt.

Interessant an diesen Zahlen sind vor allem die proportionalen Abweichungen hinsichtlich der Parallelgruppen in der Gesamtbevölkerung. Hier zeigt sich nämlich, dass die Breite der Berufstätigen, also

Facharbeiter, Angestellte und Beamte unterhalb des höheren Dienstes, mit den genannten 27 % in der Jägerschaft deutlich unterhalb ihres 40 %-Anteils an der Gesamtbevölkerung vertreten sind, wohingegen finanziell unabhängigere Berufsgruppen wie leitende Angestellte mit 18 % der Jägerschaft deutlich über ihrem Gesamtbevölkerungsanteil von 4 % repräsentiert sind; ebenso ist es mit den selbstständigen Gewerbetreibenden und Freiberuflern, die mit ihrem Anteil von zusammen 15 % der Jägerschaft weit oberhalb ihres Gesamtbevölkerungsanteils von jeweils 3 % vertreten sind. Der Blick auf die Verteilung der aktiven Berufsgruppen legt im Übrigen den Schluss nahe, dass die große Gruppe der „Nicht-(mehr-)Berufstätigen" finanziell jedenfalls nicht schlechter aufgestellt sein dürfte als jene der aktiv im Berufsleben Stehenden.

Auffälligkeiten ergeben sich schließlich hinsichtlich des Geschlechterproporzes, aber auch hinsichtlich der Altersstruktur der Jägerschaft. So standen nach einer Auflistung des Deutschen Jagdverbands aus dem Jahre 2016 den zum Stichtag 93 % männlichen Waidgenossen gerade einmal 7 % weibliche Waidgenossinnen gegenüber. Das Durchschnittsalter der Jäger lag nach dieser Auflistung für Frauen bei 51 Jahren, bei den zahlenmäßig dominierenden Männern gar bei sage und schreibe 57 Jahren.[45] Überschaubar bleibt der seither zu verzeichnende Zuwachs an Jägerinnen, deren Anteil an der gesamten Jägerschaft mittlerweile bei ca. 11 % liegt.[45a]

Die vorurteilsbeladene Einordnung der Jagd als „Hobby alter weißer Männer" ist damit zumindest statistisch nicht ganz von der Hand zu weisen, was sich in der politischen Auseinandersetzung mit der Jägerschaft natürlich rasch nutzbar machen lässt.

Immerhin sind hinsichtlich des Geschlechterproporzes interessante Veränderungen festzustellen: Denn mit Blick auf die Zukunft der Jagd, konkret die Jagdscheinanwärter, ist der Anteil der Frauen auf zwischenzeitlich rund ein Viertel angewachsen. Die Jagd dürfte also weiblicher werden. Vielleicht sollte man sagen: wieder weiblicher. Denn immerhin haben neuere Forschungen nachweisen können, dass die steinzeitliche Jagd keineswegs eine Männerdomäne war, sondern von Männern und Frauen gleichermaßen ausgeübt wurde.[46]

REVIERPRINZIP UND FLÄCHENDECKENDE BEJAGUNGSPFLICHT

Ginge es nach den Vorstellungen ihrer Gegner, müsste die Jagd in Deutschland verboten werden. Die deutschen Gesetze folgen diesen Vorstellungen nicht, sondern normieren im Gegenteil eine sogar grundsätzliche Pflicht zur flächendeckenden Bejagung aller land- und forstwirtschaftlichen Flächen in Deutschland. Für diese rechtliche Entscheidung sind insbesondere zwei Aspekte maßgeblich.

Die Jagd: Recht und Pflicht zugleich

Von zentraler Bedeutung ist zunächst, dass das Jagdrecht nach deutschem Recht untrennbarer Teil des Grundeigentums ist. Unmissverständlich formuliert § 3 Abs. 1 des Bundesjagdgesetzes: „Das Jagdrecht steht dem Eigentümer auf seinem Grund und Boden zu. Es ist untrennbar mit dem Eigentum am Grund und Boden verbunden." Die Jagd ist damit, ähnlich wie die Land-, Forst- und Fischereiwirtschaft, eine (eigentums-)grundrechtlich geschützte Form der Nutzung des Grundeigentums. Zentraler Nutzungszweck ist hierbei die Gewinnung von Lebensmitteln, die damit immer auch einen rechtlich legitimen Grund für die Erlegung von Wild darstellt.

Über den Schutz dieses primären Nutzungsrechts hinausgehend, verfolgt das deutsche Recht mit der Jagd zahlreiche weitere Ziele, namentlich den Schutz der Land-, Forst- und Fischereiwirtschaft vor Wildschäden, den Naturschutz und die Landschaftspflege sowie vor allem auch das Ziel der Erhaltung eines gesunden Wildbestandes in angemessener Zahl, womit insbesondere auch die Prävention von Wildseuchen gemeint ist.

Nicht zuletzt stellen die deutschen Gesetze die Jagd regelmäßig zugleich in den Dienst der Biodiversität, indem sie, wie es in § 21 Abs. 1 Satz 2 des Bundesjagdgesetzes heißt, „dazu beitragen" soll, dass „insbesondere der Schutz von Tierarten gesichert ist, deren Bestand bedroht erscheint". Auffallend an der Formulierung des Bundesjagdgesetzes ist, dass der dortige gesetzliche Schutzauftrag allen „Tierarten" gilt, und nicht etwa nur den jagdbaren Wildarten. Konkret bedeutet dies etwa, dass auch der Schutz gefährdeter Bodenbrüter wie des Kiebitzes, der Korn- und Wiesenweihe Aufgabe der Jagd ist, die diesem Auftrag etwa durch die Bejagung des Fuchses Rechnung zu tragen hat. Neuere Gesetze wie das Landesjagdgesetz Rheinland-Pfalz beschränken diesen tradierten Ansatz teilweise auf den Schutz bedrohter „Wildarten" – eine Entscheidung, die am Ende zulasten gefährdeter Arten wie des Kiebitzes geht.

Was es mit dem Revierprinzip auf sich hat

Wie wir bereits gesehen haben, ist das Jagdrecht nach den deutschen Gesetzen ein mit dem Grund und Boden untrennbar verbundenes Eigentumsrecht. Da es angesichts des raumübergreifenden Lebensstils des Wildes, aber auch aus sicherheitsrechtlichen Gründen wenig Sinn macht, Wild auf jedem Grundstück gesondert zu bejagen, gestatten die Gesetze eine eigene Ausübung des Jagdrechts durch den einzelnen Grundeigentümer allerdings nur dann, wenn dessen Flächen eine gewisse Mindestgröße erreichen. Zumeist liegt diese Mindestgröße bei 75 Hektar. Man spricht dann von einem „Eigenjagdbezirk". Erreichen Grundflächen diese Mindestgröße nicht, werden sie von Gesetzes wegen zu einer größeren jagdlichen Einheit zusammengelegt, man spricht dann von „gemeinschaftlichen Jagdbezirken". Die

Ausübung des Jagdrechts steht hier der Jagdgenossenschaft als einem Zwangsverband der betroffenen Grundeigentümer zu.

Das höchste deutsche Verwaltungsgericht hat die Zulässigkeit der Bildung gemeinschaftlicher Jagdbezirke deutlich herausgestellt. Es gehe darum, „durch Schaffung ausreichend großer Jagdbezirke eine Ausübung von Jagd und Hege zu gewährleisten, die den in § 1 Abs. 2 und § 21 Abs. 1 BJagdG zum Ausdruck kommenden Zielen des Jagdrechts – Schutz vor Wildschäden, Gewährleistung eines artenreichen und gesunden Wildbestandes, Wahrung der Belange von Naturschutz und Landschaftspflege – gerecht werden kann."[47] Parallel zu dieser raumordnungsrechtlichen Entscheidung entscheiden die betroffenen Grundeigentümer im genossenschaftlichen Verbund über die Nutzung des Jagdausübungsrechts. In der Regel erfolgt diese Nutzung durch Verpachtung, sodass die Wahrnehmung der Jagd durch zahlende Freizeitjäger gleichsam das gesetzliche Leitbild darstellt.

Kehrseite der Mitgliedschaft des einzelnen Grundeigentümers in der Genossenschaft ist, dass dieser kein eigenes Recht auf Jagdausübung auf seinem Grundeigentum mehr hat. Immerhin kann die Genossenschaft für eine Eigenbewirtschaftung des gemeinschaftlichen Jagdbezirks durch einen ihrer Grundeigentümer votieren, sofern dieser Jagdscheininhaber ist, oder die Verpachtung des Reviers auf den Kreis der Grundeigentümer mit Jagdschein beschränken.

Wenn Jäger von „ihrer Jagd" sprechen

Was also heißt es nun, wenn Jäger von ihrer Jagd sprechen? Es ist wie immer in rechtlichen Dingen: Es kommt darauf an! Schaut man auf den Eigenjagdinhaber, so ist „die Jagd" für ihn ein normaler Bestandteil seines Grundeigentums. Fragt man einen Jagdpächter, so ist „die Jagd" für ihn das von der Jagdgenossenschaft gepachtete Recht zur Jagdausübung. Gegenstand der Jagdpacht sind dabei nicht etwa die zu bejagenden Wiesen und Wälder, vielmehr ist es allein das aus dem Grundeigentum der Grundeigentümer fließende „Jagdausübungsrecht“, das entweder dem Eigenjagdinhaber oder – soweit es um gemeinschaftliche Jagdbezirke geht – der Jagdgenossenschaft als eigenes Recht zugeordnet ist. Juristen sprechen von einer sogenannten Rechtspacht.

Auch wenn es betrüblich für den Jagdpächter sein mag: Er ist Pächter eines unsichtbaren Rechts, ein König ohne Land. Ohne grundherrschaftliche Rechte, ohne Maßregelbefugnisse gegenüber den Eigentümern und den erholungssuchenden Naturfreunden, ohne Herrschaft selbst über das Wild. Denn dieses ist nach der Gesetzeslage herrenlos, steht also in niemandes Eigentum. Nicht einmal das Befahren des Waldes mit dem Geländewagen ist Gegenstand der Rechtspacht, sondern muss vertraglich gesondert gestattet werden.

Bei dem gepachteten Recht geht es im Wesentlichen allein um das jagdliche Aneignungsrecht in Bezug auf das Wild – ein Recht, das die für die angestrebte jagdliche Aneignung erforderlichen Handlungen auf den Flächen des Jagdbezirks, kurzum die Jagdausübung, mit umfasst. Umgekehrt ergibt sich hieraus zugleich, dass das Aneignungsrecht keine Aneignungspflicht bedeutet. Insofern begründet die Jagdpacht für den Revierpächter jedenfalls nicht aus sich heraus eine Pflicht des Jagdpächters, verunfalltes Wild zu entsorgen, auch wenn er dies traditionell freiwillig oder auf vertraglicher Grundlage übernehmen wird.

Pächter kann nach deutschem Recht nur sein, wer seit einer gewissen Mindestzeit von in der Regel drei Jahren Inhaber eines (Jahres-) Jagdscheins gewesen ist. Inzident untersagt wird mit dieser Vorgabe eine Anpachtung von Jagdbezirken durch Jagdvereine – eine Entscheidung, die durchaus gezielt die bis 1934 noch zulässige Möglichkeit einer Vereinsjagd[48] beendete.

Auch wenn die Gesetze vorrangig die Eigenjagdinhaber sowie die Jagdpächter im Blick haben, gehören nur die wenigsten Jäger diesem besonderen Zirkel an. Bei den meisten Jägern handelt es sich um Jagdgäste, rechtlich gesprochen um die Inhaber einer entgeltlichen oder unentgeltlichen Jagderlaubnis in einem gemeinschaftlichen Jagdbezirk oder einem Eigenjagdbezirk. Wenn diese Jäger von „der Jagd" sprechen, so meinen sie in der Regel die Ausübung der Jagd auf der Grundlage der ihnen erteilten Jagderlaubnis.

ERLEGTES WILD IN ZAHLEN

Ein facettenreiches Thema der Jagd ist das der „Jagdstrecken", also die Entwicklung und die Deutung der jährlichen Abschusszahlen für einzelne Wildarten in Deutschland.

Anstieg der Abschusszahlen

Zahlenmäßig an der Spitze der in Deutschland erlegten Wildarten steht seit jeher das Rehwild (Grafik 1). Lagen hier die Abschusszahlen in den 1960er Jahren bei immerhin bis annähernd 600 000 Stück pro Jahr, liegen sie seit Beginn des neuen Jahrtausends kontinuierlich bei über einer Million Rehen jährlich. Im Jagdjahr 2020/21 wurden in deutschen Revieren annähernd 1,3 Millionen Rehe erlegt, was mehr als eine Verdoppelung seit den 1960er Jahren darstellt.

Eine noch fulminantere Entwicklung ist für das Schwarzwild festzustellen. Betrugen die Abschusszahlen für diese Wildart in den 1980er Jahren in der Regel noch weniger als 200 000 Sauen, liegen sie seit den 2000er Jahren, wenn auch mit erheblichen Schwankungen, zumeist um die 500 000, mit steigender Tendenz. Die Rekordstrecke des Jagdjahres 2019/20 belief sich gar auf 882 231 Wildschweine, was eine Vervierfachung der Strecke im Vergleich zu den 1980er Jahren bedeutet. Noch deutlicher zeigen sich die rasanten Veränderungen bei einem Vergleich dieser Zahlen mit den Abschusszahlen des Jagdjahres 1936/37. Letztere lagen für das Schwarzwild bei gerade einmal 36 000 erlegten Stücken – und das bei einer um rund 25 % größeren bejagbaren Fläche.[49]

Weniger schwankend und von einer allenfalls moderat steigenden Tendenz geprägt sind immerhin die Abschusszahlen beim Rotwild, das wegen sogenannter „Schälschäden" an Baumrinden aus Sicht der Waldeigentümer als besonders schadensträchtig angesehen wird. Hier ist die Jagdstrecke in den vergangenen zehn Jahren von 67 969 Stück Rotwild im Jagdjahr 2010/11 auf 76 458 Stück im Jagdjahr 2020/21 gestiegen. Immerhin zeigt der langfristigere Vergleich mit dem Jagdjahr 1936/37 auch hier einen messbaren Anstieg, lag die damalige Zahl auf einer zudem um rund 25 % größeren jagdbaren Fläche doch bei 56.960 Stück.[50] Die Gesamtzahl des im Jagdjahr 2020/21 erlegten Schalenwildes unter Einbeziehung auch des Dam-, Muffel-, Gams- und Sikawildes gibt der Deutsche Jagdverband mit rund 2,1 Millionen Stück an.

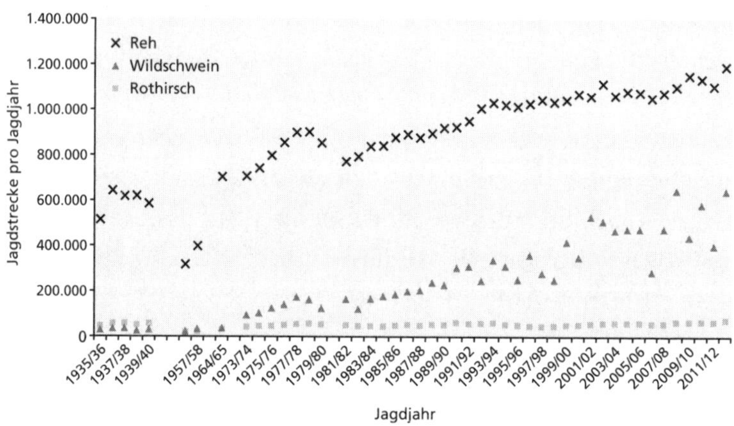

Grafik 1: Entwicklung der Abschusszahlen beim Reh-, Schwarz- und Rotwild (nach einer Vorlage aus Bartsch, N. u. Röhrig, E. 2016: Waldökologie – Einführung für Mitteleuropa. Springer, Berlin u. Heidelberg)

Einordnung der Zahlen

Was ihre Bewertung betrifft, so sind diese Zahlen in ganz unterschiedlichen Kontexten interessant: Zunächst ist festzustellen, dass die Anzahl des erlegten Schalenwildes in Deutschland nicht annähernd an die Zahl der Schlachtungen für die Lebensmittelproduktion heranreicht. Diese lag nämlich nach Angaben des Statistischen Bundesamtes für die deutschen Schlachtbetriebe im Jahr 2021 trotz rückläufiger Tendenz bei rund 725 Millionen Tieren, also dem nahezu 350-Fachen.[51] An diesem Verhältnis ändert sich nichts Wesentliches, wenn man in der Bilanz der Jagdstrecke zusätzlich die Wildarten jenseits des Schalenwildes berücksichtigt. Unter ihnen stehen der Rotfuchs mit etwas über 400 000 erlegten Exemplaren sowie Tauben und Enten mit zuletzt rund 300 000 bzw. 250 000 erlegten Exemplaren mit deutlichem Abstand an der Spitze.[52]

Die zentrale Frage aber lautet, welche Gründe hinter dem Anstieg dieser Zahlen stecken; insbesondere ob und inwieweit die Abschusszahlen Rückschlüsse auf die reale Höhe bzw. die zahlenmäßige Entwicklung der Wildbestände in Deutschland zulassen. Fachleute sind sich in dieser Hinsicht keineswegs einig.

Gewiss kann nicht ausgeschlossen werden, dass der Anstieg der Abschusszahlen auf das Ende einer vormaligen „Unternutzung“ der Wildbestände zurückzuführen ist. Dies hieße dann, dass man in früheren Zeiten deutlich weniger Wild erlegt hat, als man hätte erlegen können und womöglich auch müssen. Sollte dies der Fall sein, wäre die Höhe der Bestände über die Jahrzehnte hinweg möglicherweise tatsächlich konstant geblieben. Eine größere Wahrscheinlichkeit spricht jedoch dafür, dass dort, wo die Zahl der erlegten Tiere wie beim Reh- und Schwarzwild über Jahre hinweg ansteigt, auch die Bestände deutlich angestiegen sind. Wo Rauch ist, ist bekanntlich auch Feuer, sagt hierzu der Volksmund.

Zu viele Rehe: Schuld der Jäger?

Über die Gründe für die zu vermutenden Bestandszunahmen wird viel spekuliert. Die überwiegend vertretene These, dass Jäger zu wenig Wild schießen, erscheint angesichts des drastischen Anstiegs der Abschusszahlen gewiss am schwächsten. Nie haben Jäger mehr Wild erlegt als in den heutigen Zeiten.

Deutlich plausibler dürfte da schon der Hinweis auf die für das Wild günstigen Veränderungen des Klimas sein. Diese Veränderungen haben nicht nur zu einem deutlichen Rückgang der vormals natürlichen Wintersterblichkeit geführt, sondern ebenso zu einer Steigerung des Nahrungsangebots. Speziell der Bestandszuwachs beim Schwarzwild dürfte neben dem klimabedingten deutlichen Anstieg der Baummasten zudem mit dem Ausbau von Biogasanlagen und den mit ihnen verbundenen weiträumigen Maisschlägen als omnipräsenter Futterquelle zusammenhängen. Demgegenüber stellen einzelne Lockfütterungen bei der Schwarzwildjagd, anders als in aufgeheizten jagdpolitischen Debatten oft dargestellt, schon rechnerisch eine gegenüber diesen ubiquitären Futterquellen zu vernachlässigende Größe dar.[53]

Dies gilt erst recht für das Rehwild, dessen zunehmende Verbreitung gewiss nicht auf angebliche Winterfütterungen durch die Jägerschaft zurückgeführt werden kann.[54] Schon lange sind die Winter in unseren Breiten kein wirkliches Problem mehr für diese anpassungsfähige Wildart. Zudem profitiert gerade das Rehwild von der fortschreitenden Zersiedelung unserer Landschaft und der hiermit einhergehenden Öffnung der Wälder, die ihm neue Lebensräume verschaffen. Nicht zuletzt dürfte das Wild von den angepassten Waldbaustrategien unserer Zeit profitieren, die sich weg von den früheren Altersklassenwäldern hin zu sogenannten Mehrgenerationenwäldern orientieren.[55] All dies würde nicht zuletzt erklären, weshalb auch unsere Nachbarländer einen vergleichbar signifikanten Anstieg der Wildbestände verzeichnen.[56]

Jäger als Dienstleister für das Land

Die seit Jahren sehr hohen Abschusszahlen gerade für die schadensträchtigen Wildarten zeigen aber noch ein Weiteres, nämlich dass private Jäger jedes Jahr auf freiwilliger Basis Dienstleistungen erbringen, die im Falle einer staatlichen Ausführung einen gigantischen Kostenaufwand für die deutschen Steuerzahler nach sich zögen. Der Wiener Wildbiologe Prof. Reimoser hat für Deutschland errechnet, dass allein zur Absolvierung der erforderlichen (Netto-)Bejagungsstunden auf die genannten Schalenwildabschüsse, ohne An- und Abfahrten, allein rund 19 000 staatliche Arbeitsstellen geschaffen werden müssten.[57]

Zählt man die mit dieser Nettostundenzahl verbundenen weiteren zeitlichen Belastungen hinzu, zu denen neben den Fahrzeiten dann auch die Zeiten etwa für die Errichtung von Ansitzeinrichtungen und Wildschutzzäunen, Zeiten für das Schießtraining, für Weiterbildungen, Besprechungen und die notwendigen bürokratischen Begleitarbeiten zählten, gelangt Reimoser zu einer Verdreifachung des Stundenansatzes, also einem Bedarf von 57 000 Stellen, wobei der Wissenschaftler die „professionelle Rendite" infolge einer zügigeren Aufgabenerledigung mit höchstens 50 % ansetzt, was dann zu einem Stellenbedarf von rund 30 000 hauptamtlichen staatlichen Jägern führte. Dies entspräche, um es greifbar zu machen, zahlenmäßig in etwa dem gesamten Personal der Polizei im Land Baden-Württemberg bzw. nahezu der doppelten Zahl der in sämtlichen deutschen Gesundheitsämtern beschäftigten Mitarbeiter.

Scheindebatte um eine Verstaatlichung der Jagd

Vor diesem Hintergrund sind Forderungen wie jene von Richard D. Precht, Jagdscheine „in privater Hand" zu verbieten[58] bzw. die Jagd, wie es Peter Wohlleben in paralleler Intention formuliert, in die Hände „staatlicher Wildhüter" zu geben[59], schon ökonomisch gesehen unrealistisch. Zudem wäre es mit den Kosten für die Bereitstellung des erforderlichen staatlichen Personals keineswegs getan. In die Kostenrechnung einer Jagdausübung durch staatliche Wildhüter einzubeziehen wären neben den beträchtlichen Pensionslasten nämlich auch noch die staatliche Finanzierung millionenschwerer Wildschadensersatzleistungen, die private Jäger bislang aus eigener Tasche finanzieren, sowie natürlich hohe Ausgleichszahlungen, die der Staat den Grundeigentümern aus verfassungsrechtlichen Gründen für eine etwaige Aufhebung der jagdlichen Nutzungsrechte zu zahlen verpflichtet wäre. Denn wie oben dargestellt handelt es sich bei diesen Nutzungsrechten um grundrechtlich geschütztes Eigentum, das, selbst wenn es rechtfertigende Gründe für ein Verbot der privaten Jagdausübung gäbe, jedenfalls nicht ohne finanziellen Ausgleich abgeschafft werden könnte.

Wie wollte man den nach Jahren der Pandemie und steigender Sozial- und Verteidigungslasten gebeutelten Steuerzahlern ernsthaft vermitteln, dass der Staat Milliardenbeträge für die Erfüllung von Aufgaben verausgabt, zu deren Erfüllung sich weite Teile der Bevölkerung freiwillig anbieten und noch zu zahlen bereit sind? Und weshalb die Bejagung des Wildes durch staatliche „Wildhüter" oder Beamte irgendwelche, insbesondere tierschutzrechtliche Vorteile gegenüber dem Tätigwerden privater Jäger aufweisen würde, hat bislang auch niemand plausibel darlegen können. Insofern würde das von Precht und anderen vorgeschlagene gesetzliche Verbot der privaten Jagdausübung verfassungsrechtlich schon daran scheitern, dass es an einer tragfähigen Rechtfertigung für den damit verbundenen Eingriff in das grundrechtlich geschützte Jagdeigentum fehlt.

Der Kanton Genf: kein taugliches Gegenargument

Den Gegenbeweis soll nach Auffassung mancher Kritiker der Kanton Genf antreten. Dort nämlich wurde die private Jagdausübung nach einem Referendum im Jahre 1974 beendet. Indes zeigt gerade dieses vermeintliche Gegenbeispiel das Dilemma nur zu deutlich auf: Abgesehen davon nämlich, dass die Jagd im Kanton auf dem Modell der sogenannten „Volksjagd“ basiert und dementsprechend mit dem deutschen eigentumsrechtlichen Modell nicht vergleichbar ist, führen die dort jährlich entstehenden Personalkosten von rund eine Million Euro für die hoheitliche Erlegung von gerade einmal 500 Wildschweinen zu dem beachtlichen Kostenaufwand von rund 2000 Euro pro Wildschwein.[60] Bezogen auf Deutschland und die hier behördlich festgesetzten Abschussquoten kämen auf diese Weise Milliardenbeträge zusammen, die auf die Gemeinschaft der Steuerzahler umzulegen wären – zuzüglich der bereits erwähnten Ausgleichszahlungen an die jagdlich entrechteten Grundeigentümer.

Auch jenseits der zumeist im Fokus stehenden Schalenwildbestände zeigen sich im Kanton Genf deutlich die Folgen einer ungebremsten Vermehrung von Prädatoren wie dem Fuchs. Nicht nur sind dessen Beutetiere wie das Rebhuhn dort inzwischen weitgehend verschwunden, zugleich scheiterte ein kostspieliges Auswilderungsprogramm für rund 3300 Rebhühner in den Jahren 2009 und 2013 kläglich. Darüber hinaus führte die Überpopulation der Füchse zeitweise zu Seuchenzügen der auch für Hunde gefährlichen Räude, was wiederum den Hasenbesatz explodieren ließ. Mühsam wurden von den Behörden seinerzeit rund 200 Hasen eingefangen und in andere Kantone bzw. in das benachbarte Frankreich umgesiedelt.

Wie wenig der Sonderweg des Kanton Genf als Leitbild für ein Land wie die Bundesrepublik Deutschland taugt, ergibt sich auch aus dem Umstand, dass der urban geprägte Schweizer Kanton mit seiner Größe von nicht einmal einem Drittel der Stadt Berlin mit den hiesigen Verhältnissen kaum vergleichbar ist. Und wirklich „abgeschafft“ wurde die Jagd am Ende eben auch nicht.

Staatsgläubigkeit versus Vertrauen in die bürgerschaftliche Freiheit

Ohnehin stellt sich die Frage, aus welchem Pool die notwendigen Zigtausende an Wildhütern rekrutiert werden sollten, wenn nicht aus dem der eben noch so gescholtenen Jagdscheininhaber? Und so ist der Ruf nach einer Überführung der Jagd in die Hände staatlicher Bediensteter wohl eher Effekthascherei oder – was kaum besser wäre – Ausdruck einer unreflektierten Staatsgläubigkeit, die der Leistungs- und Innovationskraft der eigenen Bürger aus Prinzip mit Misstrauen begegnet.

Zugleich erinnert die süffisante Bemerkung Peter Wohllebens, wonach „Laien als Hobbyjäger mit so einer wichtigen Aufgabe offensichtlich überfordert" seien[61], auffällig an den Spott, mit dem die Feudalherren und deren standesbewusste Berufsjäger nach der Revolution 1848/49 ihre neuen, in der Freizeit jagenden Jagdkameraden bedachten. Da hilft es wenig, wenn entsprechendes Gedankengut mittlerweile seinen Weg bis in Stellungnahmen des Wissenschaftlichen Beirats für Waldpolitik beim Bundesministerium für Ernährung und Landwirtschaft gefunden hat. In Wortlaut und Geist dürfte man auch hier nicht weit von jenem feudalen Denken des 19. Jahrhunderts entfernt sein, wenn ein „zentrales Hindernis für ein effizientes Wildtiermanagement" darin gesehen wird, dass Jäger „bei der Jagd Entspannung vom beruflichen Alltagsstress und Erholung in der Natur suchen".[62]

Unbestrittene Tatsache ist jedenfalls, dass die oben genannten Rekordzahlen an erlegtem Schalenwild eben doch in erster Linie von privaten Freizeitjägern zustande gebracht wurden, deren aktiver und im Grunde doch ehrenamtlicher Einsatz für die Regulierung der Wildbestände bei allen unbestrittenen Herausforderungen nicht kleingeredet werden sollte. Man muss es tatsächlich einmal klar zum Ausdruck bringen: Es käme unserem Gemeinwesen im wahrsten

Sinne des Wortes teuer zu stehen, wenn es nicht auf das zeitliche und finanzielle Engagement der privaten Jäger zurückgreifen könnte, sondern die von privater Seite erbrachten Leistungen mit eigenem Personal übernehmen müsste. Aber auch unabhängig von diesen fachlichen Argumenten sollte es in einem freiheitlichen Grundrechts- und Steuerstaat selbstverständlich sein, privater Initiative wo irgend möglich den Vorrang vor einer kostenträchtigen staatlichen Aufgabenwahrnehmung einzuräumen.

Dieser Grundgedanke betrifft am Ende dann auch die Jagdausübung in den staatlichen Forsten: Durchaus folgerichtig haben deutsche Rechnungshöfe in den letzten Jahrzehnten mehrfach eine stärkere Einbindung Privater in die Bejagung der staatlichen Forste angemahnt und in nicht wenigen Bundesländern noch Luft nach oben festgestellt. Hierin liegt kein Misstrauen gegenüber den vielen engagierten Forstbeamten. Und es heißt auch nicht, dass den Forstbeamten, die sich natürlich um die Regulierung der Wildbestände kümmern müssen, die Büchse aus der Hand genommen werden soll. Aber umgekehrt wird stets genau zu prüfen sein, an welcher Stelle, in welchem Umfang und aus welchem Grunde der steuerfinanzierte Einsatz staatlicher Beamter für die Jagd wirklich vonnöten ist. Die Entscheidung des Landes Baden-Württemberg, ab dem 1.4.2023 zusätzliche 11 000 Hektar Waldfläche an private Jäger zu verpachten[63], geht damit durchaus in die richtige Richtung, auch wenn damit die Potenziale für die Beteiligung Privater keineswegs ausgeschöpft werden.

Ganz nebenbei ergibt sich aus diesen im Grunde recht simplen Überlegungen übrigens noch eine weitere Konsequenz: nämlich, dass der Staat, unser Gemeinwesen, mehr denn je ein hohes eigenes Interesse daran hat, auch in Zukunft genügend private Freizeitjäger zu finden, die bereit und in der Lage sind, die ebenso anspruchsvolle wie zeitintensive Aufgabe der Wildbestandsregulierung effizient und zuverlässig zu übernehmen.

Dass es sich hierbei keineswegs um einen Selbstläufer handelt, offenbaren die oben genannten Zahlen. Wenn auch die Anzahl der Jagdscheininhaber in Deutschland insgesamt leicht zugenommen hat, so weist die Jägerschaft mit ihrem Altersdurchschnitt von 56 Jahren eine brisante demografische Schieflage auf. Diese Schieflage könnte das tradierte Revierprinzip in Deutschland schon in wenigen Jahren an einem wunden Punkt treffen. Der populistische Ruf nach staatlichen Wildhütern wird das Problem dann gewiss nicht lösen.

FESTSETZUNG DES ABSCHUSSES

Jedes Kind kennt das Lied vom „Jäger aus Kurpfalz". Der fröhliche, aber gewiss nicht ganz kindgemäße Text lautet: „Der schießt sein Wild daher, gleich wie es ihm gefällt". Mit der Realität in deutschen Jagdrevieren hat dies wenig gemein. Vor der Abgabe des ersten Schusses in der freien Natur stehen zunächst einmal Ausbildungen und Prüfungen, Verträge und Anträge, forstliche Gutachten und rechtsverbindliche behördliche Abschusspläne, über deren Erfüllung der Jagdausübungsberechtigte über formalisierte Abschussmeldungen Bericht zu geben hat; alles genau so, wie man sich das von einem bürokratisch hypertrophierten Land wie der Bundesrepublik Deutschland erwartet.

Abschussplanung im Wandel

Schlüsselbegriff ist der sogenannte Abschussplan, ein behördlicher Verwaltungsakt, mit dem bis vor wenigen Jahren die Erlegung jedes einzelnen Stückes Rehwild, Rotwild, Damwild, Sikawild und Muffelwild vorab exakt festgelegt und dem Jagdpächter zur behördlich vollstreckbaren Pflicht gemacht wurde. Bis heute noch unterliegt insbesondere die Bejagung großer Schalenwildarten wie des Damwilds, Rotwilds und Muffelwilds uneingeschränkt einer solchen Abschussplanung. Dieser Umstand erklärt, weshalb Jäger in öffentlichen Diskussionen gerne darauf verweisen, dass sie ja zur Erlegung von Wild verpflichtet seien.

Auch wenn dies formalrechtlich zutrifft, ist es aber natürlich nur die halbe Wahrheit. Zwar begründet der Abschussplan tatsächlich eine rechtliche Verpflichtung der Revierinhaber zur Umsetzung der festgesetzten Abschusszahlen. Und richtig ist auch, dass die Behörden auf eine unzureichende Erfüllung des Abschussplanes mit Mitteln des Verwaltungszwanges reagieren können. Diese Maßnahmen reichen von nicht unerheblichen Zwangsgeldern bis hin zur kostenpflichtigen „Ersatzvornahme" des geforderten Wildabschusses durch amtlich bestellte Jäger bzw. „Polizeijagden".

Wirklich „verpflichtet", Wild zu erlegen, wie dies gerne formuliert wird, sind Jäger deshalb allerdings nicht. Denn natürlich steht es Jagdscheininhabern frei, Jagdpachtverträge abzuschließen oder dies eben nicht zu tun. Abgesehen von der Sonderkonstellation des Eigenjagdinhabers haben sie diese Pflicht also freiwillig übernommen. Bei freiwillig übernommenen Pflichten aber steht die Freiwilligkeit im Vordergrund, nicht die Pflicht. Insofern ist es eher ein Zeichen eigener Argumentationsschwäche, wenn die freie Entscheidung zur Jagdausübung hinter gesetzlichen Konstruktionen versteckt wird.

Praxistauglichkeit einer behördlichen Abschussplanung

Viel diskutiert ist die Frage der Praxistauglichkeit einer behördlichen Abschussplanung. Kann ein System, bei dem in jedem Jahr neu über die jagdliche Situation in sämtlichen Revieren Deutschlands zu entscheiden ist, überhaupt funktionieren? Es gibt gewiss zu denken, wenn niemand geringerer als der Bayerische Verwaltungsgerichtshof unlängst von einer „*allgemein verbreiteten Nichterfüllung von Abschussplänen*" sprach.[64] Doch ist dieses pauschale Verdikt berechtigt?

Gewiss ist nicht zu bestreiten, dass die Festsetzung und Kontrolle einer behördlichen Abschussplanung angesichts der enormen Zahlen des zu erlegenden Wildes in der Praxis immer auch an ihre Grenzen stoßen wird. Und die bayerischen Richter liegen sicher auch richtig damit, dass die Abschussplanung in der Vergangenheit nicht von allen Revierinhabern hinreichend ernst genommen wurde. Bisweilen lief es so, dass der Pächter seine Vorschläge machte und die Behörde ihr Siegel daruntersetzte. Und was den Vollzug anging, so blieb es bei Meldungen des Pächters, der die Dinge vor Ort letztlich in seinem Sinne regelte.

Die Zeiten haben sich jedoch geändert. In nicht wenigen Ländern wurde die Abschussplanung in erheblichem Umfange dereguliert, insbesondere im Hinblick auf das Rehwild. An die Stelle staatlicher Festlegungen sind vielfach moderierende Modelle getreten, die neben der Jägerschaft insbesondere auch die Grundeigentümer einbeziehen. Zugleich schauen die Behörden in den verbliebenen Bereichen der Abschussplanung, insbesondere beim Rotwild, deutlich genauer hin als in der Vergangenheit. Speziell die Anordnung körperlicher Nachweispflichten oder die Festsetzung von Zwangsgeldern wegen des unzureichenden Abschusses gehören, wie die Fülle verwaltungsgerichtlicher Verfahren ausweist, längst zum behördlichen Alltag. Kein Grund also, die Abschussplanung in Bausch und Bogen zu verdammen.

Und schließlich ist da noch die heute nur ungern erwähnte weitere Funktion der Abschussplanung: nämlich ihr Ziel, die Nachhaltigkeit der jagdlichen Wildbewirtschaftung sicherzustellen und eine Gefährdung von Wildarten auszuschließen. Dies gilt gerade auch für das gefährdete Rotwild, zu dessen besonderem Schutz sich die Bundesrepublik Deutschland in der Berner Konvention auch völkerrechtlich verpflichtet hat.

Zur Metamorphose der Abschussplanung

Der bisweilen leidenschaftlich geführte Streit um die Abschussplanung hängt ohne Zweifel auch mit ihrer Entstehungsgeschichte zusammen. Denn auch wenn vergleichbare Ideen einer Abschussbeplanung durchaus bis in die Mitte des 19. Jahrhunderts zurückreichen und im Königreich Bayern etwa unter dem Begriff des „Abschussetats" den Pächtern von Staatsjagdrevieren zur Vorgabe gemacht wurden, so fand der Abschussplan seine erste gesetzliche Erwähnung in dem von Hermann Göring initiierten Reichsjagdgesetz von 1934. Und man liegt wohl richtig, wenn man hinter der damaligen Abschussplanung vor allem das Ziel der „Abschussverhinderungsplanung" vermutet, nämlich das Ziel, mittels der Kontrolle des Abschusses möglichst starke Bestände und Trophäen heranzuzüchten.

Zutage trat diese Intention zumal in der Einteilung des männlichen Rotwildes in sogenannte Güteklassen, die sich nicht etwa an der körperlichen Verfassung orientierten, sondern einzig und allein am Geweih, während dem weiblichen Wild ohnehin gar keine entsprechende Einordnung zuteilwurde. Zu diesem Ansatz passen auch die Vorgaben der einschlägigen Ausführungsverordnung: „Die vorgeschriebenen Abschussziffern sollen möglichst erfüllt werden, dürfen aber ohne schriftliche Genehmigung des Kreisjägermeisters nicht überschritten werden."[65]

Zugleich zielte die staatliche Kontrolle der Abschussplanung gewiss auch auf die Zurückdrängung der kleineren Grundeigentümer, deren Mitsprache bei der Entscheidung über die Abschussquoten damit gleichsam auf null reduziert wurde. Der Abschussplan war nach besagter Ausführungsverordnung vom „Jagdausübungsberechtigten" zu erstellen und bei gemeinschaftlichen Jagdbezirken lediglich formal „durch die Hand des Jagdvorstehers, unaufgefordert in dreifacher Ausfertigung nach vorgeschriebenem Muster" zur Genehmigung vorzulegen.

Das große Paradoxon des Revierprinzips

Gerade dies dürfte ein Paradoxon des seit 1848/49 geltenden „Revierprinzips“ sein: Es beruft sich auf die grundeigentumsrechtlichen Wurzeln des Jagdrechts, drängte zugleich aber die Rechte der einzelnen Grundeigentümer vielfach über Gebühr zurück. Und so wurde aus Verantwortung für die Wahrung standortangemessener Wilddichten über das Instrument der behördlichen Abschussplanung gleichsam eine staatliche Aufgabe, in deren Erfüllung sich die einzelnen privaten Grundeigentümer nicht einzumischen hatten. Selbst jüngere Jagdgesetze wie jenes des Landes Rheinland-Pfalz aus dem Jahre 2010 führen diesen Ansatz fort, wenn sie die sensible Abschussplanung in sogenannten Bewirtschaftungsgebieten einer als Körperschaft des öffentlichen Rechts organisierten Hegegemeinschaft, bestehend aus den jagdausübungsberechtigten Personen, zuordnen, der die Grundeigentümer nur mit beratender Stimme angehören (§ 13 Abs. 3 LJG RLP).

Wie tief sich dieser Ansatz im deutschen Rechtsdenken eingegraben hat, erkennt man auch daran, dass die deutschen Gerichte noch bis in die 1990er Jahre einen Rechtsanspruch der einzelnen Grundeigentümer auf eine ordnungsgemäße Erstellung der behördlichen Abschussplanung bestritten haben und die Grundeigentümer damit zum bloßen Destinatär staatlicher Wohltat degradierten. Und das, obgleich die Abschussplanung nach den gesetzlichen Vorgaben doch gerade dem Ziel dient, den berechtigten Schutzinteressen der Land-, Forst- und Fischereiwirtschaft vollumfänglich Rechnung zu tragen.

Erst durch ein spektakuläres Urteil des Bundesverwaltungsgerichts aus dem Jahre 1995[66] kehrte sich diese Sichtweise um und die Gerichte akzeptierten die naheliegende Auslegung, dass eine Abschussplanung, die dem Schutz der Land-, Forst- und Fischereiwirtschaft dient, diesem Wirtschaftszweig auch einklagbare Rechte zukommen lassen will. Erst mit dieser Entscheidung, die in Jägerkreisen anfänglich nicht durchgängig auf Zustimmung stieß, wurde aus der vormaligen „Abschussverhinderungsplanung" eine echte Abschussplanung. Sie öffnete zugleich die Tür für neuere Entscheidungen, die dem von Schäden bedrohten Grundeigentümer richtigerweise die Möglichkeit eröffnen, eine angemessene Abschussplanung, soweit notwendig, auch für angrenzende Jagdbezirke gerichtlich durchsetzen zu können, sofern Wild aus diesen Nachbarrevieren „handgreiflich auf dem Grundstück zu Schaden geht".[67]

Wie werden Abschusszahlen festgesetzt?

Bis heute freilich bleiben die Berechnung sowie die Umsetzung der behördlichen Abschusspläne mit zahlreichen Fragen verbunden. Wie schafft man es eigentlich, Abschussquoten festzulegen, wenn schon die Feststellung der tatsächlich vorhandenen Wildbestände mit kaum überwindbaren Problemen verbunden ist? Führt man sich den blumigen Gesetzeswortlaut vor Augen, kommt es einem wie ein Wunder vor, dass die zuständigen Behörden aus der Regelung des § 21 BJG immer wieder konkrete Abschusszahlen für die einzelnen Reviere zu errechnen imstande sind. Die einschlägige Bestimmung des Bundesjagdgesetzes lautet:

> *„Der Abschuß des Wildes ist so zu regeln, daß die berechtigten Ansprüche der Land-, Forst- und Fischereiwirtschaft auf Schutz gegen Wildschäden voll gewahrt bleiben sowie die Belange von Naturschutz und Landschaftspflege berücksichtigt werden. Innerhalb der hierdurch gebotenen Grenzen soll die Abschußregelung dazu beitragen, daß ein gesunder Wildbestand aller heimischen Tierarten in angemessener Zahl erhalten bleibt und insbesondere der Schutz von Tierarten gesichert ist, deren Bestand bedroht erscheint."*

Allerhand ziemlich Gegensätzliches wird hier in ein scheinbar harmonisches Nebeneinander gestellt. Schutz vor Schäden, aber zugleich Erhalt aller heimischen Tierarten in angemessener Zahl – wie schafft man das? Schafft man das überhaupt? Lassen sich Flora und Fauna überhaupt buchhalterisch planen, wie es der Gesetzestext suggeriert?

Der Blick ins „Kleingedruckte" des Gesetzes hilft zumindest etwas weiter. „Voll gewahrt" bleiben sollen nämlich nur die „berechtigten" Ansprüche von Land-, Forst- und Fischereiwirtschaft. Gewiss: Jeder Land- und Forstwirt wird dies zunächst einmal so verstehen, dass sein Betrieb möglichst vollumfänglich schadensfrei bleiben soll. Dem steht aber entgegen, dass die Norm gleichzeitig einen gesunden Wildbestand „aller" heimischen Arten fordert, und dies zudem „in angemessener Zahl". Dieser Bestand aber muss von irgendetwas leben und wird daher Fraßeinwirkungen hinterlassen, die auf land- und forstwirtschaftlichen Flächen als „Schäden" wahrgenommen werden.

Bei den „berechtigten" Ansprüchen, die „voll gewahrt" bleiben sollen, kann es somit entgegen dem ersten Anschein nur um die Vermeidung solcher Schäden gehen, die über diejenigen hinausgehen, die der zu erhaltende Bestand unausweichlich hervorrufen muss, um zu überleben. Letztere sind dann die sogenannten „tragbaren", Erstere die „untragbaren" Wildschäden. Kein Zweifel: Das sind Texte von Juristen für Juristen. Aber so ist das halt mit deutschen Gesetzen!

Gerichtliche Kontrolle an ihren Grenzen

Doch selbst unter Berücksichtigung dieser filigranen Differenzierungen ist es im Grunde unmöglich, aus dem Gesetzeswortlaut konkrete Zahlen abzuleiten. Denn natürlich ist Natur immer in Bewegung. Außerordentlich kalte Winter oder außerordentlich heiße Sommer, neue Krankheiten oder zuwandernde Arten wie Luchs und Wolf schlagen auf Flora und Fauna durch. Auch bringt jedes Revier andere Gegebenheiten und Nahrungsangebote mit sich, was eine gleichförmige Beplanung unmöglich macht. Ganz abgesehen davon, dass allein die Vorstellung, Jagdreviere und die dortigen Wildbestände, deren genaue Zusammensetzung ohnehin niemand kennt, über den Rechenschieber in einem zahlenmäßigen Gleichgewicht halten zu können, wenig realitätsnah ist. Deftig spricht Bruno Hespeler, ein erfahrener Berufsjäger und erfolgreicher Buchautor, von einem „schwachsinnigen System jagdlicher Buchhalterei".[68]

Was aber tun? Soll der Behörde ein eigener Beurteilungs- oder Planungsspielraum zugestanden werden, der dann von den Gerichten gar nicht oder nur eingeschränkt überprüfbar wäre? Das wäre einigermaßen fatal, geht es doch gerade um den verfassungsrechtlich garantierten Schutz land- und fortwirtschaftlicher Betriebe, die ihre „berechtigten Ansprüche" notfalls auch gerichtlich müssen durchsetzen können. Die Gerichte haben sich mit einem juristischen „Trick" beholfen. De facto anerkennen sie, dass sich die festzusetzenden Abschusszahlen nicht mit dem Taschenrechner ausrechnen lassen. Andererseits aber wollen und können sie als staatliche Kontrollinstanz das Letztentscheidungsrecht nicht den Behörden überlassen.

Zur Lösung dieses Dilemmas wurde, natürlich wieder von Juristen für Juristen, die sogenannte „nachvollziehende Abwägung" erfunden. Hierbei wird einerseits konstatiert, dass § 21 BJagdG nicht viel mehr als Planungsleitlinien vorgibt, die durch die Behörden im Wege der Abwägung zu konkretisieren sind. Andererseits soll die behördliche Abwägung aber eben nur „nachvollziehend", also nicht „planerisch-schöpferisch" sein, was dann die umfassende gerichtliche Kontrolle der so erfolgten Planung möglich macht. Ergebnis dieser Zauberformel: Die Behörden haben ihre für den Verwaltungsvollzug notwendigen Freiräume, aber den Gerichten bleibt das letzte Wort, um gegebenenfalls korrigierend eingreifen zu können. An sich ein Widerspruch in sich, aber einer, mit dem alle Beteiligten gut leben können. Die fachliche Letztentscheidung liegt damit de facto bei den

Gerichten. Sie haben im Streitfall darüber zu befinden, welche Schäden tragbar und welche untragbar sind – und vor allem, welcher Wildbestandsreduktion es bedarf, um eintretende Schäden auf ein tragbares Maß zurückzuführen. Kein leichtes Unterfangen!

Waldbauliche Gutachten als Notnagel

Die offenkundige Not, dem bunten Zielbündel des § 21 BJagdG konkrete Abschusszahlen zu entlocken, macht verständlich, weshalb Behörden und Gerichte ihr Heil vielfach in sogenannten forstbehördlichen oder waldbaulichen Gutachten suchen.[69] Diese sollen Aufschluss geben über die aktuelle Schadenssituation in Waldgebieten und die hiernach notwendigen Bestandsreduktionen. Und da es mit dem Zustand des Waldes bekanntlich nicht zum Besten steht, gelangen diese Gutachten häufig zu recht hohen Abschussquoten. Anfreunden konnte sich die Jägerschaft mit diesem Prozedere bislang nicht. Beispielhaft hierfür steht die Äußerung des stellvertretenden bayerischen Ministerpräsidenten und passionierten Jägers Hubert Aiwanger, der den Förstern vorwirft, „im Wald auf den Knien rutschend zu schauen, ob sie eine vom Wild verbissene Eiche oder Vogelbeere finden".[70]

Der Gegeneinwand der Jägerschaft lautet, dass übermäßige Schäden nicht notwendig einen überhöhten Wildbestand belegen, sondern ebenso gut das Ergebnis übermäßiger Störungen des Wildes und seiner Lebensräume sein können. Entgegengehalten wird zudem, dass die Auswirkungen des Wildverbisses angesichts der Regenerationsfähigkeit der Einzelpflanzen, aber auch der ohnehin hohen natürlichen Sterblichkeit heranwachsender Bäume in der Gesamtheit als eher geringfügig einzustufen seien.

Ganz falsch sind diese Einwände gewiss nicht. So hat der renommierte Wildökologe Sven Herzog darauf hingewiesen, dass von den Tausenden oder gar Millionen kleiner Sämlinge auf einem Hektar

Waldfläche am Ende „oft nur ein Zehntausendstel, Hunderttausendstel oder noch weniger der ursprünglich gekeimten Pflänzchen überleben (wird). Werden davon zehn, zwanzig oder auch fünfzig oder mehr Prozent von Wildtieren gefressen, so erkennt man leicht, dass dies durchaus noch im Rahmen der natürlichen Sterblichkeit sein kann, dass also kein wirtschaftlicher Schaden entsteht".[71] Aber dies sind natürlich schwierige Positionen in Zeiten klimagestresster Wälder. Und verständlicherweise haben die Gerichte wenig Interesse daran, auch noch das letzte einigermaßen objektivierbare Kriterium für die Kontrolle von Abschussplänen zu verlieren.

Unabhängig von diesen Grundsatzfragen, denen wir im Kapitel „Wald vor Wild" näher nachgehen werden, gibt es natürlich zweifellos Argumente für eine angemessene Begrenzung der Schalenwildbestände gerade in Waldgebieten. Studien verweisen namentlich auf die Verlängerung der Produktions- bzw. Verjüngungszeiträume, auf Qualitätseinbußen bei dem produzierten Holz, aber auch auf einen nachhaltigen Verlust der Artenvielfalt des Waldes, etwa zum Nachteil von Weißtanne und Bergahorn, die eine Folge des selektiven Verbisses durch Schalenwild ist.[72] In diesem Sinne summiert etwa eine vom Landesbetrieb Landesforsten Rheinland-Pfalz publizierte Studie zur ökonomischen Bewertung von Verbiss- und Schälschäden durch wiederkäuende Wildarten in Rheinland-Pfalz aus dem Jahre 2015 die durch das Wild verursachten Schäden am Wald auf jährlich rund 20 Millionen Euro zzgl. rund fünf Millionen Euro für Maßnahmen zur Wildschadensverhütung.[73] Auch für das Land Sachsen-Anhalt ging der dortige Landesrechnungshof zuletzt von einem durch unzureichenden Abschuss bedingten Wildschaden allein auf staatlichen Jagdflächen von rund 74 Millionen Euro aus.[74]

WILDSCHADEN: SCHICKSALSFRAGE UND HAFTUNGSFALLE

Ein weiterer Schlüsselbegriff, der so manchem Jagdpächter schlaflose Nächte bereitet, ist jener des Wildschadens bzw. der Wildschadenshaftung. „Der Älteste erbt den Hof, der zweitälteste den Wildschaden", so lautet ein spöttisches Bonmot. Gewiss eine seltene Ausnahme, aber eben doch anzutreffen sind Reviere mit jährlich zu erwartenden Haftungssummen zwischen 50 000 bis 100 000 Euro.[74a] Zugleich zeigt ein Blick in die Geschichte unseres Landes, dass der Ausgleich erlittener Wildschäden lange Zeit von existenzieller Bedeutung für die Landbevölkerung und einer der zentralen Streitpunkte in der deutschen Jagdrechtsgeschichte war. Die einstigen Defizite im Wildschadensersatz werden heute sogar als mitursächlich für die Unterstützung der Deutschen Revolution der Jahre 1848/49 durch die Landbevölkerung angesehen.

Schatten der Vergangenheit

In einer Dorfgeschichte aus dem sogenannte „Vormärz", also der Zeit vor der Revolution, finden wir hierzu folgenden Bericht:

> *„Was das (scil. von den Fürsten) gehegte Wild fraß, war doch eigentlich für die Bauern bares Geld ... Und sie bekamen bloß ersetzt, was die Hirsche und Rehe abfraßen, und zwar sehr schlecht, wobei sie noch obendrein der Parteilichkeit und Laune des taxierenden Försters anheimgestellt wurden; dann dauerte es auch immer noch eine lange Zeit, ehe das taxierte Schadgeld – von zwei dutzend Händen berechnet, revidiert und wer weiß was noch – angewiesen wurde, und zuletzt mußten die Bauern es selbst vom Amte holen, natürlich an einem Werkeltage, da ging dann noch ein ganzer Tag verloren, und so ein bestimmter*

Tag war ihnen oft sehr kostbar, je nachdem Witterung und nötige Arbeit sich anließen. Was die Hasen abfrasen, wurde gar nicht ersetzt; und da es Gegenden gab, wo fast nur Hasen, aber in ungeheurer Menge, waren, so kam darin die allerhöchste Passion des Landesvaters dem Volke am teuersten zu stehen …"[75]

Langwierige und oft erfolglose Verfahren zur Geltendmachung der wenigen ausgleichsfähigen Schäden verschärften somit die ohnehin bestehende tiefe Kluft zwischen den jagenden Landesherren und dem einfachen Volk. Nicht wenige Historiker sehen hierin zugleich einen wesentlichen Grund dafür, dass die Wilderei oft „mit dem Glorienschein des edlen Räubers versehen wurde".[76]

Vielleicht stellt diese Historie – neben der gewiss mächtigen landwirtschaftlichen Lobby – einen der subkutanen Gründe dafür dar, dass die Frage einer möglichen Reform der Wildschadenshaftung bis heute im politischen Diskurs nur mit spitzen Fingern angefasst wird, oder gleich gar nicht. Gewiss hat die Frage der Wildschadenshaftung seit den Tagen des Vormärz deutlich an Dramatik eingebüßt. Zu einer quantité négligeable ist sie allerdings keineswegs geworden. Schaut man sich die ansteigenden Wildbestände insbesondere beim Schwarzwild an, so wird rasch klar, dass diese Schadenshaftung erhebliche Ausmaße annehmen kann. Nimmt man Wiesenschäden sowie Schäden im Wald hinzu, sind sechsstellige Summen in großflächigen Jagdbezirken heute keineswegs mehr völlig außerhalb aller Vorstellung. Und natürlich hat dies massive Folgen insbesondere für die Verpachtbarkeit derartiger Reviere und damit zugleich für die Möglichkeit der Abwälzbarkeit der Wildschadenshaftung auf einen Jagdpächter. Über diese Folgen und die Aussichten auf eine Nachschärfung der gegenwärtigen gesetzlichen Regelungen wird noch zu sprechen sein.

Warum eigentlich Wildschadenshaftung?

Nach tradierter Diktion soll die Wildschadenshaftung eine Kompensation der kleineren Grundeigentümer dafür sein, dass sie – anders als Großgrundbesitzer auf ihren „Eigenjagden" – kein eigenes Jagdausübungsrecht haben und sich insoweit nicht gegen das Wild zur Wehr setzen können. Weil also der einzelne Grundeigentümer keine eigene Handhabe gegen die Entstehung von Wildschäden hat, soll er sich zumindest finanziell schadlos halten können.

Was auf den ersten Blick pausibel daherkommt, erweist sich bei näherem Hinsehen als gar nicht so eindeutig: Allein schon der Umstand, dass das Gesetz als Schuldner die Jagdgenossenschaft in die Haftung nimmt, also am Ende die Gemeinschaft der geschädigten Grundeigentümer selbst, erscheint zirkelschlüssig. Letztlich wird der geschädigte Grundeigentümer damit ja doch wieder indirekt an der Begleichung seines Schadens beteiligt, und das, obgleich die Genossenschaft ihr Jagdausübungsrecht nach den gesetzlichen Vorgaben im Regelfall doch durch Verpachtung nutzen soll. Vor allem aber suggeriert die tradierte „kompensatorische" Begründung der Wildschadenshaftung, dass der Eigentümer im Falle eines eigenen Rechts zur Jagdausübung tatsächlich die Möglichkeit gehabt hätte, die entstandenen Schäden durch Bejagung zu vermeiden. Dies ist aber keineswegs ohne Weiteres der Fall. Diese Gesetze nämlich setzen, wie wir gesehen haben, dem Abschuss von Wild natürlich schon aus Gründen des Bestandsschutzes regelmäßig quantitative Grenzen, sodass keinesfalls die gesamte Population, sondern allenfalls ein gewisser Prozentsatz des schadensträchtigen Wildes – unter Nachhaltigkeitserwägungen typischerweise der jährliche Zuwachs – durch Abschuss „unschädlich" gemacht werden dürfte.

Wir sprachen oben bereits von der notwendigen Differenzierung zwischenden „tragbaren" und den „untragbaren" Wildschäden, wie sie häufig als Indikator für die Bemessung der Abschusszahlen herangezogen werden. Setzt man den jagdlich abschöpfbaren „Zuwachs" einmal mit einem fiktiven Mittelwert von 30 % an, so wird deutlich, dass 70 % des Wildbestandes jagdlich „unantastbar" sind. Das bedeutet dann aber auch, dass 70 % der Schäden nicht etwa dadurch bedingt sind, dass dem Jagdgenossen das Jagdausübungsrecht vorenthalten wird, sondern dadurch, dass entsprechende Wildbestände einschließlich der durch sie entstehenden Schäden von ihm als naturgegeben hinzunehmen sind. Daran ändert auch die oft genannte „Vergrämungswirkung", etwa durch den Abschuss eines Frischlings aus einer Wildschweinrotte, nichts. Denn die vorübergehende Abwanderung einer beschossenen Rotte verringert die Schäden nicht, sondern verlagert sie lediglich kurzzeitig.

Der 100%ige Ausgleich sämtlicher Wildschäden, gleichviel ob es sich um tragbare oder untragbare Schäden handelt, wäre damit rechnerisch eine klare Überkompensation, die sich nicht damit erklären lässt, dass dem Jagdgenossen ein eigenes Jagdausübungsrecht verwehrt werde. Denn dann müsste der Wildschadensersatz folgerichtig maximal auf jene 30 % des entstandenen Schadens gedeckelt werden, die – vielleicht – durch frühzeitige Erledigung des festgesetzten Abschusses hätten verhindert werden können.

Ähnlich liegen die Dinge, wenn Schäden während der Schonzeiten durch wanderndes Wild verursacht werden. Auch hier wären jagdliche Interventionen des Jagdpächters von vornherein unzulässig. Und schließlich bleibt da noch die große Frage, weshalb die Belastung durch Wildschäden nicht der von der Rechtsprechung ansonsten so gerne betonten „Situationsgebundenheit" des Grundeigentums zuzuordnen und damit insgesamt der Risikosphäre des einzelnen Grundeigentümers zuzurechnen sein sollten.

Dies gilt gerade auch dort, wo landwirtschaftliche Flächen aufgrund ihrer Lage oder der Art ihrer landwirtschaftlichen Nutzung, z. B. durch den schadensgeneigten Anbau von Mais unmittelbar an Waldkanten, einem besonderen Schadensrisiko ausgesetzt sind. De facto werden auf diese Weise die spezifischen Lage- und Betriebsrisiken des einen Grundeigentümers den übrigen Grundeigentümern aufgebürdet, die aufgrund der Lage ihrer eigenen Grundstücke oder der Art der Nutzung selbst keine oder nur geringe Wildschäden zu befürchten haben.

Letztlich dürfte die Wildschadenshaftung denn auch eine ganz andere Intention verfolgt haben, nämlich die einer solidarischen Einstandspflicht aller örtlichen Landwirte für Schäden, die gleichsam zufällig und schicksalhaft auf den Grundflächen einzelner Landwirte eintraten. Aber wieso wählt sich das Gesetz bis heute ausgerechnet die Gemeinschaft der Grundeigentümer als Haftungssubjekt für Schäden, die von herrenlosem Wild ausgehen?

„Der dritte Mann"

Verständlich wird die Konstruktion der Wildschadenshaftung nur dadurch, dass Gesetzgeber und Praxis von Beginn an bis auf den heutigen Tag stillschweigend davon ausgehen, dass die primäre Haftung ohnehin am Ende von einem ganz anderen übernommen wird: nämlich von dem jeweiligen Jagdpächter, der sich in dem Jagdpachtvertrag nolens volens zu einer Haftungsübernahme bereit erklärt.

Und sicherlich wird man noch weitergehende Überlegungen darüber anstellen können, ob die Überkompensation eingetretener Wildschäden und die ungerechtfertigte Gleichbehandlung aller Wildschäden durch das Gesetz womöglich noch ganz andere Ziele verfolgen. Geht es möglicherweise auch darum, die geschädigten Landwirte ruhig zu stellen und dem Jagdpächter unangenehme Rückfragen nach der ordnungsgemäßen Erfüllung des notwendigen Abschusses vom Hals zu halten? Oder ist der üppige Wildschadensausgleich womöglich nur das Aufgeld in einem viel größeren Deal, bei dem es letztlich um die Gegenleistung der Jäger für den Fortbestand unserer wild lebenden Tiere geht?

Was auf den ersten Blick wie eine bizarre Verschwörungstheorie anmuten mag, hat niemand geringerer als der Mitbegründer des Bundes für Umwelt und Naturschutz Deutschland (BUND) und vormalige Frankfurter Direktor des Frankfurter Zoos Prof. Bernhard Grzimek (1909–1987) wie folgt formuliert:

> *„Ohne Jäger, welche heute den Landwirten oft schwindelerregende Beträge als Jagdpachten zahlen, wären vermutlich Hirsche, Hasen, Rehe, Wildschweine und Rebhühner längst als landwirtschaftliche Schädlinge ausgerottet, wie das mit Maikäfern, Kornblumen oder Mohnblumen geschehen ist. Es ist das Verdienst der Jäger, das verhindert zu haben."*[77]

Doch was lange Zeit wie eine probate und zukunftstaugliche Lösung aussah, entpuppt sich in Zeiten anhaltend hoher Wildbestände und des Umbaus der Land- und Forstwirtschaft als zunehmend riskantes Konstrukt. Riskant zunächst für die scheinbar gut entschädigten Grundeigentümer: Denn die tradierte Vollkasko-Wildschadenshaftung ist gewiss nicht ohne Risiken und Nebenwirkungen, birgt sie doch die Versuchung in sich, auch jagdlich vermeidbare Wildschäden aufgrund überhöhter Wildbestände großzügig hinzunehmen. Nicht selten ist dies der Eintritt in eine schleichende Eskalationsspirale, in der steigende Einnahmen aus der Wildschadenshaftung mit immer höheren Schäden in Wald und Flur einhergehen.

Was ist zudem, wenn sich ein Jagdbezirk – womöglich wegen zu hoher Wildschäden und fehlender Bereitschaft zur Haftungsübernahme – am Ende nicht mehr verpachten lässt? Oder wenn ein Pächter, der vielleicht nur als Strohmann für Dritte oder einen verkappten Jagdverein tätig geworden ist, zahlungsunfähig wird? Die Haftung bleibt dann bei der Jagdgenossenschaft und muss – sollten die Reserven der Genossenschaft nicht ausreichen – im Rahmen einer

Haftungsumlage anteilig von den einzelnen Grundeigentümern getragen werden.[78] Angesichts der heutigen Haftungssumme ein riskantes Spiel!

Wildschadenshaftung: „Aus der Zeit gefallen"?

Diese genossenschaftliche Auffanghaftung der Grundeigentümer eines Jagdbezirks mag in früheren Zeiten, in denen eine Vielzahl von Landwirten eher übersichtliche Flächeneinheiten bewirtschafteten, ein solidarisches und zumutbares Auffangnetz gewesen ein. In Zeiten der Konzentration der Landwirtschaft auf wenige Großbetriebe mit einer durchschnittlichen Betriebsfläche von mittlerweile 63 Hektar sieht dies allerdings anders aus: Finden sich in einer Jagdgenossenschaft zum Beispiel nur noch drei etwa gleich große landwirtschaftliche Betriebe und entsteht bei einem dieser Betriebe ein Wildschaden, der auch einmal 120 000 Euro ausmachen kann, so ergibt sich für die beiden nicht von Schäden betroffenen Betriebe ein Haftungsanteil von jeweils 40 000 Euro. Dass dieses Ausgleichsvolumen und die hiermit einhergehende Subventionierung des eigenen Konkurrenten nicht wirklich zeitgemäß ist, liegt auf der Hand. Dies gilt erst recht, wenn der Umfang der Wildschäden möglicherweise auch auf die Art der Bewirtschaftung und die schadensanfällige Lage der landwirtschaftlichen Betriebsflächen des Mitbewerbers zurückzuführen ist.

Riskant ist die Wildschadenshaftung aber auch für den Jagdpächter, auf den das deutsche Revierprinzip zumindest faktisch zugeschnitten ist. Denn längst haben die im Raum stehenden Haftungssummen das Potenzial, auch wirtschaftlich solide aufgestellte Pächter in wirtschaftliche Bedrängnis zu bringen. Insbesondere die im Umfeld moderner Biogasanlagen regelmäßig drastisch ansteigenden Maisschläge verschaffen den vom Klimawandel begünstigten Wildschweinen nahezu unerschöpfliche und leicht zugängliche Futterstellen, für die den Pächtern größerer Jagdbezirke schnell fünfstellige Beträge in Rechnung gestellt werden.

Einzelne Initiativen, Energiemais und überhaupt Energiepflanzen aus der klassischen Wildschadenshaftung auszunehmen, haben sich als nicht durchsetzbar erwiesen. Gerade seriös kalkulierende Jagdscheininhaber werden daher vielfach zurückhaltend sein, derartige Verpflichtungen einzugehen, und stattdessen ihr (Waidmanns-)Heil auf Jagdreisen in fernen Gefilden suchen. An ihre Stelle aber treten dann womöglich weniger seriös kalkulierende Pächter oder gar verkappte Jagdvereine, die einen Strohmann pachten lassen, um sich dann über einzelne Jagderlaubnisse de facto eine nach dem geltenden Recht unzulässige „Vereinsjagd" zu ermöglichen. Das wiederum kann für die Jagdgenossenschaften zu einem ernsthaften Problem werden, wenn sie bei einer außerordentlichen Schadensentwicklung Rückgriff bei dem persönlich gar nicht so solventen Pächter nehmen wollen.

Nicht zuletzt bildet das tradierte Konzept der Wildschadenshaftung ein mögliches Einfallstor für „Verträge zulasten Dritter", konkret zulasten der Allgemeinheit. Das Modell der umfassenden Wildschadenshaftung lässt sich nämlich im Falle des kollusiven Zusammenwirkens der Beteiligten auch zur Bildung von „Schweigekartellen" missbrauchen: zwischen Jagdpächtern, denen es mehr um die Heranzüchtung von „Wild-Parks" als um die Wahrung standortangemessener Wilddichten geht, und Jagdgenossen, die sich ihr Interesse an der Schadensfreiheit von Wald und Flur durch großzügige Ausgleichsleistungen abkaufen lassen.

Aus der gesetzlichen Drohung „Jage oder zahle", die an den Jagdpächter adressiert ist, wird auf diese Weise das unmoralische Angebot „Dulde und liquidiere", das sich an den geschädigten Landwirt richtet! Den Schaden trägt dann schnell die Allgemeinheit, wenn nämlich die für den Klimaschutz und die Wasserspeicherung so wichtigen Wälder von überhöhten Wilddichten geschädigt werden oder überhöhte Populationen die Verbreitung von Wildseuchen begünstigen – ganz zu schweigen von vermehrten Wildunfällen im Straßenverkehr, für deren wirtschaftliche Schäden deutsche Kaskoversicherungen schon heute jährlich rund 500 Millionen Euro zahlen.

Vor diesem Hintergrund überrascht es nicht, dass von forstwissenschaftlicher Seite die durchaus „revolutionäre“ Idee entwickelt wurde, die Wildschadenshaftung in der bisherigen Form abzuschaffen und die kalkulationsfähigen Schadenssummen grundsätzlich in die Jagdpacht „einzupreisen“.[79] Ein derartiger Paradigmenwechsel hätte in der Tat weitreichende Konsequenzen: So würden die Kostenpositionen für alle Beteiligten transparenter und damit auch der Abschluss von Pachtverträgen für normale Mittelständler kalkulierbar, interne Haftungsrisiken zwischen den Grundeigentümern entfielen, und schließlich würde ein Anreiz für die Grundeigentümer geschaffen, von dem Pächter eine ordnungsgemäße Bejagung einzufordern. Wahr ist aber auch, dass sich weitreichende Neuordnungen politisch wie rechtlich wohl kaum durchsetzen ließen: Das Verbot einer Haftungsüberwälzung wäre verfassungsrechtlich ein massiver Eingriff in die Privatautonomie und den Grundsatz der Vertragsfreiheit. Nicht minder gravierend wäre der ökonomische Eingriff in gefestigte Kalkulationsposten der landwirtschaftlichen Betriebe.

Dennoch spricht die Diskussion einen richtigen und wichtigen Punkt an: Die Wildschadenshaftung in ihrer derzeitigen Form verdient eine kritische Überprüfung. Wir werden darauf in unserem letzten Kapitel zur Zukunft der Jagd zurückkommen.

KAPITEL 3

DIE DUNKLE VERGANGENHEIT DER JAGDGESETZGEBUNG

FÜRSTLICHE JAGDLUST UND DAS KOLLEKTIVE GEDÄCHTNIS

Wer nach den Gründen für das komplizierte Verhältnis zwischen weiten Teilen der nichtjagenden Bevölkerung zur Jagd und den Jägern sucht, darf nicht nur auf die Gegenwart und die aktuellen Probleme schauen. Auch für das Vergangene gibt es ein kollektives Gedächtnis, das sich unbewusst zu Wort meldet, wenn die Fragen der Zeit diskutiert und entschieden werden. Und der Blick in die Vergangenheit macht rasch deutlich, dass das Verhältnis der Deutschen zur Jagd historisch schwer belastet ist.

Über Jahrhunderte hinweg war die Jagdgesetzgebung nicht viel mehr als ein Instrument der Unterdrückung zumal der ländlichen Bevölkerung. Allein dem Zweck dienend, die Jagd als exklusive Freizeitbelustigung der feudalen Landesherren zu sichern und gegenüber den berechtigten Schutzinteressen der von Wildschäden geplagten Landwirte abzuschirmen. Was ab dem 7. Jahrhundert mit der Errichtung der ersten königlichen „Bannforste“ begonnen hatte, erwuchs ab dem 15. Jahrhundert zu dem sogenannten „Jagdregal“, mit dem die fürstlichen Landesherren ihr jagdliches Privileg in einer beispiellosen Besitzergreifung binnen eines Jahrhunderts auf den gesamten Grund und Boden ihres Herrschaftsbereiches erstreckten. Hierbei wurde sogar der niedere Adel in die Schranken der „niederen Jagd“ auf kleineres Wild verwiesen – eine Differenzierung, die mit der Trennung von Hochwild- und Niederwildjagd bis heute im jagdlichen Sprachgebrauch erhalten geblieben ist.

Wehe dem Untertan, der diese Feudalrechte missachtete. Aus dem Salzburger Land etwa wird von einem Bauern berichtet, der wegen der unerlaubten Erlegung eines Rothirsches in das Fell des Tieres eingenäht und den Hunden der erzbischöflichen Jagdgesellschaft zum Fraße vorgeworfen wurde.[80] Andere bekannte Sanktionen stellten die Zwangsverweisung oder mehrjährige bis lebenslange Galeere als Strafe für Wiederholungstäter dar. Und dass der auf frischer Tat ertappte Wilderer mit wenig Gnade zu rechnen hatte, dokumentiert der unter Jägern bis heute vielgelesene „Immerwährende Jagdkalender“ aus der Feder des königlich-bayerischen Hofjagdgehilfen und Zeichners Max Haider (1807–1873). Sehr zur Belustigung seiner Herrschaft empfahl er in seinen Versen „’ne Ladung Numero Sechs auf’s Schild“ als „Medicin für solches Wild“.

Die Feudaljagd hatte für die Landbevölkerung in vielerlei Hinsicht dramatische Folgen. Theodor Mommsen, ein großer Gelehrter des 19. und frühen 20. Jahrhunderts, berichtete in einem zeitgenössischen Beitrag aus dem Jahre 1849 von deutschen Fürstentümern,

„wo zuerst die wilden Schweine kamen, dann die Hirsch- und Rehböcke und alsdann die Unterthanen; wo das ganze Land nichts anderes war als ein großes Wildgehege und die Unterthanen die Treiber darin“.[81]

Mommsen selbst war sich der Brisanz seiner Ausführungen und der drohenden Folgen für ihn selbst durchaus bewusst und zog es vor, seine Schrift anonym zu veröffentlichen. Gewiss gab es auch weitsichtigere Landesherren, die zum Wohle ihrer Untertanen, aber auch im wohlverstandenen eigenen Interesse, teilweise großräumige Wildreduktionen anordneten.[82] Aber dass die Missstände insgesamt erhebliche Umfänge angenommen hatten, kann allein dem Umstand entnommen werden, dass der höchstselbst in den Adelsstand erhobene Tübinger Rechtsgelehrte Robert von Mohl (1799–1875), Justizminister der deutschen Zentralgewalt während der Revolutionsjahre, seinen Fürsten recht unverblümt ins Stammbuch schrieb:

„Eine übertriebene Jagdlust aber nimmt nicht nur mehr Zeit in Anspruch, als der Fürst entbehren kann; sondern sie kann, zur Leidenschaft geworden, das Land in einen Saupark verwandeln, den Landmann den Beschädigungen der wilden Thiere und der Brutalität des Jägervolkes preisgeben, zum allgemeinsten Missvergnügen führen“.[83]

In einer Dorfgeschichte aus dem Vormärz schildert ein Jesuitenpater, wie die hart arbeitende Landbevölkerung hilflos ansehen musste, wie die von ihrem Landesvater in ungeheuren Mengen herangezüchteten Hasen die Ernte von den Feldern abfraßen, ohne dass ihnen auch nur ein Heller an Entschädigung gewährt wurde.[84]

Nicht von ungefähr galt denn auch der Wilderer häufig als Identifikationsfigur und Volksheld, der sich dem Unrecht der feudalen

Jagd entgegenstellte. Das „sozialrebellische Traditionselement der Wilderei“ ist von dem Historiker Norbert Schindler eingehend beschrieben worden.[85] Beispiele hierfür bieten der „bayerische Hiasl“ oder der „Stülpner Karl“, die denn auch vielfach mit der Gestalt des „Robin Hood“ verglichen werden.[86] Selbst der deutsche Dichterfürst Friedrich Schiller bediente sich dieses Klischees, als er eben jenen bayerischen Hiasl, den berüchtigten bayerischen Wilderer Matthias Klostermayr, in seinem Drama „Die Räuber“ zur Vorlage des freiheitsliebenden Karl Moor erkor.

Die Revolution von 1848/49 – auch Aufbegehren gegen die Feudaljagd

Der mit der feudalen Jagd einhergehende Dauerkonflikt zwischen der Landbevölkerung und den adeligen Jagdherren gilt heute gar als eine wichtige Triebfeder für die Unterstützung der eher urban geprägten Deutschen Revolution von 1848/49 auch durch die ländliche Bevölkerung. Insofern stellte es einen beachtlichen Erfolg der im Übrigen nahezu vollständig gescheiterten Revolution dar, dass durch § 2 des von der Frankfurter Nationalversammlung beschlossenen Gesetzes „betreffend die Aufhebung des Jagdrechts auf fremden Grund und Boden und die Ausübung der Jagd“ vom 31.10.1848 die feudale Jagd entschädigungslos beendet und die untrennbare Verbindung von Jagdrecht und Grundeigentum festgelegt wurden. Wie ernst dies gemeint war, zeigte § 3 Abs. 2 des besagten Gesetzes: „Den benachbarten Grundbesitzern bleibt überlassen, ihre Grundstücke zu einem gemeinschaftlichen Jagdbezirk zu vereinigen … Kein Grundbesitzer kann aber zu einer solchen Vereinbarung genöthigt werden.“

Die hiermit vollzogene Erfassung des Jagdrechts als Bestandteil des Grundeigentums bedeutete für den deutschen Rechtskreis einen durchaus revolutionären Wandel. Doch wer geglaubt hatte, dass die

Grundeigentümer ihr Jagdrecht fortan auch selbst auszuüben berechtigt wären, sah sich rasch getäuscht. Die neue und bis heute fortdauernde Zauberformel hieß „Revierprinzip". Als „Gründungsurkunde" gilt gemeinhin § 4 des Preußischen Jagdpolizei-Gesetzes vom 7. März 1850. Die ebenso einfache wie folgenreiche Idee hinter diesem Revierprinzip lautete: Auch wenn das Jagdrecht nunmehr als Teil des Grundeigentums und daher jeder einzelnen Parzelle betrachtet wird, so ist hiermit gerade nicht automatisch das Recht zur „Ausübung" des Jagdrechts verbunden. Vielmehr bedarf es bestimmter Mindestgrößen. Diese Mindestgröße wurde in Anlehnung an die im linksrheinischen Preußen seit 1830 geltende Parallelregelung auf 300 (Magdeburger) Morgen festgelegt, was umgerechnet etwa 76 Hektar entspricht.

Natürlich erreichten die einzelnen Grundeigentümer diese Zielgröße nur in Ausnahmefällen. Soweit keine solche Ausnahme vorlag, wurden die betreffenden Eigentumsflächen einem sogenannten gemeinschaftlichen Jagdbezirk zugeordnet, der sich dann über das Gesamtgebiet der Gemeinde erstreckte. Innerhalb dieser sogenannten gemeinschaftlichen Jagdbezirke aber wird das neu konstruierte Recht zur Ausübung der Jagd seither von dem „Jagdrecht" des einzelnen Grundeigentümers abgelöst und als gesondertes Recht genutzt. Der Grundeigentümer bleibt also formalrechtlich Inhaber des Jagdrechts, hat aber nicht ohne Weiteres das Recht zu dessen Ausübung.

Diese Ausübung des Jagdrechts unterliegt einem eigenen Nutzungsregime, das nach der ursprünglichen Konzeption des Preußischen Jagdpolizei-Gesetzes den Gemeinden überantwortet worden war, später den Jagdgenossenschaften als eigenständigen öffentlich-rechtlichen Selbstverwaltungskörperschaften zugeordnet wurde. Ihr gehören die jeweiligen Grundeigentümer als Zwangsmitglieder an. Die Nutzung des Jagdausübungsrechts erfolgt seither in der Regel durch Verpachtung an den Meistbietenden. Der einzelne Grundeigentümer, der sich nach der Revolution der Jahre 1848/49 als neuer Jagdherr wähnte, schaute also auch weiterhin in die Röhre.

Ideologische Nachgefechte um die „restaurative Wende"

Zu den Hintergründen und Motiven der Einführung des Revierprinzips und der hierdurch bewirkten Begrenzung der Jagdausübung auf größere Flächeneinheiten gibt es bis heute unterschiedliche Deutungen. Vorherrschend ist die These, dass die Abschaffung der feudalen Jagd und die Anerkennung der Jagdnutzung als Teil des Grundeigentums in den Jahren nach 1848 zu einer unkontrollierten Jagdausübung durch die kleinen Grundeigentümer und zu einer drohenden Ausrottung der Wildbestände geführt habe. Die Einführung des Revierprinzips wird insofern als nachträgliche Korrektur einer Fehlentwicklung der Revolution von 1848/49 gedeutet, die über die Schaffung großräumiger Bejagungseinheiten eine nachhaltige Wildbewirtschaftung erst ermöglicht habe. Dieser Sichtweise hat sich unter anderem auch das deutsche Bundesverfassungsgericht angeschlossen.[87]

Andere Stimmen deuten die Geschehnisse nach 1848 in exakt entgegengesetzter Weise: als Verrat an der Revolution bzw. als „restaurative Wende" nämlich, mit der die einfachen Grundeigentümer von dem wiedererstarkten Adel um die Früchte der Revolution gebracht worden seien. In einer bisweilen verklärenden Betrachtung der „freien Bauernjagd" der Jahre 1848/49 gehen diese Stimmen davon aus, dass die Revolutionsjahre aufgrund der Eindämmung der Wildbestände eine Blütezeit des Waldbaus gewesen seien und die uns heute bekannten großen Waldgebiete erst ermöglicht hätten.

Beide Geschichtsdeutungen dürften vermutlich eher der Kategorie ideologisch geformter „Narrative" zuzurechnen sein, die mit der damaligen Wirklichkeit nur bedingt etwas zu tun haben. Das gilt zunächst für die These von der drohenden Ausrottung des Wildes als

Folge der „freien Bauernjagd“, mit der von Beginn an vor allem die Idee einer Öffnung der Jagd für breitere Bevölkerungskreise diskreditiert wurde und wohl auch werden sollte.

Gewiss ist nicht auszuschließen, dass es regional zu einer Übernutzung der Wildbestände gekommen ist. Aber dass die jagdlich nur mäßig geübte Landbevölkerung zumal inmitten der revolutionären Wirren der Jahre 1848/49 und mit der Waffentechnik der damaligen Zeit in der Lage gewesen wäre, die gesamten Wildbestände innerhalb von nicht einmal zwei Jahren nahezu auszurotten, erscheint wenig wahrscheinlich. Immerhin hatten die Wildbestände, wenn auch keineswegs ohne Blessuren, zuvor die schier grenzenlosen Verwüstungen des Dreißigjährigen Krieges von 1618 bis 1848 sowie im Linksrheinischen den Raubbau der Wälder durch die französische Besatzung von 1798 bis 1814 überstanden.

Hinzu kommt: Bereits durch Gesetz von 1789 und damit schon lange vor 1848/49 hatten die Franzosen den Grundeigentümern in ihrem Herrschaftsbereich, zu dem damals auch die linksrheinischen Gebiete des späteren Preußens zählten, die Jagd auf dem eigenen Grund und Boden zugestanden.[88] Die Bildung größerer Flächeneinheiten war hier erst durch Verordnung vom 17. April 1830, also 40 Jahre später erfolgt, ohne dass von dramatischen Folgen für die Wildbestände berichtet worden wäre.

Ideologiegeprägt erscheint aber auch die Gegenthese von der „restaurativen Wende“ mit ihrem glorifizierenden Blick auf die „freie Bauernjagd“ und der angeblichen waldbaulichen Blütezeit in den Revolutionsjahren 1848/49. Denn abgesehen davon, dass auch dieser Geschichtsdeutung die wenig realistische Annahme einer drastischen Bestandsreduktion der Wildbestände zugrunde liegt, ist schwer nachvollziehbar, weshalb nicht einmal zwei Revolutionsjahre ausgereicht haben sollten, um großartige Wälder hervorzubringen. Zum Vergleich: Der in den nächsten Jahrzehnten anstehende Waldumbau hin zu klimaresilienten Wäldern, von denen übrigens immer noch unklar ist, wie sie konkret aussehen und aufgebaut sein sollen, wird nicht von ungefähr als Aufgabe ganzer Generationen angesehen. Dass zwei Jahre intensiver Wildbestandsregulierung ausreichen könnten, um diese Herausforderung zu bewältigen, hat bislang kein Mensch ernstlich behauptet.

Nicht zuletzt belegt ein Blick in die Geschichtsschreibung, dass die damalige Landbevölkerung nicht gerade zu den Befürwortern und Förderern größerer Aufforstungen zählte. Zu groß war die Furcht vor einem Verlust der Weidegründe für ihre Schafe und Rinder. Aus den nach 1815 dem Königreich Preußen neu zugeordneten Gebieten des Rheinlandes und der Eifel etwa wird überliefert, dass die staatlichen Wiederaufforstungsmaßnahmen noch in der zweiten Hälfte des 19. Jahrhunderts auf den zum Teil massiven Widerstand der ansässigen Bevölkerung stießen und mitunter nur unter militärischem Schutz vollzogen werden konnten. Immer wieder wurden die aus der Ferne angelieferten Fichtensamen von den rebellischen Einheimischen kurzerhand in die gemeindlichen Backhäuser geschoben, um deren Keimfähigkeit zu zerstören.[89]

Das revolutionäre Ende der tradierten Feudalrechte wurde denn auch keineswegs nur mit gemeinsamen Jagden zelebriert, sondern ebenso sehr mit Rodungsaktionen von erheblichem Ausmaß.[90] Eine Bewertung der Revolutionsjahre als Blütezeit des Waldbaus lässt sich der Geschichtsschreibung dementsprechend auch nicht entnehmen.

Wie es vermutlich wirklich war …

In Wahrheit dürfte die Einführung des sogenannten Revierprinzips nach den Revolutionswirren der Jahre 1848/1849 also deutlich weniger spektakulär gewesen sein, als dies heute gemeinhin dargestellt wird. Insbesondere die These von einer erfolgreichen „Konterrevolution" restaurativer Kräfte lässt sich bei näherem Studium der historischen Dokumente kaum aufrechterhalten. Eine Analyse der Revolutionsdokumente legt vielmehr den Schluss nahe, dass es die Frankfurter Nationalversammlung selbst war, die die ursprüngliche Freigabe der Jagd auf Einzelgrundstücken in Richtung großflächigerer Bewirtschaftungseinheiten nachjustiert hat.

So stellt das zentrale Revolutionsdokument, die berühmte Paulskirchenverfassung von 1849, die sogar verfassungsrechtliche Verbürgung des neuen Jagdrechts der Grundeigentümer unter den Vorbehalt, dass die *„Ausübung des Jagdrechts … aus Gründen […] des gemeinen Wohls zu ordnen"* sei. Forschungen bestätigen, dass die Verfasser dieses Regelungsvorbehalts hierbei speziell die Bindung der Jagdausübung an größere Flächeneinheiten im Blick hatten[91], also letztlich das Regelungsmodell, das in den linksrheinischen Teilen des Landes Preußen bereits seit 1830 an die Stelle der grundstücksbezogenen Bejagung getreten war. Von einem Verrat an der Revolution kann dann aber nicht die Rede sein.

Wie immer man die Dinge rückblickend einordnen will, das Ergebnis war, dass den betroffenen kleineren Grundeigentümern damals wie heute vielfach nicht viel anderes übrig blieb, als ihre Jagdgründe im räumlichen Verbund sogenannter gemeinschaftlicher Jagdbezirke an den meistbietenden Interessenten zu verpachten. Außerdem erschloss sich auf diese Weise eine neue gesellschaftliche Schicht den Zugang zur Jagd, nämlich die vermögenden Bürger mit oft städtischem Hintergrund. Nur in den Fällen, in denen sich hinter dem Meistbietenden die Vertreter der alten Stände verbargen, verweigerten ihnen die ortsansässigen Grundbesitzer bisweilen aus tradierter Abneigung den Zuschlag.[92] Immerhin eröffneten die frühen Jagdgesetze oft auch die – in der Regel aber weniger attraktive – Möglichkeit zur Eigenbewirtschaftung von Revieren bzw. zur Verpachtung an Jagdvereine.

Von den alten Feudalherren und der Idee der „Eigenjagden"

Parallel hierzu sicherten sich die seit dem 7. Jahrhundert zu selbsterklärten „Landesherren" aufgestiegenen adeligen Führungseliten ihre Jagdlustbarkeit durch die bereits erwähnte Konstruktion sogenannter Eigenjagden, die denen zuerkannt wurden, die über einen umfänglicheren Landbesitz verfügten. Seit dem Reichsjagdgesetz von 1934 liegt diese Marke zumeist bei 75 Hektar,[93] umgerechnet 750 000 qm bzw. gut 100 Fußballfeldern. Dieses Flächenmaß entspricht in etwa der in den bereits genannten preußischen Vorgängerregelungen geforderten Eigenjagd-Mindestfläche. Immerhin aber gab es in den übrigen Partikularstaaten zuvor auch andere Modelle, etwa im Württembergischen Jagdgesetz vom 27. Oktober 1855, das ein Viertel dieser Fläche für die Eigenbejagung hatte ausreichen lassen.

Wiewohl über das Privileg der Eigenjagden gut versorgt, vermochten sich die alten Feudalherren, vor allem aber der in deren Umfeld entstandene selbstbewusste Stand der Berufsjäger, nur schwer mit den neuen jagdlichen Nachbarn zu arrangieren. Als geradezu traumatisches Ereignis kommentiert der 1858 in einem ostpreußischen Forsthaus geborene Schriftsteller Fritz Skowronnek das Ende der feudalen Jagd in seinem Werk „Die Jagd" aus dem Jahre 1901:

> *„Da findet man im Herbst die Inserate der Gemeinden, die ihre Jagd verpachten wollen. An wen? Das ist gleichgültig, wenn dieser jemand nur gehörig zahlt … Darin liegt ein Grundfehler unserer jagdlichen Verhältnisse, darin liegt aber auch die große Gefahr, daß die freie Wildbahn in deutschen Landen zu einem lächerlichen Nichts herabsinkt."*

Mit harten Worten rügt der Autor die „*Schießwut, die in den Großstädten wohnt*", um fortzufahren:

„Unsere hirschgerechten Vorfahren würden sicherlich mit starker Verachtung auf unser Epigonentum zurücksehen. Nicht ganz zu Unrecht. Denn mit der Demokratisierung der Jagd hat zum mindesten die Poesie des Waidwerks schweren Schaden erlitten“.[94]

Da die ungeliebten „Epigonen“ ihren Lebensunterhalt überwiegend durch regelmäßige Arbeit unter der Woche sicherten und daher die Jagd nur wochenends ausübten, erhielten sie von den feudalen Kollegen und deren jagdlichem Personal den Spottnamen „Sonntagsjäger“. Es ist eine Ironie der Geschichte, dass dieser Spottname, dessen Feindbild letztlich das freie Bürgertum war, freudige Aufnahme fand im Volk, das sich auf diese Weise unwissentlich zum Helfershelfer feudaler Besitzansprüche machte. Und so waren am Ende beide Gruppen von Jägern diskreditiert: jene, die über ihre adelige Herkunft den privilegierten Zugang zu Jagd besaßen, und jene, die sich diesen Zugang mit ihrem Geld bezahlten. Erzählungen und Vorurteile, die im kollektiven Gedächtnis der Bevölkerung verankert geblieben sind.

Immerhin hat sich das Revierprinzip mit der Zeit als zentrale Säule des deutschen Jagdrechts dauerhaft etablieren können. Nach und nach arrangierten sich die alten und neuen Jagdherren miteinander und richteten sich in den neuen Einheiten der gemeinschaftlichen Jagdbezirke und der Eigenjagdbezirke gemütlich ein. Die weitgehend entrechteten Landwirte trösteten sich mit üppigen Wildschadensregelungen, die nunmehr auch eine weniger scharfe Bejagung der Wildbestände durch die neuen „Feudalherren“ erträglich machten.

Sonderstatus der staatlichen Forste

Den nach Ende der Monarchie entstandenen staatlichen Forsten, in denen die wirtschaftliche und ökologische Funktion des Waldes im Vordergrund stand und steht, wurde bald das Recht eingeräumt, die

Regulierung der Wildbestände in eigener Verantwortung zu regeln. Sie üben dieses Recht heute unter nicht selten genauer Beobachtung durch die Landesrechnungshöfe aus, die vielleicht mehr noch als die Forstverwaltungen selbst das Wild oft vornehmlich als Kostenfaktor der Holzproduktion sehen.

Konfliktbelastet bleibt das Verhältnis zur traditionellen Jägerschaft, die den staatlichen Forsten und deren Bediensteten in schöner Regelmäßigkeit einen gnadenlosen Feldzug gegen das Reh- und Rotwild vorwirft. In den Augen der Öffentlichkeit dagegen sind aus den einst verachteten Bütteln der feudalen Jagdherren längst geachtete „Ranger" bzw. Wald- und Wildmanager geworden. Vorbei die Zeit der abscheulichen Förstermorde, wie sie in den Jahrzehnten vor und nach dem Ersten Weltkrieg nicht selten unter aktiver Abschirmung der Täter durch die ländliche Bevölkerung begangen wurden. Und auch jagdliche Eingriffe in den Wildbestand in Regie der Forste und der Forstwirtschaft stoßen, wie eine sozialwissenschaftliche Studie bestätigen konnte[95], in der breiten Bevölkerung auf eine deutlich höhere Akzeptanz als die private Jagd. Und dies, obgleich die dortigen jagdlichen Eingriffe in die Wildbestände nicht selten deutlich intensiver sind als jene in privaten Jagdrevieren.

Zunächst einmal ist es natürlich erfreulich, wenn die Deutschen Vertrauen in den Staat und seine Behörden haben. Und ohne jeden Zweifel wird in den staatlichen Forstverwaltungen ebenso wie in den vielen privaten Forstbetrieben wertvolle Arbeit für unser Gemeinwesen und vor allem auch für künftige Generationen geleistet. Woher aber kommt diese unterschiedliche Bewertung der Jagdausübung je nachdem, ob sie durch Forstbedienstete oder private Jäger erfolgt? Liegt es daran, dass bei dem einen eine nüchterne berufliche Motivation unterstellt wird, wohingegen der private Jäger allein von jener für nichtjagende Menschen eher suspekten Macht getrieben zu sein scheint, die man „Passion" nennt? Bereits oben war auf soziologische

Studien der Universität Freiburg hingewiesen worden, die eben diese Einschätzung nahelegen. Paaren sich also subkutan fortwirkende Vorbehalte gegenüber zahlenden Freizeitjägern mit einer gewissen „Staatsgläubigkeit", der die Idee der Verwirklichung gemeinwohlrelevanter Aufgaben im Wege privaten Engagements eher suspekt ist?

„Demokratisierung der Jagd"

In dieses Bild würde passen, dass es in unserem Land, nicht einmal für staatliche Ländereien, ernsthafte Bestrebungen um eine genuine „Demokratisierung der Jagd" nach französischem oder US-amerikanischem Vorbild gegeben hat. Oder zumindest nach dem offenen Modell der Volksjagd etwa in der Urschweiz oder dem Gemeindejagdmodell Südtirols, das jedem Einwohner der Gemeinde das Recht gewährt, im Gebiet seiner Wohnsitzgemeinde zu jagen. Zwar gab es unmittelbar nach dem Ende des Zweiten Weltkrieges kurzzeitige Bestrebungen zur Einführung eines Lizenzjagdsystems unter Aufgabe des tradierten Revierprinzips. Genau genommen handelte es sich dabei allerdings um Überlegungen in der amerikanischen Besatzungszone und auch nur der dortigen Besatzungsmacht, die das Reichsjagdgesetz in ihrer Zone im Jahre 1948 aufgehoben hatte. Den Widerstand insbesondere aus jagdlichen Kreisen hatten die Amerikaner freilich komplett unterschätzt. Am Ende scheiterte die Idee einer Lizenzjagd grandios, vor allem an einer Jägerschaft, der das limitierende Ordnungskonzept des Revierprinzips längst in die eigene DNA übergegangen war.

Natürlich gibt es durchschlagende Argumente gegen das Konzept einer Lizenzjagd in einem dichtbesiedelten und von zahllosen Verkehrsadern durchzogenen Land wie der Bundesrepublik Deutschland. Man denke nur an den erheblichen Verwaltungs- und Kontrollaufwand, wie er in Frankreich durch das Office National de la Chasse et de la Faune Sauvage oder auf dem „public land" in den USA durch den

Fish and Wildlife Service mitsamt der angeschlossenen Game Warden betrieben wird. Nicht zuletzt sprechen auch tierschutzrechtliche Aspekte gegen die mit einer Lizenzjagd verbundene schwierige Zuordnung von Verantwortlichkeiten: Anders als in fest zugeordneten Revieren, in denen jagdliches Fehlverhalten z. B. in Form unterbliebener Nachsuchen auf verletztes Wild rasch individuell zugeordnet und abgestellt werden kann, entfiele diese Möglichkeit bei einer mehr oder weniger offenen Lizenzjagd. Hier helfen die durchaus positiven Erfahrungen mit den omnipräsenten Game Wardens in den Weiten Amerikas wenig, die z. T. aus Helikoptern die Wege der Jagdausübenden weiträumig zurückverfolgen. Anders als dort nämlich verlöre sich die Spur möglicher Jagdfrevler in den von einem dichten Straßennetz durchzogenen Regionen der Bundesrepublik Deutschland vermutlich sehr rasch, was dann vor allem der ohnehin notorisch unterschätzten Wilderei in die Karten spielte.

Lizenzjagd und das Grundrecht der Eigentumsfreiheit

Und schließlich bleibt da noch die Frage, ob es ausgerechnet einem demokratischen Verfassungsstaat wie der Bundesrepublik Deutschland gestattet sein kann, die in vordemokratischen Zeiten vollzogene Verbindung von Jagd und Grundeigentum wieder zu lösen. Gewiss, auch in der deutschen Verfassungsordnung ist nicht alles, was mit Grund und Boden in Verbindung steht, automatisch eigentumsrechtlich geschützt. Zu nennen ist nur die „fließende Welle“ eines Baches, die durch privates Grundeigentum plätschert, gleichwohl nach deutschem Recht nicht Teil dieses Grundeigentums wird. Sekundierend hierzu hat das Bundesverfassungsgericht festgestellt, dass von Verfassungs wegen keineswegs jedes Rechtsgut einer privatrechtlichen Herrschaft unterworfen sein müsse. Allerdings legt das Gericht, und hier wird es spannend, die Messlatte für eine vollständige Herauslösung vermögenswerter Güter aus der privaten Eigentumsordnung zu Recht extrem hoch. Eine solche Abkehr komme nämlich allenfalls dort in Betracht, wo es um „für die Allgemeinheit lebensnotwendige Güter" gehe und dies „zur Sicherung überragender Gemeinwohlbelange und zur Abwehr von Gefahren" erforderlich sei.[96]

Schon der Nachweis, dass es sich bei der Nutzung und Regulierung der Wildbestände um „für die Allgemeinheit lebensnotwendige Güter" handelt, dürfte einige Probleme aufwerfen. Unüberwindlich werden diese Probleme aber spätestens dort, wo es um den geforderten Gefahrennachweis und die Notwendigkeit der Sicherung überragender Gemeinwohlbelange geht. Denn bei aller Kritik im Detail besteht kein Zweifel daran, dass sich der eigentumsrechtliche Ansatz der Jagd in der freiheitlichen Ordnung des Grundgesetzes insgesamt bewährt hat. Vor dem Hintergrund des Erfahrungswissens von 175 Jahren Revierprinzip gäbe es somit heute keine verfassungsrechtliche Rechtfertigung mehr für einen Kurswechsel zulasten des Grundeigentums.

DAS BUNDESJAGDGESETZ – EIN UMETIKETTIERTES NAZIGESETZ?

Wenn man den Erblasten der Jagdgesetzgebung in Deutschland nachspüren will, kann das von der Jägerschaft bis heute gleichsam als Mustergesetz hochgehaltene Bundesjagdgesetz nicht außer Betracht bleiben. Es folgte im Jahre 1954 nach langen und schwierigen Debatten dem Reichsjagdgesetz von 1934 und hatte – ebenso wie sein Vorgänger – in Jägerkreisen von Anfang an eine hohe identitätsstiftende Wirkung. Doch was lange Zeit als besonderer Erfolg gefeiert wurde, wird in neuerer Zeit immer häufiger kritisch hinterfragt.

Schenkt man den Kritikern Glauben, so handelte es sich beim Bundesjagdgesetz um ein Regelwerk, das in neuem Gewande die nationalsozialistisch durchtränkte Blut-und-Boden-Ideologie des Reichsjagdgesetzes fortführt, jedenfalls aber dem Trophäenkult seines Mentors, des vormaligen NS-Reichsjägermeisters Hermann Göring, huldigt. Besonders kämpferisch äußerte sich im Jahre 2020 der Wissenschaftliche Beirat für Waldpolitik beim Bundesministerium für Ernährung und Landwirtschaft, der der gesamten deutschen Jagdgesetzgebung eine fortdauernde „*Ausrichtung … auf Anliegen des Reichsjagdgesetzes von 1934*" vorwarf, „*das weder wichtige wildbiologische Zusammenhänge, Tierschutzaspekte, Biodiversitätsanliegen noch effiziente Kontrollen der Wildbestände kannte, sondern die Hege und den Aufbau attraktiver Wildpopulationen anstrebte*".[97] Es verwundert daher auch nicht, dass viele Bundesländer von ihrer seit 2006 grundgesetzlich festgelegten „Abweichungskompetenz" im Bereich des Jagdrechts durchaus selbstbewussten Gebrauch gemacht haben.

Für seine vor allem aus Jägerkreisen stammenden Fürsprecher dagegen hat nicht nur das Bundesjagdgesetz von 1954, sondern nicht minder das Reichsjagdgesetz von 1934 selbst die „Entnazifizierung" erfolgreich bestanden. Schließlich seien die Arbeiten zu dem Gesetz schon vor der Machtübernahme durch die Nationalsozialisten abgeschlossen gewesen. Gerne zeigt man genüsslich mit dem Finger auf das geltende Tierschutzgesetz mit seinem Vorgänger in Gestalt des 1933 erlassenen Reichstierschutzgesetzes[98], das mit seinem rigiden Schächtverbot in damaliger Zeit ohne Zweifel ein zielgerichteter Angriff vor allem auf die Juden in Deutschland war.

Doch wie steht es wirklich um das Bundesjagdgesetz und seine Vorgängerregelung in Gestalt des Reichsjagdgesetzes? Ungeachtet der festgefahrenen Fronten scheint ein näherer Blick auf die Entstehungsgeschichte des Reichsjagdgesetzes höchst aufschlussreich.

Die These von den Weimarer Ursprüngen des Reichsjagdgesetzes

Seit dem Ende der Nazi-Diktatur bis in die heutige Zeit hinein findet sich in der Literatur die gebetsmühlenartige Behauptung, dass das Reichsjagdgesetz schon während der Weimarer Zeit nahezu druckfertig in den Schubladen gelegen habe und insofern von der Entartung des Rechts in der nationalsozialistischen Diktatur nicht betroffen gewesen sei. In der Schaffung reichseinheitlicher Rechtsgrundlagen wird gemeinhin ein Meilenstein der Rechtsentwicklung gesehen. Schaut man sich die Dinge näher an, ergeben sich erhebliche Zweifel an dieser Sichtweise.

Schon der Erlass des Reichsjagdgesetzes durch die Reichsregierung unter Inanspruchnahme des berüchtigten Ermächtigungsgesetzes von 1933 widersprach allen rechtsstaatlichen Grundsätzen. Schließlich war das Ermächtigungsgesetz selbst in rechtswidriger Weise unter vorheriger gewaltsamer Verdrängung von über 100 Reichstagsabgeordneten sowie unter der Drohkulisse uniformierter Mitglieder von SA und SS zustande gekommen.

Nicht minder zweifelhaft erscheinen die Bemühungen, das Gesetz durch Verweis auf eine vor 1933 zu datierende Autorenschaft des damaligen Vorsitzenden des Vereins Deutscher Berufsjäger Ulrich Scherping inhaltlich reinzuwaschen. Dessen autobiografische Einlassung, wonach das unter dem seinerzeitigen preußischen Ministerpräsidenten Hermann Göring zunächst erarbeitete Preußische Jagdgesetz von 1934, die Blaupause des späteren Reichsjagdgesetzes, „in seinem materiellen Teil bereits 1932 fertig in meinem Arbeitstisch (lag)“, wird nämlich von der aufschlussreichen Nebenbemerkung begleitet, dass die juristische Ausarbeitung eben dieses Preußischen Jagdgesetzes bei dem damaligen Justiziar des Preußischen Ministeriums für Landwirtschaft, Domänen und Forsten, Ministerialrat Dr. Vollbach, gelegen habe.[99] Schon an dieser Stelle wird der fachkundige Betrachter die Frage aufwerfen, wie man sich denn bitte ein „fertiges" Gesetz ohne juristische Ausarbeitung vorzustellen habe?

Hinzu kommt eine bemerkenswerte Untersuchung des Wissenschaftlichen Dienstes des Deutschen Bundestages aus dem Jahre 2004. Dort kamen die Fachleute des Parlamentsdienstes zu der Feststellung, dass die preußischen Archive *„bis zur Amtsenthebung Brauns als Preußischer Ministerpräsident im Februar 1932 keine entsprechenden gesetzgeberischen Initiativen (verzeichnen)"*.[100] Dass ein Nichtjurist ein Gesetz ohne das Bestehen politischer oder gar legislativer Planspiele für eine Gesetzesreform in jener Zeit in der Sache fertiggestellt hätte, wird man zumindest als sehr ungewöhnlich ansehen müssen. Mit viel Wohlwollen wird man die Existenz einer groben Zusammenstellung inhaltlicher Forderungen der Jägerschaft für möglich halten können. Die These von der Existenz eines weitgehend fertiggestellten Gesetzentwurfs bleibt dagegen mit einem großen Fragezeichen behaftet.

Gewiss wird sich die Frage nach den zeitlichen Wurzeln des Reichsjagdgesetzes heute nicht mehr eindeutig klären lassen. Fest steht allerdings, dass Scherping, der nach dem Krieg als einflussreicher Verbandsfunktionär der Jägerschaft tätig war, ein Interesse an einem „Greenwashing" des Reichsjagdgesetzes, aber auch einem persönlichen „Greenwashing" besaß.

Dies gilt umso mehr, als Scherping wohl nicht der unpolitische Sachwalter der Interessen des Wildes war, für den er sich in seiner Autobiografie „Waidwerk zwischen den Zeiten" ausgegeben hat. Als Leiter des Reichsjagdamtes ab 1933 und als Mitglied der SS, zuletzt als SS-Brigadeführer[101], war Scherping nach heutigem Wissensstand vielmehr in NS-Barbareien verstrickt.[102] Zu nennen sind hier insbesondere die Zwangsaussiedlungen und Erschießungen bei der Errichtung des von Göring geplanten „Reichsjagdreviers" in der polnischen Bialowies im Jahre 1941, für die er teilweise mitverantwortlich gemacht wird, denen er jedenfalls nicht entgegengetreten sein soll.[103] In Verbindung gebracht wird sein Name zudem mit dem sogenannten „Haferkrieg“ des Notwinters 1942/43, in dessen Folge dringend benötigte Kindernahrung auf Geheiß des Reichsjagdamtes für die Rotwildfütterung in Görings Staatsrevieren beschlagnahmt wurde.[104] Als Leumund für ein ideologiefreies Reichsjagdgesetz dürfte sich Ulrich Scherping damit nicht eignen.

Das Reichsjagdgesetz: ein sachorientiertes, ideologiefreies Fachgesetz?

Aber auch inhaltlich bedarf das tradierte Bild des Reichsjagdgesetzes als eines Gesetzes, das in der Vergangenheit gerne als „Ergebnis der jagdpolitischen Bemühungen der Jagdverbände vor 1933“[105] dargestellt wurde, einer differenzierenden Betrachtung. Dies gilt zunächst für den Mythos der vollendeten Rechtseinheit durch das Reichsjagdgesetz: Von der Warte der nationalsozialistischen Ideologie handelte es sich zunächst einmal um eine Zentralisierung der Gesetzgebung, die der föderalen Vielfalt ein bewusstes Ende setzte.

Noch deutlicher wird die Instrumentalisierung der Reichsgesetzgebung für Zwecke des nationalsozialistischen Führerstaates, wenn man sich das Ziel des von Göring erteilten Gesetzesauftrags vor Augen führt. Das bestand nämlich, wie Scherping glaubhaft berichtet, zunächst einmal darin, die Jägerschaft in einer einheitlichen Organisation zusammenzuführen.[106] Was hier euphemistisch als „Zusammenführung“ verklausuliert wurde, meinte im Ergebnis nichts anderes als die „Gleichschaltung“ der Jägerschaft in der Einheitsorganisation des Reichsbundes Deutsche Jägerschaft unter der Führung des NS-Reichsjägermeisters Hermann Göring. Durchaus folgerichtig sanktionierte § 56 Abs. 4 RJagdG denn auch jegliches vereinsmäßige Eigenleben neben dem Reichsbund, indem er festlegte, dass „neben der Deutschen Jägerschaft (...) Vereinigungen gleicher oder ähnlicher Zielsetzung unzulässig (sind)“.

Dass diese vormalige Organisationsstruktur nach dem Zusammenbruch des NS-Regimes und der Auflösung des Reichsbundes Deutscher Jägerschaft dem Aufbau eines schlagkräftigen privaten Bundesverbandes der Jäger zuspielte, liegt auf der Hand. Und es macht zugleich verständlich, weshalb Scherping als dessen erster Hauptgeschäftsführer weiterhin das Loblied auf die Errungenschaften eines einheitlichen zentralen Gesetzes sang, obwohl in einem föderal organisierten Staat wie der Bundesrepublik Deutschland die dezentrale Zuordnung der Kompetenzen im Grunde den Normalfall darstellt und darstellen sollte.

Dürften somit machtpolitische Erwägungen die eigentliche Triebfeder der Göring'schen Gesetzgebungsinitiative gewesen sein, verwundert es nicht, dass auch die vermeintliche „Modernisierung" der Jagd durch das Reichsjagdgesetz in Wahrheit keineswegs so bahnbrechend ausfiel, wie gemeinhin unterstellt wird. Gerade die zentrale Systementscheidung zugunsten des Revierprinzips war in Preußen spätestens durch das Preußische Jagdpolizeigesetz vom 7. März 1850 gefallen. Und vermeintliche Neuerungen wie die Abschussplanung oder die Hegepflicht waren in der Praxis vielfach längst etabliert. So existierte etwa eine Abschussplanung unter dem Begriff des „Abschussetats" schon seit Mitte des 19. Jahrhunderts etwa bei der Verpachtung von Staatsrevieren im Königreich Bayern.[107] Ebenso war die Hegepflicht der Jäger bereits lange vor dem Reichsjagdgesetz, z. B. in den Jagdgesetzen von Sachsen und Thüringen, festgeschrieben worden.

Ähnliches gilt für die Idee der waidgerechten Jagd, die begrifflich bis auf das Jahr 1793 zurückgeführt werden kann, wobei der in deutschen Gesetzen teilweise synonym verwendete Begriff der „waidmännischen Jagd" sogar noch älteren Datums ist.[108] Ausführlich befasste sich der Schriftsteller Fritz Skowronnek in seinem Werk „Die Jagd" im Jahre 1901 mit dem Begriff des waidmännischen Jagens, wobei er unter anderem aus einem Werk aus dem Jahre 1734 referiert. In plastischer Form interpretiert Skowronnek die Idee der Waidgerechtigkeit im Sinne des „Mitgefühls, das der Mensch jeder Kreatur Gottes schuldet"[109]. Und es darf wohl als ein mutiges Bekenntnis zu den schon damals fest etablierten Grundsätzen der waidgerechten Jagd gerechnet werden, wenn weit vor dem Erlass des Reichsjagdgesetzes, nämlich im Jahre 1907, ein Beitrag in einer deutschen Jagdzeitung erschien, der das jagdliche Gebaren von Kaiser Wilhelm II. „mehr zum Schießsport" rechnete denn zum Waidwerk.[110]

Dort aber, wo das Reichsjagdgesetz Neues schuf oder Vorhandenes im gesamten Reich durchsetzte, waren die Verbindungslinien zur NS-Ideologie nicht selten mit Händen zu greifen. Für den angeordneten Zwangszusammenschluss aller Jäger in der Einheitsorganisation des Reichsbundes Deutsche Jägerschaft wurde dies bereits dargestellt. Ohne Zweifel kann auch die reichsweite Etablierung der Abschussplanung neben seiner zielgerichteten Instrumentalisierung für Zwecke des Trophäenkults durchaus als Instrument der Unterordnung der Jägerschaft unter einen alles überwachenden und steuernden Staat gesehen werden.

Am schwersten tut sich die Jägerschaft allerdings wohl bis heute damit zu erkennen, dass ausgerechnet die vielgepriesene Kodifikation der Grundsätze deutscher Waidgerechtigkeit im Reichsjagdgesetz des Jahres 1934 nicht lediglich ein unglückliches Timing der Geschichte war, sondern – jedenfalls auch – ein Instrument der nationalsozialistischen Macht- und Verfolgungspolitik darstellte.

Die wertungsoffene Waidgerechtigkeitsformel nämlich gab den Nationalsozialisten ein geradezu ideales Instrument an die Hand, um ihre machtpolitische und dezidiert antisemitische Agenda durchzusetzen. So lieferte der im Lichte der NS-Ideologie interpretierte bzw. instrumentalisierte Grundsatz der deutschen Waidgerechtigkeit einen Hebel, um jüdischen und politisch missliebigen Jägern den Zugang zur Jagd zu verschließen.

Die perfide Strategie der Machthaber trat in der Präambel des damaligen Reichsjagdgesetzes offen zutage. Dort wurde das Bekenntnis zu den Grundsätzen der deutschen Waidgerechtigkeit mit der Aufgabe des selbsternannten Reichsjägermeisters Göring verknüpft, darüber zu wachen, *„dass niemand die Büchse führt, der nicht wert ist, Sachwalter anvertrauten Volksguts zu sein"*. Nicht zu Unrecht ist die Etablierung des Grundsatzes der Waidgerechtigkeit im Reichsjagdgesetz von Wilhelm Bode rückblickend auch als *„trojanisches Pferd der völkischen Rechtserneuerung"* bezeichnet worden.[111]

Zugleich hat Bode darauf aufmerksam gemacht, dass sich die Zahl der Jäger nach Inkrafttreten der Göring'schen Jagdgesetze von vormals 250 000 Jägern im Jahre 1925 auf weniger als 180 000 Jäger im Jahre 1935 reduzierte.[112] Es liegt nahe, hinter diesen Zahlen eine zielgerichtet angelegte Strategie der Entrechtung zu sehen. Es überrascht daher auch nicht, dass die Verpachtung eines Jagdreviers an Ausländer mit Inkrafttreten des Reichsjagdgesetzes von 1934 nur noch ausnahmsweise und unter Vorlage einer Unbedenklichkeitsbescheinigung der Gestapo möglich war.[113] Passend hierzu hatte das Reichsjagdgesetz Vereinspachten erstmals generell untersagt. Niemand sollte mehr durch irgendwelche Schlupflöcher zum ungebetenen „Sachwalter anvertrauten Volksgutes" werden können.

Das Bundesjagdgesetz zwischen Kontinuität und Neuanfang

Haben dann also doch diejenigen Recht, die in der Übernahme der rechtlichen Konstrukte des Reichsjagdgesetzes durch das Bundesjagdgesetz eine bruchlose Fortführung nationalsozialistischer Ideologie und ein Instrument zur fortdauernden Absicherung der Trophäenjagd zu sehen glauben? Ganz so einfach ist es dann wohl auch wieder nicht, denn Kontexte ändern sich. Und mit ihnen ändern sich das Verständnis und der Umgang mit überkommenen Gesetzeskonstrukten.

Gerade das deutsche Bundesverfassungsgericht hat früh die Bedeutung der Verfassung als „Werteordnung“ hervorgehoben, die auch auf die Auslegung der Fachgesetze unterhalb der Verfassungsebene ausstrahle. Und in eben diesem Sinne haben die verfassungsrechtlichen Grundprinzipien der Menschenwürdegarantie, des Eigentumsschutzes, des Schutzes der natürlichen Lebensgrundlagen sowie des Tierschutzes zahlreiche vormals problematische oder gar offen diskriminierende Regelungen mit einem neuen Geist erfüllt. Dies gilt gerade auch für die im Reichsjagdgesetz ideologisch instrumentalisierten Vorgaben zur Abschussplanung oder zur Waidgerechtigkeit. So wenig wir daher die Lösung aktueller Auslegungsfragen des Bundesjagdgesetzes in der Rechtsprechung zum Reichsjagdgesetz von 1934 finden, so wenig bedarf dann aber die Fortentwicklung des Bundesjagdgesetzes einer Reinwaschung des Reichsjagdgesetzes.

Um es deutlich zu sagen: Dass aus der als „Abschussverhinderungsplanung“ gedachten Abschussplanung des Reichsjagdgesetzes heute eine Schutznorm zugunsten der von untragbaren Wildschäden bedrohten Grundeigentümer geworden ist, aus der vormals auf das Hochzüchten von Trophäen gedachten „Hege“ das Leitziel der Wahrung standortangemessener Wilddichten und aus dem zur systematischen Verfolgung missliebiger Personen instrumentalisierten Grundsatz der „deutschen Waidgerechtigkeit“ ein dynamisches Instrument des jagdlichen Tierschutzes, ist nicht das Verdienst des Reichsjagdgesetzes und seiner Urheber. Es ist das Ergebnis einer oft mühsamen gerichtlichen und wissenschaftlichen Fortentwicklung ehedem ideologisch aufgeladener und missbrauchter Begrifflichkeiten.

Ganz sicher hat sich die Jägerschaft keinen Gefallen damit getan, über viele Jahrzehnte hinweg mehr für das Greenwashing des hochtoxischen Reichsjagdgesetzes einzutreten als für die zeitgemäße

Fortschreibung der Bestimmungen des Bundesjagdgesetzes. Dann nämlich wäre unmissverständlich klar geworden, dass das Bundesjagdgesetz, auch wenn es nicht in geringem Umfange auf frühere Begrifflichkeiten und Rechtsfiguren zurückgreift, eines gewiss nicht ist: ein „Nazigesetz".

KAPITEL 4

ANFRAGEN DER MODERNE

DISKURSOFFENHEIT UND DIE SOZIOKULTURELLE NACHHALTIGKEIT DER JAGD

Eine demokratische Gesellschaft lebt vom Diskurs. Sie diskutiert, normiert und aktualisiert die Regeln des Zusammenlebens in diesem Diskurs. Wer sich in den Diskurs nicht einbringt, der darf sich nicht wundern, wenn Normen ohne ihn verhandelt und beschlossen werden. Das gilt nicht nur für die große Politik, es gilt für alle Bereiche des politisch-gesellschaftlichen Lebens – und damit auch für die Jagd.

Die nachhaltige Ausgestaltung der jagdlichen Ordnung hat somit eine soziokulturelle Seite. Sie bedarf der Rückkopplung und der Akzeptanz in der Rechtsgemeinschaft, ohne die sie keine Zukunft haben kann. Nicht immer hat man den Eindruck, dass diese Wechselwirkungen im Alltag, aber auch in den Regelwerken der Jagd, tatsächlich in ihren Dimensionen wahrgenommen werden.

Jagd unter Beobachtung

Durfte sich der zielsichere Erleger einer Waldschnepfe in ihrem abendlichen Zickzackflug in alten Zeiten der Bewunderung seiner Zeitgenossen sicher sein, muss er sich heute wohl die Frage gefallen lassen, ob die Tötung eines solch schönen und seltenen Vogels wirklich sinnvoll und gerechtfertigt ist. Der formale Hinweis darauf, dass die Jagdgesetze schließlich eine Jagdzeit auf diese und anderen Arten eröffnen, wird nur noch wenige Menschen überzeugen. Eher wird man damit die Frage provozieren, weshalb der Gesetzgeber ein solches Treiben noch zulässt.

Ähnlich ist es mit der Ausbildung von Jagdhunden, die vormals aus respektvoller Distanz betrachtet wurde, sich aber heute immer wieder bohrenden Fragen nach der Tierschutzkonformität gefallen lassen muss. Die Debatte um Teleimpulsgeräte als elektronische „Ferntrainer" etwa hat mittlerweile zu einem weitgehenden Verzicht auf derartige Geräte geführt. Unter scharfer Beobachtung steht aktuell der von vielen Jägern für unabdingbar erachtete Einsatz lebender Enten zur Ausbildung von Hunden für die Wasserjagd. In vielen, aber keineswegs allen Bundesländern ist diese Methode als tierschutzwidrig untersagt. Es gehört wenig Fantasie dazu vorherzusagen, dass dieser Form der Hundeausbildung auch in den übrigen Ländern keine lange Zukunft beschieden sein wird.

Natürlich ist es nachvollziehbar, wenn die von der Notwendigkeit ihres Handelns zutiefst überzeugten Jagdhundehalter auf die ungewohnte öffentliche Konfrontation unsicher, bisweilen auch gereizt reagieren. Doch es ist wichtig zu sehen, dass der veränderte Blick vonseiten der nichtjagenden Bevölkerung für sich genommen nichts mit Jagdgegnerschaft zu tun hat. Im Gegenteil ist es zunächst einmal völlig normal, wenn ein demokratisches Gemeinwesen die Regeln für das Zusammenleben diskutiert und im Diskurs mit den Betroffenen neu austariert.

Dass gerade das Verhältnis des Menschen gegenüber der Umwelt und den Tieren hierbei einem massiven Veränderungsprozess unterliegt, ist ebenfalls nicht neu. Wie weit dieser Prozess zwischenzeitlich gediehen ist, zeigt sich, wenn etwa Tiere in § 90a des Bürgerlichen Gesetzbuches nicht länger als Sachen bezeichnet und damit de facto als Mitgeschöpfe eingeordnet werden. Unübersehbar ist ein zunehmendes Verantwortungsgefühl vieler Menschen in Fragen des Umgangs (hoffentlich nicht nur) mit Tieren, eine fortschreitende „Kultur des Hinsehens", die zumindest von ihrem Grundansatz her nicht etwa Kritik, sondern Anerkennung verdient.

Die Jagd als Geburtshelfer des Tier- und Naturschutzes

Genau genommen könnte das Jagd- und Forstwesen durchaus stolz darauf verweisen, selbst ganz wesentlich zur Veränderung des Bewusstseins im Umgang mit natürlichen Lebensgrundlagen und Tieren beigetragen zu haben. So verdanken wir die „Entdeckung" der Nachhaltigkeit den forstwissenschaftlichen Arbeiten von *Hans Carl von Carlowitz* (1645–1714), der mit seinen Erkenntnissen übrigens gerade die nachhaltige Nutzung unserer Wälder anvisierte – nicht deren Stilllegung. Nicht minder revolutionär war die Entwicklung ethischer Grundsätze der Waidgerechtigkeit, mit der sich die Jagd spätestens ab dem 18. Jahrhundert gleichsam von innen her auf die Beachtung tierschutzrechtlicher Standards verpflichtete und damit zum Geburtshelfer und Pionier der Tierschutzidee insgesamt wurde.

Hat es die Jägerschaft womöglich versäumt, sich selbst stark genug in die heutigen Debatten um den Tier- und Umweltschutz einzubringen oder sich gar an die Spitze der Suche nach einer zeitgemäßen Jagd zu stellen? Ist sie zu schnell vor denen zurückgewichen, die die bahnbrechende Idee einer waidgerechten Jagd völlig zu Unrecht als NS-Gedankengut zu diskreditieren suchen? Wird sie möglicherweise genau deshalb selbst zur Gejagten? Bisweilen hat es den Anschein.

Klar ist jedenfalls, dass sich diejenigen, die heute innerhalb einer rechtlichen und kulturellen Ordnung Tieren jagen und erlegen, ihr Handeln und ihre ethischen Standards erklären müssen. Bleiben sie die notwendigen Erklärungen schuldig, stellt sich als erste Folge eine Entfremdung zur Mehrheitsgesellschaft ein. Weitere Folge aber wird sein, dass die Mehrheitsgesellschaft die rechtlichen Regelungen in der Weise ordnet, wie es ihren Vorstellungen entspricht. Diskursverweigerung nach dem Motto, dass man sich „von niemandem in sein Eigentum hineinreden" lasse, ist insofern niemals eine kluge Lösung.

Selbstreflexion und Selbstdarstellung

Freilich ist Diskurs keine einfache Sache. Er setzt die Reflexion des eigenen Handelns voraus, die Bereitschaft zur sachlichen Argumentation, die Bereitschaft, aus besserer Einsicht Konsequenzen für das eigene Handeln zu ziehen. Vor allem die Fähigkeit, die oft hinter scheinbar bloßen Stimmungen versteckten Anfragen an die Jagd der Zukunft als solche zu erkennen. Und hier sind wir vor allem beim Thema Töten – einem Thema, bei dem die Jägerschaft unklar und sogar widersprüchlich agiert.

Zum einen wird die nichtjagende Öffentlichkeit vonseiten der Jäger regelmäßig dahingehend belehrt, dass die Tötung von Wild eine in der Gesamtschau völlig untergeordnete Rolle im jagdlichen Alltag einnehme, der vorrangig aus Naturpflege und Wildhege bestehe. Gerne zitiert wird der spanische Philosoph und Jäger *José Ortega y Gasset*: „Ich jage nicht, um zu töten, sondern ich töte, um gejagt zu haben". Andererseits hinterlässt das von weiten Teilen der Jägerschaft im Internet hochgeladene Bildmaterial bei der nichtjagenden Bevölkerung exakt den gegenteiligen Eindruck, nämlich den, dass allein die Tötung starker und trophäentragender Tiere im Fokus der Jagd steht. Dass es um den Triumph des Jägers in dem in Wahrheit doch so ungleichen Kampf zwischen Tier und Mensch geht.

Ja, selbst wenn die Abgabe des Schusses am Ende nur einen Sekundenbruchteil dauert, der im Kontext der Wochen und Monate vielfältiger Revierarbeit, den Stunden des Ansitzes und der Wildbeobachtung marginal erscheint: Am Ende aber ist es eben doch genau dieser Sekundenbruchteil, der der Erklärung und der Diskussion bedarf. Nicht der Bau eines Hochsitzes, die Bereitstellung von Äsungsflächen und Ähnliches, nein, es ist eben jener Sekundenbruchteil, über den gesprochen werden muss: Die Frage nach der Rechtfertigung des Tötens von Tieren ist und bleibt die zentrale Frage, wenn es um die Jagd und ihre Zukunft geht.

DARF DER MENSCH TIERE TÖTEN?

Beginnen wir mit der Grundsatzfrage: Darf der Mensch Tiere töten? Oder konkreter formuliert: Ist die Jagd auf wild lebende Tiere überhaupt zu rechtfertigen? Das Problem dieser Frage liegt darin, dass sie auf höchst unterschiedlichen Ebenen diskutiert werden kann und diskutiert wird. Auf der politischen, philosophischen, ethischen, religiösen Ebene ebenso wie auf der juristischen, ökonomischen, wildbiologischen und auch medizinischen Ebene.

Immerhin haben die Diskussionsebenen durchaus einen gemeinsamen Ausgangspunkt. Nämlich die These, dass der Mensch – anders als andere Beutegreifer wie Wolf oder Luchs – die einzige Spezies auf unserem Planeten ist, die in ihrem Handeln nicht dem Diktat der Instinkte unterworfen ist und daher die Frage nach der Sinnhaftigkeit des Handelns, nach Nutzen oder Schaden, nach gut oder böse, richtig oder falsch zu stellen und zu beantworten hat. Und auf der Grundlage dieser Diskussion und ihrer Ergebnisse entscheidet die Rechtsgemeinschaft am Ende, welche Regeln sie sich setzt, was also verboten ist und was erlaubt.

Schauen wir uns die Thematik hier von der rechtlichen Seite her an. Kann ein Staat, der sich in seiner Verfassung und in seinen Gesetzen dem Schutz der natürlichen Lebensgrundlagen und der Tiere verpflichtet hat, die Jagd auf wild lebende Tiere überhaupt zulassen? Denn immerhin werden mit diesen Staatszielen auch die Natur und das Leben der Tiere als Verfassungswert und damit als schützenswert anerkannt.

Das höchste deutsche Gericht hat gesprochen

Das höchste deutsche Gericht, das Bundesverfassungsgericht, hat sich hierzu in sehr klarer Weise geäußert. In einer Entscheidung aus dem Jahre 2006 verneint das Gericht explizit einen Widerspruch zwischen dem Jagdrecht und dem Verfassungsziel des Schutzes der natürlichen Lebensgrundlagen aus Art. 20a GG. „Ein dem Gedanken der Hege verpflichtetes Jagdrecht, das unter anderem Abschussregelungen in einem Umfang vorschreibt, die dazu beitragen sollen, dass ein gesunder Wildbestand aller heimischen Tiere in angemessener Zahl erhalten bleibt und insbesondere der Schutz von Tierarten gesichert ist, deren Bestand bedroht erscheint (Art. 21 Abs. 1 Satz 2 BJagdG), dient im Gegenteil dem Schutz der natürlichen Lebensgrundlagen."[114]

Konsequent argumentiert das Gericht weiter, dass dieser Grundansatz auch durch die Normierung des Staatsziels Tierschutz im Jahre 2002 nicht infrage gestellt werde: „Der verfassungsändernde Gesetzgeber hat mit seiner Einfügung in Art. 20 a GG (scil. das Staatsziel des Tierschutzes, d. V.) vornehmlich den ethisch begründeten Schutz des Tieres als je eigenes Lebewesen (…) stärken wollen, wie er bereits bisher Gegenstand des Tierschutzgesetzes war (…)." Insofern könne das Staatsziel des Tierschutzes „nur Einfluss auf die Art und Weise der Jagdausübung" haben, nicht aber auf die Legitimität der gesetzlichen Ziele einer dem Gemeinwohl verpflichteten Jagd und Hege.[115]

Die Jagd als Schutz der natürlichen Lebensgrundlagen: Das sind Worte, die manch einer vielleicht eher in einer Hochglanzbroschüre der Jägerschaft vermutet hätte als in einer Entscheidung des Bundesverfassungsgerichts. Rechtlich ist die Frage damit geklärt. „The Constitution is, what the judges say it is", formulierte einst der US-amerikanische Chief Justice Charles Evans Hughes (1862–1948). Und die Jägerschaft darf sich in ihrer Einschätzung, mit der Jagd zugleich Aufgaben des Naturschutzes wahrzunehmen, durchaus bestärkt fühlen.

Umgekehrt wird manch einer fragen, ob es sich das höchste deutsche Gericht nicht vielleicht doch etwas zu einfach gemacht hat, wenn es das Staatsziel Tierschutz nur auf die „Art und Weise" der Jagd bezieht. Ist es nicht womöglich doch gerade die „Art und Weise" des Zugriffs auf wild lebende Tiere, die das Wesen der Jagd ausmacht und daher von dem Wie der Jagd nicht getrennt werden kann? Undenkbar erschiene ein solcher Ansatz gewiss nicht. Immerhin finden wir vergleichbare Ansätze in einem abweichenden Votum des Richters *Pinto de Albuquerque* zum Urteil des Europäischen Gerichtshofs für Menschenrechte über das deutsche Revierprinzip aus dem Jahre 2012.[116] Er nämlich sieht gerade in der Art und Weise, wie Tiere auf der Jagd getötet werden, das zentrale Problem, das die Jagd von anderen Nutzungen wie der klassischen Fleischerzeugung unterscheidet:

> *„Die unterschiedlichen Bedingungen, unter denen die Tiere getötet werden, können es rechtfertigen, dass man das Schlachten, aber nicht die Jagd zulässt. Unterschiedliche Tötungsmethoden führen zu unterschiedlichem Leid, und unnötiges Leiden lässt sich größtenteils dadurch vermeiden, dass die Art der Tötung der Tiere streng geregelt ist und die Schlachtung unter bestens kontrollierten Bedingungen in einem Schlachthof erfolgt, wo sie zuerst betäubt werden, und von zu diesem Zweck ausgebildeten Fachleuten vorgenommen wird."*[117]

Nun mögen den ein oder anderen bei der Lektüre dieser Aussage Zweifel beschleichen, ob das Leben und das Lebensende eines in Massentierhaltung groß gewordenen und sodann in einer Großschlachterei getöteten Nutztieres tatsächlich weniger leidvoll ist als das eines alten Rehbockes, dessen freies Leben im Schussknall ein abruptes Ende findet. Denn immerhin hebt sich die industrielle Fleischerzeugung von der jagdlichen insoweit ab, als sie nicht nur über das Lebensende eines Tieres befindet, sondern über dessen gesamte Existenz, vom ersten bis zum letzten Tag. Aber zumindest zeigt die Positionierung des Richters, auch wenn es sich um ein Minderheitsvotum handelte, dass tierschutzrechtliche Erwägungen durchaus auch an der Jagd selbst ansetzen könnten und nicht erst an der Art und Weise ihrer Ausübung.

Tierschutz: kein Solitär in der Verfassung

Doch vermutlich missversteht man das Bundesverfassungsgericht auch, wenn man ihm unterstellt, dass es ein mögliches Spannungsfeld zwischen Jagd und Tierschutzes ignoriere. Näher liegt die Deutung, dass sich das Gericht dem Versuch entgegenstellen will, ein einzelnes Verfassungsziel gegen andere Verfassungsgüter und -ziele auszuspielen. Denn natürlich ist der Tierschutz kein „Solitär" in der Verfassung. Im Gegenteil: Er findet sich eingebettet in zahlreiche andere Verfassungsgarantien und Verfassungsziele. Zu diesen zählen neben Natur- und Klimaschutzinteressen, die eine Regulierung schadensträchtiger Schalenwildarten im Wald erforderlich machen, ebenso private Eigentumsinteressen, die auch das Recht zur Nutzung des mit dem Grundeigentum verbundenen jagdlichen Eigentums garantieren.

Notwendige Folge dieses Nebeneinanders verschiedener Verfassungsziele und -garantien ist aber, dass die unterschiedlichen und partiell gegenläufigen Aspekte durch den Gesetzgeber in Ausgleich gebracht werden müssen. Dagegen ist eine einseitige Durchsetzung einzelner Verfassungsgüter auf Kosten anderer Verfassungsgüter rechtlich nicht zulässig. Eine rigide Tierschutzpolitik, die keine Rücksicht auf den notwendigen Umbau unserer klimagestressten Wälder nähme, keine Rücksicht auf den Schutz der land- und fortwirtschaftlichen Betriebsflächen oder auf die Begrenzung der ohnehin deutlich ansteigenden Wildunfälle im Straßenverkehr[118], wäre somit ebenso wenig verfassungsgemäß wie umgekehrt ein einseitiger „Durchmarsch" waldbaulicher Interessen ohne jede Rücksicht auf den Schutz der wild lebenden Tiere. Sie wäre somit kein Verfassungsvollzug, sondern stünde im Gegenteil im offenen Widerspruch zu der verfassungsrechtlichen Pflicht des Staates zum Schutz seiner Bürger und ihrer grundrechtlichen Freiheiten.

Ganz abgesehen davon würde eine ungesteuerte Vermehrung der Wildpopulation erhebliche Gefahren auch für die Wildbestände selbst auslösen. Man denke nur an die Bedrohung des heimischen Schwarzwildes durch den jüngsten Seuchenzug der Afrikanischen Schweinepest sowie die hiermit verbundenen Folgen für die Fleischerzeugung in unserem Land. Und eben dies dürfte gemeint gewesen sein, wenn das höchste deutsche Gericht im Staatsziel Tierschutz kein Argument gegen die Jagd in Deutschland sieht, sondern dieses Staatsziel speziell auf die Art und Weise der Jagdausübung bezieht.

„Tierrechte" und die Frage nach unserem Menschenbild

Allerdings bleiben da noch die immer zahlreicher werdenden Stimmen, die den Tieren einen eigenen rechtlichen Status zubilligen wollen und eine ökologische Rückständigkeit des Grundgesetzes anprangern. So wie der Münchener Rechtsprofessor Jens Kersten, der zuletzt mit seinen Thesen zur Etablierung eines ggf. sogar gerichtlich einklagbaren „Grundrechts des Fuchses" auf Leben, Bewegungsfreiheit und körperliche Unversehrtheit Aufmerksamkeit erregte.[119]

Das Bundesverfassungsgericht ist solchen oder ähnlichen Gleichsetzungen von Tier und Mensch bislang recht dezidiert entgegengetreten. Deutlich zutage trat dieser Ansatz insbesondere in der aufsehenerregenden „Peta-Entscheidung" des Gerichts aus dem Jahre 2009. Mit dieser Entscheidung bestätigte das Gericht das Verbot einer von der Tierschutzorganisation Peta gegen die Massentierhaltung geführten Kampagne unter dem unangemessenen Titel „Holocaust auf ihrem Teller". Mit guten Gründen wertete das Gericht die seinerzeitige Kampagne als „Bagatellisierung und Banalisierung des Schicksals der Holocaustopfer", die zudem die Persönlichkeitsrechte auch der heute lebenden Juden verletze.

Nicht minder gewichtig als diese Feststellung war die weitere Aussage der Richter, dass *„nach den Bestimmungen des Grundgesetzes ein kategorialer Unterschied zwischen menschlichem, würdebegabtem Leben und den Belangen des Tierschutzes besteht"*[120]. Gerade die so herausgehobene Menschenwürdegarantie als fundamentaler Bezugspunkt der deutschen Verfassung ist demnach nicht lediglich ein Bollwerk gegen menschenunwürdige Behandlung, sondern zugleich Ausdruck der Einzigartigkeit des Menschen als Träger unveräußerlicher Rechte.

In exakt diesem Sinne spricht auch die Präambel der Allgemeinen Erklärung der Menschenrechte von 1948 von „der angeborenen Würde" des Menschen und den „unveräußerlichen Rechte(n) aller Mitglieder der Gemeinschaft der Menschen", die „die Grundlage von Freiheit, Gerechtigkeit und Frieden in der Welt" bilden. Indem aber auch die übrigen Grundrechte wie jene auf Leben und körperliche Unversehrtheit ihren Bezugspunkt und ihren Legitimationsgrund in eben dieser Menschenwürde finden, relativierte deren Erstreckung auf Tiere die besondere Würde des Menschen und machte die mühsam erkämpften Grundrechte letztlich „zur kleinen Münze". Das Recht bleibt eben, wie *R. Schmidt* formuliert hat, *„eine genuin humane Kategorie"*.[121]

Abschied von der Idee der Menschenwürde?

Umgekehrt aber bedeutet das auch, dass die im ethischen Tierschutz zu Recht hervorgehobene Mitgeschöpflichkeit der Tiere ausschließlich auf die gemeinsame biologische Natur von Tier und Mensch abstellt, nicht aber auf einen eigenen Rechtsstatus der Tiere oder gar deren rechtliche Gleichstellung mit dem menschlichen Leben abzielt. Der Tierschutz ist somit zweifellos eine hohe zivilisatorische Leistung des Menschen, die durchaus auch dessen Freiheit und Würde widerspiegelt. Ein unreflektiertes Einreißen der „Mensch-Tier"-Grenze aber, wie sie im gesellschaftlichen und philosophischen Diskurs heute verstärkt wahrzunehmen ist[122], steht in einem unauflösbaren Widerspruch zur Idee der Menschenwürde als Höchstwert unserer Verfassung.

Die Menschenwürdegarantie findet nämlich ihr Fundament in dem Bekenntnis zur Einzigartigkeit und seiner besonderen Würde eines jeden Menschen. Gerade dieses Bekenntnis ist die Antwort des Grundgesetzes auf die unvorstellbaren Gräueltaten, die während der NS-Diktatur in deutschem Namen begangen wurden: den Holocaust, den Völkermord an den Sinti und Roma, die NS-„Euthanasie-Programme" mit der 100 000-fachen Tötung kranker und alter Menschen und die unzähligen weiteren Verbrechen. Und diese Würde gilt es zu schützen: auch gegenüber Relativierungen eines falsch verstandenen Tierschutzes, der im Menschen am Ende nicht mehr sieht als ein sprechendes Tier auf zwei Beinen.

Unabhängig hiervon ist nicht zu übersehen, dass das vermeintlich hehre Ideal eines Grundrechtsstatus für Tiere nur allzu schnell an den Realitäten unseres Daseins zerschellen würde. Wie viele Tiere, von winzigsten Insekten bis hin zu hochentwickelten Wirbeltieren, fallen allein unserem Straßenverkehr täglich zum Opfer? Wie viele Tiere lassen ihr Leben als Schlachtvieh? Ein Grundrechtsstatus für Tiere wird, will man nicht den Hungertod zahlloser Menschen in

Kauf nehmen, hieran nichts ändern. Ein rechtliches Versprechen aber, das nicht einzuhalten ist, nützt nichts, schadet aber viel. Und so untergräbt die Forderung nach „Grundrechten für Tiere“ am Ende auch die Glaubwürdigkeit der Grundrechtsidee und damit die Glaubwürdigkeit der Verfassung selbst.

SÜSSES TRUGBILD „SELBSTREGULIERUNG DER NATUR“

Nun sind Gesetze nur die eine Seite. Sie klären nicht die eigentlichen Sinnfragen. Vor allem nicht die nach dem ökologischen Sinn und Nutzen der Jagd. Unlängst diskutierte ich mit Studierenden über die Frage, ob es denn überhaupt einen vernünftigen Grund für die Bejagung wild lebender Tiere geben könne. Dem suggestiven Charakter meiner Frage entsprechend wurden schon bald grundsätzliche Bedenken an der Jagd laut. Ihrer Sinnhaftigkeit wurde vor allem entgegengehalten, dass sich die Natur – wie man doch schon in der Schule gelernt habe – von selbst reguliere. Also bestehe die Notwendigkeit einer jagdlichen Bestandsregulierung in Wahrheit gar nicht.

So wie meine Studierenden dürfte dies wohl mittlerweile ein Großteil insbesondere der jüngeren Generationen sehen. Bereits im Jahre 2006 gelangte der Marburger Natursoziologe Rainer Brämer in seiner Studie „Jugendreport Natur 06“ zu dem Ergebnis, dass junge Menschen zunehmend „auf Distanz zur realen Natur“ gehen.[123]

Ein besonderes mediales Echo fand vor allem die Feststellung der Studie, dass fast 80 % der befragten Jugendlichen es für unzulässig hielten, einen Wurm oder einen Käfer in die Hand zu nehmen.[124] Auch das Pflücken von Beeren im Wald wurde von jedem zweiten der Befragten missbilligt. Entsprechend dieser Linie gingen zudem 85 % der Schüler davon aus, dass eine forstwirtschaftliche Nutzung der

Wälder der Natur schade. Immerhin rund 72 % sahen dies genauso für jagdliche Eingriffe in die Wildbestände.[125]

Die Datenlage veranlasste den Soziologen zu der These, dass die Notwendigkeit der Naturnutzung von den jungen Menschen verdrängt und der produktive Zusammenhang zwischen Ressourcen und Produkten übersehen werde.[126] Nahezu 20 Jahre sind seither vergangen. Und aller Nachhaltigkeitsrhetorik zum Trotz ist die bei den Schülern seinerzeit diagnostizierte Sicht auf Wald und Flur als ein von menschlichen Eingriffen freizuhaltendes Idyll mittlerweile „gesellschaftsfähig" geworden. Mehr noch, die These von der „Selbstregulierung der Natur" hat sich in weiten Teilen der Bevölkerung als zeitgemäße und ethisch höherwertige Alternative gegenüber einer auch wirtschaftlichen Nutzung der Natur etabliert. Sei es in der Forstwirtschaft, die sich vermehrten Forderungen nach Waldwildnis ausgesetzt sieht, sei es in der Landwirtschaft, die sich mit immer neuen Renaturierungsideen konfrontiert sieht, oder sei es im Bereich der Jagd, deren Sinnhaftigkeit zumal seit der Rückkehr des Wolfes vermehrt in Abrede gestellt wird.

Gewiss wäre es zu einseitig, allein den jungen Menschen eine zu kurze Sicht auf die Natur und die Bedingungen unserer Existenz vorzuwerfen. Denn auch die Jägerschaft selbst hat an der Entstehung des Mythos von der sich selbst zum Guten wandelnden Natur über Jahrzehnte kräftig mitgestrickt. Zu einfach und zu verlockend war die Argumentation, mit der Jagdausübung an die Stelle der großen Landraubtiere treten zu müssen, nachdem diese aus unseren Breiten vertrieben wurden. Wer so argumentiert, darf sich natürlich nicht wundern, wenn nun, nach der Wiederkehr von Wolf und Luchs, die weitere Legitimation der Jagd infrage gestellt wird.

Aber stimmen die Prämissen dieses Denkansatzes eigentlich? Oder ist die hinter der suggestiven Formel vom „ökologischen Gleichgewicht" stehende Vorstellung einer sich harmonisch austarierenden

Natur nicht in Wahrheit nur ein wohliger Selbstbetrug? Wirft man einen Blick auf die evolutionäre Entwicklung des Lebens auf diesem Planeten, so müssen einem ernste Bedenken kommen.

Veränderung als einzige Konstante

Die Entwicklung des „blauen Planten“ war und ist nämlich immer wieder von katastrophenhaften Veränderungen und Umwälzungen geprägt gewesen. Etwa in Gestalt wiederholter extremer klimatischer Brüche zwischen Kaltzeiten und Warmzeiten (Glazialen und Interglazialen) in den vergangenen zwei bis drei Millionen Jahren mit ihren dramatischen Auswirkungen auf die Tier- und Pflanzenwelt. Das Ende der letzten Glazialzeit vor 10 000 Jahren etwa ist erdgeschichtlich gerade einmal einen Wimperschlag von uns entfernt. Viele Jahrtausende waren die hiesigen Breiten bis dahin – je nach klimatischer Schwankung – von Waldsteppe, Waldtundra oder einer eiszeitlichen Polarsteppe bedeckt, über die in wärmeren Phasen Rothirsche und Wisente, in kälteren Phasen Großsäuger wie das Mammut, das Wollnashorn und Riesenhirsche ihre Fährten zogen.

Plötzlich, vor rund 10 000 Jahren, wurde wieder alles anders. Mit dem Ende der Eiszeit entwickelten sich Flora und Fauna so, wie wir sie heute kennen. Dichte Waldgebiete traten zunehmend an die Stelle der vormals grasbewachsenen Steppe und entzogen den Großsäugern die Nahrungsgrundlage. Ihr Verschwinden war, wie Mainzer Forscher über Sedimentbohrkerne aus Eifeler Maaren nachweisen konnten[127], die Folge veränderter klimatischer Verhältnisse.

Widerlegen konnten die Forscher zugleich die beliebte These, wonach das Ende der Großsäuger das Ergebnis jagdlichen Raubbaus steinzeitlicher Jäger gewesen sei.[128] Als Gegenbeweis präsentiert Prof. Sirocko, Leiter des Mainzer Forschungsteams, Funde aus der Zeit vor 15 000 Jahren: „Damals ging der höchste Bestand an Großsäugern mit der archäologisch belegten Anwesenheit von Jägern im Rheintal zeitlich einher."[129] Nein, die Natur selbst war es, die so ganz und gar nicht in dem von uns so gerne bemühten „Gleichklang" geblieben ist.

Ganz ähnlich war es übrigens 66 Millionen Jahre zuvor den Dinosauriern und mit ihnen rund drei Viertel der damals lebenden Arten ergangen, als ihnen ein Naturereignis katastrophischen Ausmaßes ein jähes Ende bereitete. Forscher sehen den Grund des seinerzeitigen Massensterbens in einem plötzlichen Kälteeinbruch, verursacht durch eine nachhaltige Eintrübung der Atmosphäre wohl infolge eines großflächigen Asteroideneinschlags.

Ähnliche Theorien bestehen hinsichtlich des rätselhaften Verschwindens des Neandertalers: Es wird von Forschern mit Klimaveränderungen infolge eines gigantischen Vulkanausbruchs in der Nähe des heutigen Neapels in Verbindung gebracht.[130] Und schenkt man den Berechnungen des Mathematikers Milutin Milankovic (1879–1958) Glauben, so steht unserer Welt in 40 000 bis 55 000 Jahren die nächste „reguläre" Eiszeit ins Haus.[131]

Jagdliche Buchhalterei

Doch auch jenseits derartiger epochaler Umbrüche beschleichen den aufmerksamen Beobachter Zweifel an der These vom ewigen Gleichgewicht der Natur. Betrachten wir nur die gerne vorgebrachte These, wonach die Anzahl der Beutetiere notwendig auch die Zahl der Räuber limitiere und sich beide Gruppen am Ende in einem stabilen Verhältnis austarierten. Denn auch dieses scheinbar so einleuchtende Gedankenmodell scheitert, wie der 2010 verstorbene Biogeograf Paul Müller überzeugend eingewendet hat,[132] spätestens dann, wenn das Überleben des Räubers eben nicht allein von einer bestimmten Art abhängt. Es scheitert zudem dort, wo einem Räuber, wie etwa dem Kormoran, mangels artinternen Konkurrenzdrucks eine jederzeitige räumliche Verlagerung möglich ist. „Deshalb", so der Biogeograf, „stellt sich zwischen einer Kormoran-Brutkolonie und einer bestimmten Fischpopulation in einem Weiher auch kein ‚Gleichgewicht' ein. Sobald das Gewässer leergefressen ist, verlagert der flugfähige Kormoran den ‚Einsatzort'."[133]

Das Einzige, was damit konstatiert werden kann, ist eine erstaunliche Dynamik der Natur, in der jede Veränderung des Bestehenden neue Reaktionen und Entwicklungen in Gang setzt. Mit einem vorbestimmten „Gleichklang" oder einem „natürlichen Gleichgewicht" hat dies allerdings wenig zu tun: „Natur lässt Pflanzen wachsen und fördert damit Pflanzenfresser. Sie nutzt Feuer, um Freiflächen zu schaffen, und sie streut Samen, um Freiflächen zu verbuschen. Natur lässt Schalenwildbestände anwachsen und ruft damit gleichzeitig Wölfe, um diese anwachsen zu lassen. Geht das Schalenwild zurück, weil es von Wölfen gefressen wird oder weil seine Nahrung knapp wird oder weil ihm Umweltereignisse zusetzen, bekommen die Wölfe ein existenzielles Problem. Wir aber schwafeln etwas von einem ökologischen Gleichgewicht und machen es zur Grundlage jagdlicher Buchhalterei", bringt es der jagdliche Altmeister Bruno Hespeler in der ihm eigenen Tonart auf den Punkt.

In der Sache steht er mit dieser Deutung keineswegs allein da. So schreibt Sven Herzog in seinem jüngsten lesenswerten Werk über „Die Sache mit dem Wald", dass wir es „in Ökosystemen mit einer Vielzahl an zufälligen Vorgängen zu tun (haben), die letztlich nicht gesetzmäßig, sondern lediglich zufällig miteinander verbunden sind".[134] Schon länger steht die Frage im Raum, ob die Beliebtheit der Gleichgewichtsmetapher nicht eher als Ausdruck der Sehnsucht des Menschen nach Stabilität der eigenen Lebensumstände zu betrachten ist denn als Ausdruck der Realität.

Übernimmt die Jagd den Job der Natur?

Selbst wenn wir die Wohlfühlformel von der selbstregulierenden Kraft der Natur einmal zugrunde legen, so stellt sich immer noch die Frage, ob die Jäger mit ihrem Handeln wirklich „an die Stelle dieser Natur" treten.

Was bei diesem tradierten Rechtfertigungskonzept zunächst einmal auffällt, ist, dass der Mensch hierbei als ein außerhalb der Natur stehendes Subjekt wahrgenommen wird. Dies könnte man ja durchaus anders sehen. Wenn wir, was kaum zu bezweifeln ist, in Wahrheit Teil der Natur sind, warum klammern wir unser eigenes Handeln als kleines Zahnrad im großen Getriebe der natürlichen Selbstregulierung eigentlich aus?

„In naturnahen Ökosystemen", so hat es Paul Müller einmal definiert, „kennen sich Räuber und Beute, und Eingriffe des Räubers liegen im allgemeinen innerhalb der kompensatorischen Mortalität, mit der bekanntlich auch wir Jäger unsere Eingriffe in Wildtierpopulationen begründen."[135] Warum also soll es natürliche Selbstregulierung sein, wenn der Wolf seine Beute reißt oder die Schwalbe im Fluge Insekten fängt, nicht aber, wenn der Jäger im Wald ein Reh erlegt, dessen Platz spätestens im nächsten Jahr durch ein anderes Reh eingenommen werden wird? Gewiss kommen wir als vernunftbegabte und mitfühlende Wesen nicht umhin, unser Handeln nach den Regeln von Vernunft und Ethik zu reflektieren und zu ordnen. Aber hören wir dadurch auf, Teil der Natur zu sein?

Und selbst wenn wir den Menschen als Gegenpol zur Natur verstehen wollten, die sich ohne ihn eigenständig regulieren würde, so bleibt die Frage, ob der Jäger der Moderne tatsächlich an die Stelle „der Natur" bzw. der fehlenden großen Raubtiere tritt, wie dies im Grunde bis heute die Doktrin der Jägerschaft ist? Anders gefragt: Ist das, was mit jagdlichen Eingriffen bewirkt werden soll, eigentlich dasselbe, was die Natur mit ihrer Selbstregulierung bewirken würde? Schaut man sich die gesetzlichen Ziele der Abschussplanung näher an, wird rasch deutlich, dass die Dinge nicht ganz so einfach liegen. In § 21 des Bundesjagdgesetzes heißt es:

„Der Abschuß des Wildes ist so zu regeln, daß die berechtigten Ansprüche der Land-, Forst- und Fischereiwirtschaft auf Schutz gegen Wildschäden voll gewahrt bleiben sowie die Belange von Naturschutz und Landschaftspflege berücksichtigt werden. Innerhalb der hierdurch gebotenen Grenzen soll die Abschußregelung dazu beitragen, daß ein gesunder Wildbestand aller heimischen Tierarten in angemessener Zahl erhalten bleibt und insbesondere der Schutz von Tierarten gesichert ist, deren Bestand bedroht erscheint."

Schutz der Land- und Forstwirtschaft vor Wildschäden? Flächendeckender Bestandsschutz für alle heimischen Wildarten? Berücksichtigung der Landschaftspflege? Sind das wirklich die Zielsetzungen, die die Natur im Rahmen ihrer Selbstregulierung im Sinne hätte? Wohl kaum. Gerade das zentrale Ziel der Wildschadensvermeidung ist, wie bereits beschrieben, eine genuin ökonomische Kategorie, die in der Natur keine Entsprechung findet. Treffend hat der Jagdwissenschaftler Heribert Kalchreuter in seinem Standardwerk „Die Sache mit der Jagd" dargelegt:

„Schäden verursachen Wildtiere nur dort, wo der Mensch Naturräume ausschließlich für seine wirtschaftlichen Interessen in Anspruch genommen hat. In ursprünglichen Waldökosystemen gibt es keine Wildschäden."[136]

Die vom Wild verbissenen Jungtriebe, die vom Rotwild geschälten Rinden, die von Wildschweinen vernichteten Maisschläge und Kartoffeläcker, aber auch die von einem Wolfsrudel getöteten Schafe wären nach den Gesetzen der Natur in gleicher Weise Elemente der natürlichen Selbstregulierung wie der durch Windwurf umgestürzte und von Borkenkäfern heimgesuchte Fichtenbestand, der aus seinen Überresten gewiss am Ende neues Leben keimen lässt – wenn auch nicht notwendig so, wie wir uns den Wald vorstellen.

Teil unserer eigenen Agenda ist erkennbar auch die gesetzliche Festlegung einer „Bestandsgarantie“ für alle heimischen Tierarten in angemessener Zahl, die es in einer sich selbst regulierenden Natur niemals geben kann. Denn dort wird es stets Schwankungen in der Verbreitung einzelner Tierarten geben, ohne dass an jeder Stelle die flächendeckende Präsenz aller Arten gewährleistet wäre. Und selbst das Verschwinden ganzer Populationen und Arten wäre in der Dynamik einer sich selbst regulierenden Natur mit angelegt. Insoweit wären explodierende Schwarzwildbestände, die durch unsere Großstädte marodieren und am Ende womöglich durch grassierende Seuchen wie die Afrikanische Schweinepest hunderttausendfach dahingerafft werden, vom Regulierungskonzept der Natur ebenso abgedeckt wie das endgültige Verschwinden anderer Tierarten, zu denen womöglich der Fischotter oder der Feldhase gehören könnten.

Nicht anders verhält es sich mit dem gesetzlichen Ziel der Landschaftspflege. Welches Tier und welche Pflanze am Ende in welcher Zahl an welchem Ort verbleiben, ob das Ergebnis dieser natürlichen Regulierung Versteppung, Verbuschung oder Urwald ist, würde die Natur ganz sicher nach ihren Gesetzen entscheiden. Unsere Vorstellungen von Landschaftspflege interessierten sie da herzlich wenig. Was aber bedeutet dies?

Nun, es ist offenkundig, dass die Jägerschaft nach dem Konzept unserer Jagdgesetzgebung eben nicht an die Stelle „der Natur“ tritt, sondern mit der Bejagung bzw. seinem „Wildtiermanagement“ eine ganz eigene „anthropozentrische“ Agenda verfolgt und kraft Gesetzes zu verfolgen hat: Es geht neben legitimen Nutzungsinteressen eben auch um die Sicherstellung einer funktionsfähigen Land- und Forstwirtschaft sowie um den Schutz der Lebensgrundlagen des Menschen selbst, also von Luft, Wasser, Klima.

Wildnis als Lösung?

Nicht überraschend gibt es Stimmen, die diesen anthropozentrischen Ansatz als anmaßend empfinden und den Regulierungsauftrag bei der Natur in den besseren Händen sehen: „Waldwildnis" und „Wildnisentwicklung" sind Schlagworte dieses Denkansatzes. Gerade im Kontext der Debatten um die Wild-Wald-Problematik sowie den Umbau der Wälder hin zu klimaresilienten Wäldern können sich die Protagonisten dieser „naturnahen" Sicht auf den Beifall der Medien verlassen.

So fordert etwa der Autor und ehemalige Forstbeamte Peter Wohlleben „mehr Mut zur Wildheit"[137] und schwärmt von tiefschattigen Urwäldern und Reservaten, deren vegetationsfreie Böden in einem Zuge dann auch das Wildproblem lösen könnten[138], da das Rotwild dort nichts mehr zu beißen bzw. zu verbeißen hat. Den Rest mag dann der Wolf lösen.[139] Finis venationis – Jagd vorbei! Anders als weite Teile der Medien konnte er Wissenschaft und Praxis mit seinen Thesen nicht überzeugen. Wieder einmal nicht, nachdem bereits seine Thesen zur vermeintlichen Kommunikation der Bäume auf den Widerspruch von über 30 Wissenschaftlern gestoßen waren.[140]

Zu viele Fragen bleiben offen in dieser schönen heilen Welt der natürlichen Wildheit. Allen voran die Frage, woher wir die großen, schattigen Urwälder nehmen sollen. Schließlich leben wir seit Jahrhunderten in von Menschen geprägten Landschaften, und man muss nicht studierter Forstwissenschaftler sein, um zu erkennen, dass die Verwandlung der bestehenden Wirtschaftswälder in echte Naturwälder bzw. Waldwildnis-Landschaften viele Generationen in Anspruch nehmen würde.

Die Natur hat Zeit, viel Zeit. Sie muss nicht planend 50 oder gar 100 Jahre und mehr in die Zukunft schauen, um die richtigen Baumarten für unsere künftigen Wälder zu wählen und zu pflanzen, wie dies die Forstleute in unserem Land mit großem Engagement versuchen. Sie lässt die Zukunft kommen, über Jahrzehnte, Jahrhunderte, vielleicht Jahrtausende; und sie wird dann mit den Instrumenten von „Versuch und Irrtum" einen Weg für sich finden. Zeit, die wir angesichts der dramatischen klimatischen Umbrüche längst nicht mehr haben.

Wildnis: tickende Zeitbombe?

Und was die Kernthese Wohllebens angeht, nach der sich unsere heimische Natur am Ende tatsächlich in Richtung der von ihm ersehnten tiefschattigen Urwälder entwickeln werde, erfährt diese von wissenschaftlicher Seite deutlichen Gegenwind. So diagnostiziert etwa der Rottenburger Waldökologe Prof. Roland Irslinger, dass

> *„in unserem immer trockener werdenden Klima Wälder lichter statt dichter (werden). Ganz von selbst verlieren sie Biomasse aus Baum und Boden und geben den in besseren Zeiten akkumulierten Kohlenstoff zurück an die Luft – in solchen Mengen, dass die Pariser Klimaziele Makulatur wären, würden wir diese Phantasien großflächig umsetzen"*.[141]

Waldwildnis-Landschaften in Mitteleuropa hält er dementsprechend gerade unter klimapolitischen Aspekten für *„tickende Zeitbomben"*. Als Weg in eine Sackgasse betrachtet die von Wohlleben geforderte Wildnisentwicklung auch Wolfgang Kornder[142], Chef des Ökologischen Jagdvereins Bayern. Er spricht von einer *„gefährlichen Illusion"*[143] und hält entgegen, dass der Weg in das gelobte Land der Urwälder in jedem Falle über Kahlflächen führe, deren erste Bewuchsgenerationen die Wildbestände nochmals kräftig ansteigen ließen. Auch an eine spätere natürliche Reduktion der Wildbestände infolge verminderter Bodenvegetation vermag Kornder nicht zu glauben, *„solange die Landwirtschaft nebenan massig Futter und damit ‚Energie' zur Reproduktion zur Verfügung stellt"*.[144]

Und selbst der grüne Forstminister des Landes Brandenburg geht in dem von ihm im Oktober 2022 vorgelegten (zweiten) Entwurf für ein neues Jagdgesetz davon aus, dass der dringend notwendige Umbau der dortigen Kiefernwälder in klimastabile Mischwälder mit erhöhten CO_2-Speicherkapazitäten kein Selbstläufer sein werde, sondern insbesondere massive jagdliche Interventionen erfordere:

> *„Bereits bei einem Wildverbissprozent von über 11 findet eine Entmischung in der Verjüngung statt: Seltene, aber wichtige Mischbaumarten werden vom Wild herausselektiert und vollständig eliminiert. Strukturreiche Mischwälder können so nicht aufwachsen.“*[144a]

Kein Wunder also, dass selbst der umstrittene grüne Gesetzentwurf für ein neues Jagdgesetz vom 3. März 2022 in Anbetracht der für Brandenburg dort genannten Verbissquote von 51 Prozent der jungen Bäume kein Wort zu den Theorien um eine Selbstregulierung der Natur verlor.

Was schließlich in der Weltsicht der Wildnisprotagonisten traditionell gar keine Rolle mehr spielt, ist die Tatsache, dass die Wälder in Deutschland zu rund 50 % in den Händen privater Grundeigentümer liegen und diesen, aber auch unserem Gemeinwesen insgesamt, neben vielem anderen eben auch als Produktionsmittel und Wirtschaftsfaktor dienen. Insofern können wir uns nicht vor der entscheidenden Frage wegducken, wie wir als mit Abstand bevölkerungsreichstes Land in der EU den enormen Holzbedarf in unserem Land ohne eigene Holzproduktion decken wollten; und mehr noch: wie wir es mit dem privaten Eigentum als zentralem Schutzgut unserer Verfassung halten. Denn eines ist klar: Diejenigen Flächen, die wir der Natur zur Selbstregulierung überlassen, bleiben einer wirtschaftlichen Nutzung entzogen.

Dann aber muss die Frage beantwortet werden, wie wir die wirtschaftlichen Ausfälle eines solchen Prozesses der Wildnisentwicklung bewältigen wollen. Sie erscheint umso drängender, als die politisch höchst fragwürdige Förderung von Pellets-Heizungen, aber auch die in anderen Ländern festzustellende Umstellung vormaliger Kohlekraftwerke auf Holz zu einem dramatischen Hochschnellen der Nachfrage nach Brennholz geführt hat. Mehr als die Hälfte der europäischen Holzernte werden mittlerweile auf diese Weise verbrannt. Zum Vergleich: Im Jahre 2005 waren es noch fünf Prozent.[145] Und das, obwohl gerade der Verwendung von Holz als Baustoff eine Schlüsselfunktion bei der Bewältigung der Klimakrise zukommen soll.

Schauen wir in das Strategiepapier „Waldstrategie 2050" des Bundesministeriums für Ernährung und Landwirtschaft. Dort ist zu lesen, dass durch „die Verwendung von Holz, insbesondere in langlebigen Holzprodukten, (…) der Kohlenstoffspeicher des Waldes um den der Holzprodukte (z. B. beim Bauen mit Holz oder in Möbelstücken) erweitert werden kann".[146] Explizit hatte besagtes Expertenpapier denn auch zu einem deutlichen Ausbau der Holzverwendung aus heimischer Waldwirtschaft insbesondere beim Neubau von Gebäuden geraten.

Neokoloniale Denkansätze

Im Ergebnis ließen sich die Visionen einer großräumigen Selbstregulierung der Natur in unserem Lande nur über eine weitere Erhöhung der schon heute hohen Holzimporte aus dem Ausland sowie eine massive Entschädigung der heimischen privaten Waldeigentümer realisieren. Doch gerade die jüngste Vergangenheit sollte uns deutlich gemacht haben, dass dieses neokoloniale Konzept globaler Arbeitsteilung – nämlich eine vermeintlich heile Welt bei uns, Eingriffe in die Natur bei den anderen – nicht funktioniert. Es verschiebt nicht nur die naturschutzrechtlichen, aber auch die arbeitsschutzrechtlichen und sozialen Probleme in andere Länder, sondern lässt diese dort regelmäßig noch einmal deutlich ansteigen. Es ruiniert zudem über logistische Mehrkosten die Klimabilanz. Und es kann unser Land, wie die langjährige verfehlte deutsche Energiepolitik schmerzhaft gezeigt hat, in die Abhängigkeit von Regimen bringen, die dies dankend für ihre Machtinteressen ausnutzen.

Bei allen Vorteilen globaler Arbeitsteilung sollte nach der Corona-Pandemie sowie dem russischen Angriffskrieg auf die Ukraine jedem bewusst sein, welche Folge derartige Abhängigkeiten im Falle des Zusammenbrechens bestehender Lieferketten haben können. Und wer nähere Anschauung für die Wechselwirkungen zwischen unseren Entscheidungen und den Folgen für die Wälder anderenorts sucht, mag sich die Kahlschläge im Rodna-Nationalpark in den Nordost-Karpaten Rumäniens vor Augen führen, oder die waldbaulichen Verwüstungen im Südosten der USA, aus dem längst Pellets als EU-subventionierter „nachhaltiger Energieträger" auch in unser Land exportiert werden.[147] „*Wir legen die Axt an noch existierende Primärwälder, wenn wir in Mitteleuropa großflächig Waldwildnis zulassen*", mahnt denn auch Professor Irslinger, dessen Fazit doch im Grunde auf der Hand liegt: „*Lokal schützen, global verschmutzen – kann das Inhalt verantwortungsvoller Umweltpolitik sein?*"[148]

Rückzug des Menschen aus seinem Lebensraum?

Und schlussendlich ist da noch die keineswegs triviale Frage, ob wir Menschen bereit wären, unsere heißgeliebten Freizeitaktivitäten wie Joggen, Wandern, Bergsteigen, Skifahren, Mountainbiken oder Pilzesammeln an den Nagel zu hängen, um der Selbstregulierung der Natur weiten Raum zu geben. Denn natürlich gehört zur ganzen Wahrheit des Wildniskonzepts auch, dass gesicherte Waldwege in einer sich selbst überlassenen Natur konsequenterweise ein Fremdkörper und nach wenigen Jahren womöglich ohnehin nur noch zu erahnen wären. Da nach unseren Gesetzen die waldtypischen Gefahren zudem von den Waldbesuchern selbst zu tragen sind, geriete jeder Waldbesuch zu einem riskanten Abenteuer, sodass sich das in der Historie mühsam (wieder) erkämpfte Waldbetretungsrecht für erholungssuchende Bürger nach und nach in Luft auflöste.

Von dem völlig neuen Naturerlebnis, das die Wortführer der Wildnisentwicklung den nach uns kommenden Generationen versprechen, dürfte daher am Ende wohl nur wenig übrig bleiben. Schon 20 % der staatlichen Forste auf diese Weise zu schließen, wie es etwa dem Naturschutzbund vorschwebt[149], wäre in einem dichtbesiedelten Land wie Deutschland eine Hausnummer, die nicht ohne spürbare Einschränkungen für unser Leben bliebe. Keine schöne Perspektive für eine Gesellschaft, die schon heute den Bezug zur Natur in weitem Umfang verloren hat. Und was den Wolf als vermeintliche Lösung der Wald-Wild-Problematik angeht, so dürfte die hierzu in Fachkreisen für notwendig erachtete Populationsdichte von 3500 Rudeln[150] ohne Zweifel Lichtjahre jenseits der Toleranzgrenzen eines dichtbesiedelten und auf das Wohl auch seiner Weidetiere bedachten Landes liegen.

Es ist denn auch wohl kein Zufall, dass die vielgepriesenen Vorzeigemodelle für eine sich selbst regulierende Natur typischerweise in Regionen verortet sind, in denen das Nebeneinander von Mensch und Natur bei weitem weniger konfliktträchtig ist als in den verdichteten Lebensräumen unseres hochindustrialisierten und bevölkerungsreichen Landes. Beispielhaft erwähnt sei hier nur der als „Musterbeispiel" natürlicher Selbstregulierung vielgerühmte italienische Nationalpark Gran Paradiso. Der überwiegende Teil des 70 000 Hektar großen Nationalparks liegt in einer Höhe von über 2200 Metern und besteht vorrangig aus Gletschern, Fels- und Schuttflächen. Die spärlich besiedelten Alpenweiden oder Waldbereiche machen dagegen jeweils nur rund 20 % der Gesamtfläche aus.

Eine gerne verschwiegene Ironie der Geschichte liegt übrigens darin, dass die Ursprünge des Naturparks ausgerechnet in der Jagdbegeisterung des vormaligen Herzogs von Savoyen und König von Sardinien-Piemont Viktor Emanuel II. liegen. Er richtete hier 1856 ein Schutzgebiet für die Steinbockjagd ein[151] – getreu dem heute weithin geächteten Motto „nützen heißt schützen". Weniger begeistert von seinen Ideen waren seinerzeit die wenigen Ortsansässigen, die sich hierdurch in ihrer wirtschaftlichen Existenz bedroht sahen.[152] Aber so ist es halt: Irgendjemand muss den Preis für Schutzmaßnahmen zahlen.

Und selbst Vorzeigeeinrichtungen wie der Nationalpark Gran Paradiso haben im Laufe der Zeit ihre eigenen Erfahrungen damit gemacht, was Selbstregulierung der Natur auch heißen kann: dass nämlich der weit überwiegende Teil des Bestandes des geschützten Steinwildes plötzlich verenden kann, wie dies in den frühen 2000er Jahren geschah. Der zuständige Tierarzt des rund 70 000 Hektar großen Parks wurde in der NZZ vom 2. August 2010 mit den Worten zitiert: *„Die Ursachen sind noch rätselhaft"*.[153] Andere Fachleute waren weniger überrascht: So hielt der Steinbock-Experte und Wildbiologe Marco Giacometti entgegen:

> *„Die Folge dieser Strategie sollten die Verantwortlichen jedoch klar akzeptieren: die Population wächst ohne Regulierung zu stark heran und übernutzt die Vegetation. Die Tiere werden mit der Zeit konstitutionell schwach, die Muttertiere geben weniger Milch, die Kitze sind schwach und sterben. Es ist in unserer Kulturlandschaft nicht möglich, in einem grossen Naturschutzgebiet ohne Jagd starke und vitale Wildtiere zu haben."*[154]

Und wer weitere Hinweise auf die Schattenseiten der Selbstregulierung sucht, der mag sich die geschützten Seehundbestände im schleswig-holsteinischen Wattenmeer ansehen: Sie werden in regelmäßigen Abständen von schweren Seuchenzügen heimgesucht, die dann – wie die Staupeseuchen der Jahre 1988 und 2002 zwischen 40 % und 60 % des Gesamtbestandes dahinraffen.[155]

Leben kämpft stets gegen das „Gleichgewicht"

Es dürfte an der Zeit sein, das Trugbild vom harmonischen Gleichklang einer sich selbst regulierenden Natur kritisch zu hinterfragen, und das am besten gleich in den Schulen. Auch die Jägerschaft sollte sich nicht länger in der falschen Vorstellung wiegen, mit der Jagd den Job „der Natur" zu übernehmen oder gar übernehmen zu müssen. Nein, die Natur will unsere Regulierung nicht. Und die Agenda unserer Jagd ist nicht die der Natur, es ist unsere eigene. Eine Agenda, die auf der nüchternen Erkenntnis aufbaut, dass wir eine möglichst effektive und wildschadensfreie Land- und Fischereiwirtschaft benötigen, um unser eigenes Überleben zu sichern; dass wir einen Wald brauchen, der so vieles gleichzeitig sein muss: Lebensraum für Tiere und Pflanzen, Bollwerk gegen den Klimawandel, Luftfilter, CO_2- und Wasserspeicher, Holzlieferant und nicht zuletzt Erholungs- und Erlebnisraum für uns stressgeplagte Menschen.

Eine sich selbst regulierende Natur wird uns diesen prall gefüllten Wunschzettel nicht freiwillig erfüllen. Im Gegenteil: Immer wieder musste das Überleben der Menschen der Natur mühsam abgerungen werden. „Im Einklang mit der Natur", so formulierte es 2008 der Evolutionsbiologe Joseph H. Reichholf, „müssten Milliarden Menschen verhungern", und weist dabei auf die zentrale Funktion der Landwirtschaft hin, natürlichen Mangel zu beheben. „Als Jäger und Sammler im Gleichgewicht mit der Natur wären nur wenige Prozent der heutigen Menschheit existenzfähig", so das Fazit seines Essays mit dem schönen Titel: „Leben kämpft stets gegen das Gleichgewicht".[156]

Sind es womöglich die großen Erfolge der Landwirtschaft bei der Behebung dieses natürlichen Mangels, die uns den Blick auf diese Realität versperren? Oder schauen wir nur einmal in unseren Arzneimittelschrank: Ist es nicht die Wahrheit, dass die gesamte moderne Medizin vor allem auch ein Kampf gegen die Natur ist, eine Natur, die keine Empathie kennt und sich um die Not des Einzelnen wenig schert? Warum sollte sie auch? Schließlich käme sie wunderbar ohne den Menschen aus. Wollen wir ihr die Regulierung wirklich überlassen? Und überhaupt: Was spricht denn dagegen, der Natur in nachhaltiger und verantwortungsvoller Weise hochwertige Werkstoffe und gesunde Nahrungsmittel abzuringen; sei es durch die Jagd, die Fischerei, die Landwirtschaft oder die Forstwirtschaft?

Wird eigentlich in den Schulen auch davon gesprochen, dass die vielen großartigen Wälder und Fluren in unserem Land kein Produkt der Natur sind, sondern das Ergebnis des Schaffens unzähliger Generationen von Landwirten, Waldbauern und Förstern? Wird gelehrt, dass das Holz aus unseren eigenen Wäldern, ungeachtet der oft übersehenen CO_2-Speicherung auch durch klassische Mauerwerksteine[157], einer der entscheidenden Baustoffe einer klimafreundlichen Zukunft sein könnte? Und dass unsere Wirtschaftswälder neben ihrer Funktion als Erholungsraum, Holzlieferant, CO_2- und Wasserspeicher seit Jahrhunderten zugleich den Lebensraum zahlloser Arten sichern, ohne dass dort bislang ein Artenrückgang zu verzeichnen gewesen wäre?[158] Es wird Zeit, unseren Fokus neu zu justieren!

WAIDGERECHTIGKEIT: DIE MISSVERSTANDENE ERFOLGSFORMEL

Bleibt die Frage, wie es um die Art und Weise der Jagdausübung bestellt ist, die auch das Bundesverfassungsgericht den Anforderungen des Staatsziels Tierschutz im Grundgesetz unterworfen sieht. In der Tat unterliegt die Jagdausübung einer nahezu unüberschaubaren Vielzahl tierschutzbezogener Vorgaben. Sie reichen über Qualifikationsanforderungen an die jagdausübenden Personen, über Schonzeitenregelungen, Anforderungen an die zulässigen Jagdwaffen bis hin zu Regelungen über die Zusammensetzung, die Größe und die Energie der genutzten Munition. Vor allem aber setzt der Gesetzgeber auf eine dynamische Entwicklung tierschutzrechtlicher Standards.

Dieses Konzept findet sich verkörpert in dem gleichermaßen schillernden wie historisch belasteten Begriff der „deutschen Waidgerechtigkeit", auf dessen Beachtung § 1 Abs. 3 Bundesjagdgesetz alle Jäger verpflichtet. Entgegen der etwas folkloristisch anmutenden Begrifflichkeit geht es bei der Waidgerechtigkeit keineswegs um bloße Gesetzeslyrik oder, wie vielfach unterstellt wird, um Ideen des jagdlichen Brauchtums. Vielmehr zielt die Bestimmung auf die Sicherstellung und stetige Verbesserung des jagdlichen Tierschutzes.

„Scharfgestellt" wird der Grundsatz der Waidgerechtigkeit über das Tierschutzgesetz. Denn nur die „weidgerechte Ausübung der Jagd" wird durch die Jagdgesetze privilegiert und umgekehrt in § 4 Abs. 1 S. 2 Tierschutzgesetz von allgemeinen tierschutzrechtlichen Vorgaben zur Tötung von Tieren, insbesondere dem dortigen Betäubungsgebot, freigestellt. Diese zugegebenermaßen etwas verwinkelte Verknüpfung des allgemeinen Tierschutzrechts mit den jagdlichen Regeln hat zur Folge, dass – über die vielen Einzelregelungen der Jagdgesetze hinausgehend – Verstöße gegen die allgemeinen Grundsätze der Waidgerechtigkeit als Verstöße auch gegen das Tierschutzgesetz eingeordnet und unter anderem mit dem Entzug des Jagdscheins geahndet werden können. Der Grundsatz der Waidgerechtigkeit erweist sich insoweit als eine entwicklungsoffene Auffangregelung, die auch jenseits konkreter Einzelvorgaben „rote Linien" für die Jagdausübung aufzeigt.

Abschied vom Heldenmythos der „fairen Chance“

Was aber verbirgt sich konkret hinter dem Grundsatz der „Waidgerechtigkeit“, der in seinem heutigen normativen Kontext im Lichte des Staatsziels Tierschutz auszulegen ist. Oft ist zu lesen, dass dem Wild „in der konkreten Jagdsituation eine Chance auf Entkommen“ bleiben müsse.[159] Oder man zitiert gleich ganz die „Meditationen über die Jagd“ von José Ortega y Gasset:

> *„In der Jagd als Sport ist also ein ganz freier Verzicht des Menschen auf die Überlegenheit seines Menschtums enthalten. Das ist der ihr eigene edle Anstand.“*

Das klingt gerade so, als wäre die Jagd der heroische Zweikampf zwischen Mensch und Wild mit ungewissem Ausgang. Doch nicht nur im Angesicht der modernen Waffentechnologie, sondern auch im Lichte der rechtlichen Vorgaben des jagdlichen Tierschutzes sind solche Denkansätze alles andere als plausibel. Erinnert sei hier nur an die bis in die 50er-Jahre des letzten Jahrhunderts währende Diskreditierung moderner Zieloptik als nicht waidgerecht.[160] Denn was seinerzeit unter dem Label der „fairen Chance“ glorifiziert wurde, war doch in Wahrheit nichts anderes als die Inkaufnahme unpräziser Schüsse, die verwundet entkommenen Tieren oft genug ein elendes Verenden bescherten.

Nein: Der Begriff der Waidgerechtigkeit ist kein Einfallstor für die postpubertäre Verklärung der eigenen Schussfertigkeit oder eines vermeintlich gleichen Kampfes zwischen Mensch und Tier. Vielmehr geht es um die möglichst schnelle und schmerzfreie Erlegung des Wildes, also um eine Jagd, die unnötiges Tierleid, wo immer möglich, zu vermeiden sucht. Messlatte für das Handeln des Jägers sind die nach dem jeweils aktuellen Stand von Wissenschaft und Technik geltenden Standards. *„Waidgerechtigkeit ist die gute fachliche Praxis* *der Jagdausübung*", formuliert treffend § 8 Abs. 1 Satz 1 des umstrittenen Jagd- und Wildtiermanagementgesetzes des Landes Baden-Württemberg vom 25. November 2014, um diese prägnante Formel sodann aber durch den Nachsatz zu verwässern:

> *„Eine Jagdausübung ist nur waidgerecht, wenn sie allen rechtlichen Vorgaben sowie allen allgemein anerkannten, geschriebenen oder ungeschriebenen Regelungen und gesellschaftlichen Normen zur Ausübung der Jagd, insbesondere im Hinblick auf den Tierschutz, die Tiergesundheit, den Schutz der natürlichen Lebensgrundlagen, das Verhalten gegenüber anderen Inhaberinnen und Inhabern des Jagdrechts, jagdausübungsberechtigten Personen und der Bevölkerung sowie im Hinblick auf die Jagdethik, entspricht."*

Bei allem Respekt vor der Sorge des Gesetzgebers, ihm könnte hier irgendetwas durchgegangen sein: Weniger wäre mehr gewesen. „Gesellschaftliche Normen zur Ausübung der Jagd", „Verhalten gegenüber anderen Inhaberinnen und Inhabern des Jagdrechts" – die Redseligkeit des Gesetzgebers lenkt ab von dem, worum es eigentlich geht: nämlich darum, unnötiges Tierleid zu vermeiden.

Die Stärke des Grundsatzes der Waidgerechtigkeit aber liegt gerade in seiner kompromisslosen Zielorientiertheit, mit der jede Weiterentwicklung rechtlicher, technischer oder auch ethischer Standards sogleich in eine rechtsverbindliche Verhaltenspflicht transformiert wird.

Beispiel Nachtsichtvorsatzgeräte

Den so ermittelten Verhaltenspflichten können dabei durchaus auch liebgewonnene „Traditionen" zum Opfer fallen. So wird man in Ansehung der hohen Anforderungen an die gute fachliche Praxis der Jagdausübung heute nicht etwa die Verwendung modernster Zieloptik als unwaidmännisch ansehen müssen, sondern gerade umgekehrt den unbegründeten Verzicht hierauf.

Ein aktuelles Beispiel für die Umbrüche, die durch den Grundsatz der Waidgerechtigkeit induziert werden können, bietet die Frage des Einsatzes von Nachtsichtvorsatzgeräten für die nächtliche Wildschweinjagd. Gegen die rechtliche Freigabe dieser Geräte haben sich weite Teile der Jägerschaft lange zur Wehr gesetzt. Und gewiss gab es hierfür durchaus beachtliche Gründe, etwa die Sorge um die letzten nächtlichen Ruheräume des Wildes, aber auch die Gefahren einer durch die neue Technik entfachten jagdlichen Gier.

Nachdem diese Freigabe aber nunmehr in vielen Ländern erfolgt ist, entspricht der Einsatz dieser Geräte bei der nächtlichen Schwarzwildjagd dem aktuellen technischen Standard. Mag mancher Jäger auch den alten Zeiten nachtrauern, in denen die Nacht noch Nacht war und allein das Mondlicht dem Jäger mühsam die Konturen des wilden Schweins offenbarte – eine Fortsetzung der früheren Jagdpraxis des mit (Rest-)Unsicherheiten verbundenen Ansprechens einer Wildschweinrotte im fahlen Mondenschein wäre nunmehr als nicht mehr waidgerecht einzustufen. Natürlich mag man weiter auf Nachtsichtvorsatzgeräte verzichten. Dann aber müssen die Jagdzeiten so gewählt werden, dass die Jagd ohne entsprechende Geräte bedenkenlos möglich ist.

Letztlich liegen die Dinge hier nicht anders als in den 1950er Jahren, als sich eine in Teilen eher unwillige Jägerschaft dem Siegeszug des Zielfernrohres fügen musste. Und nicht anders war dies Jahrzehnte zuvor, als Jäger aus Gründen der Waidgerechtigkeit davon Abstand nahmen, wild lebende Tiere etwa durch den Einsatz von Feuer oder durch das Überfluten der Bauten vor die Flinten zu treiben.

Waidgerechtigkeit zwischen Brauchtum und Praxis

Die Grundsätze der Waidgerechtigkeit zielen auf die Wahrung des jagdlichen Tierschutzes und sind insoweit von Fragen des jagdlichen Brauchtums zu trennen. Dies bedeutet freilich nicht, dass Traditionen, die bisweilen als jagdliches Brauchtum verstanden werden, nicht zugleich Ausprägung der Grundsätze der Waidgerechtigkeit sein können. Ein plastisches Beispiel hierfür bietet das jagdliche Tabu, den Hasen „in der Sasse" zu beschießen. Denn hierbei geht es nicht etwa um die Wahrung „sportlicher Standards" des jagdlichen Schießens, sondern um die nüchterne Erkenntnis, dass der „sich drückende" Hase keine hinreichende Oberfläche bietet, um einen sicher tötenden Schrotschuss anzutragen.[161]

Doch auch in der alltäglichen Jagdpraxis setzt der allgemeine Grundsatz der Waidgerechtigkeit der Jagdausübung gerade dort Grenzen, wo die Gesetze keine speziellen Vorgaben bereithalten. Beispielhaft steht hierfür etwa die Frage nach der zulässigen Schussdistanz. Sie ist gesetzlich nicht geregelt und wohl auch nicht regelbar. Nach den Grundsätzen der Waidgerechtigkeit aber wird die Schussentfernung stets nur so groß sein dürfen, dass eine sichere Erlegung des Wildes garantiert ist. Ein leichtfertiges Überschreiten dieser Distanzen nach dem Motto „Nicht geschossen ist auch vorbei", stellt daher einen gravierenden Verstoß gegen die gesetzliche Grundpflicht zur waidgerechten Jagdausübung dar. Selbst im Falle einer geglückten Erlegung des Wildes sollte das leichtfertige Überschreiten der so definierten Schussdistanz also kein Anlass für ein bewunderndes „Waidmannsheil" sein, sondern allemal Grund genug für ein ernstes Gespräch.

Vor allem für Bewegungsjagden ergeben sich aus dem Grundsatz der Waidgerechtigkeit hohe Anforderungen an die Disziplin der Schützen, die nicht immer erfüllt werden. Nicht nur den Jägern selbst dürfte aufgefallen sein, dass die Anzahl der abgegebenen Schüsse bei Bewegungsjagden nicht selten außer Verhältnis zu der Zahl der erlegten Stücke steht. Zugleich hat eine wissenschaftliche Erhebung aus dem Jahre 2003 zu dem Ergebnis geführt, dass der Prozentsatz unmittelbar tödlicher „Kammerschüsse" bei Bewegungsjagden bei beklagenswert niedrigen rund 25 % lag, während er bei der Einzeljagd immerhin über 75 % betrug.[162] Es überrascht daher nicht, dass Teile der tierschutzrechtlichen Literatur die rechtliche Zulässigkeit von Bewegungsjagden generell infrage stellen.[163]

Vor diesem Hintergrund sind denn auch gelegentlich zu vernehmende Forderungen, die jagdliche Regulierung der Wildbestände primär, wenn nicht gar ausschließlich über Bewegungsjagden durchzuführen, eher kritisch zu sehen. Von den negativen Auswirkungen solcher für das Wild stressreichen Jagdformen auf die Qualität des gewonnenen Wildbrets sowie der Erreichbarkeit der Regulierungsziele durch einige wenige Bewegungsjagden ganz zu schweigen. Für gemeinschaftliche Jagdreviere liefe eine derartige Gesetzesvorgabe zudem auf eine weitgehende ökonomische Entwertung des Jagdausübungsrechts und damit auch des Jagdrechts der Eigentümer hinaus. Wo sich aber Reviere nicht mehr verpachten lassen, bleibt auch die Wildschadenshaftung an den Grundeigentümern und Jagdgenossen hängen, was letztlich wohl den Kollaps des gesamten Revierprinzips bedeutete.

„Jagdkönige" – und warum die Jagd ohne sie besser wäre

Gerade die Bewegungsjagden auf Schalenwild und die auf sie bezogenen Jagdtraditionen zeigen im Übrigen, dass die Grundsätze der Waidgerechtigkeit bisweilen sogar jagdliches Brauchtum „überholen" und infrage stellen. Ein gewiss eher banales, gleichwohl interessantes Beispiel hierfür bietet die bis heute vielfach praktizierte Ehrung von „Jagdkönigen" zum Ausklang gemeinsamer Bewegungsjagden. Hierzu wird in der Regel gekürt, wer bei der Jagd die meisten Stücke Wild erlegt hat.

Schon die Prämierung nach „Abschussmenge" wirft Fragen auf.

Denn womöglich könnte die Aussicht auf den wohlklingenden Titel des „Jagdkönigs" durchaus eine Verführung zu leichtfertigen und damit tierschutzwidrigen Schussabgaben sein. In eine Konfliktlage mit den Grundsätzen der Waidgerechtigkeit gerät die Idee des Jagdkönigs aber spätestens dort, wo nach jagdlicher Tradition als „Erleger" eines Stücks derjenige gilt, der – wie es im Online-Lexikon Wikipedia in brutaler Offenheit formuliert wird –

> „*den ersten Treffer erzielt hat, der zum Tod des Wildes geführt oder es so schwer verletzt hätte, dass dieses im Falle einer Nachsuche hätte erfolgreich zur Strecke gebracht werden können*".[164]

Hinter dieser durch und durch empathiefreien Definition steht der bestenfalls infantile Streit um die Frage, wer auf einer Gesellschaftsjagd als Erleger und als Folge hiervon als „Jagdkönig" gilt, wenn ein Stück Wild mehrfach und durch verschiedene Schützen beschossen wurde. Der zitierte Zuordnungsschlüssel folgt dabei der Philosophie: „Was zählt ist, dass wir das Stück bekommen – wie, das ist zweitrangig". Prämiert wird folgerichtig derjenige, dem der Zählerfolg zu „verdanken" ist. Folgerichtig gilt die schwere Verletzung des Wildes, sofern sie nur theoretisch zu einem späteren Auffinden des leidenden Stückes geführt hätte, mehr als die Erlegung des verletzten Stückes durch einen nachfolgenden Schützen. Derjenige Jäger, der dem Leid des verletzten Tieres durch einen sicheren zweiten Schuss ein schnelles Ende bereitet hat, spielt in dieser Rechnung keine entscheidende Rolle.

Unter dem Blickwinkel der Waidgerechtigkeit klingt dies wie eine Verhöhnung des Tierschutzgedankens. Denn der Applaus der waidgerechten Jäger sollte doch gerade demjenigen Schützen gelten, der das Leid des Wildes beenden konnte, nicht demjenigen, der es verursacht hat. Die Jägerschaft täte gut daran, die tradierte Erleger-Regel im Sinne wirklicher Waidgerechtigkeit schleunigst umzukehren, oder besser noch auf die Kür von „Jagdkönigen“ zu verzichten.

Waidgerechtigkeit der Gesetzgebung?

Freilich gehört zur ganzen Wahrheit auch, dass es zunehmend der Normgeber selbst ist, der die Standards waidgerechter Jagdausübung rechtlich und tatsächlich absenkt. Zu den problematischsten Regelungen dieser Art zählen gesetzliche Abschussfreigaben in Bezug auf führende Elterntiere, wie diese nicht selten für das Schwarzwild normiert werden, sobald Frischlinge ihr gestreiftes Kleid abgelegt haben. Das durchaus anvisierte Ergebnis derartiger Regelungen ist, dass unter Umständen eine Handvoll gerade einmal vier Monate alter Frischlinge hilflos und orientierungslos durch die Landschaft irrt. Mag auch speziell die Bekämpfung der Afrikanischen Schweinepest eine deutliche Reduktion der Schwarzwildbestände nötig machen, so bewegt sich diese Freigabe im Lichte des Staatsziels Tierschutz sicherlich in einem höchst problematischen Bereich.

Endgültig überschritten werden die tierschutzrechtlich gebotenen Grenzen dort, wo Gesetze, wie im ursprünglichen Entwurf für ein neues Jagdgesetz des Landes Rheinland-Pfalz vom 23.06.2023 vorgesehen, die Abhängigkeit von Jungtieren auf die Führung durch Elterntiere nicht als Grund für deren Schutz anerkennen, sondern zusätzlich verlangen, dass die Jungtiere auf eine „Nahrungsversorgung mit Muttermilch“ angewiesen sind.[165] Fatale Auswirkungen zeitigt eine solche Regelung vor allem für die Jungtiere des Rotwilds: Rotwildkälber sind nach wildbiologischer Erkenntnis lange auf die Führung durch Muttertiere angewiesen, ohne deren Begleitung sie den Anschluss an die Sozialverbände verlieren und dann eine deutlich geringere Überlebenschance besitzen als geführte Kälber.[166]

Ein weiteres Beispiel für den oft allzu sorglosen Umgang des Gesetzgebers mit der Wahrung tierschutzrechtlicher Standards stellt die im Land Berlin im Jahre 2020 erfolgte Freigabe des Abschusses von Frischlingen bis 15 Kilogramm mit der Schrotflinte dar.[167] Schon für sich genommen erscheint die Verwendung streuender Schrotgarben auf in engen Verbänden lebende Tiere alles andere als tierschutzgerecht. Wer Nachsuchenführer erzählen hört, wie oft sich der bei Nacht beschossene Frischling bei Lichte besehen als kapitaler Keiler herausstellte, der ahnt, dass hier „Kollateralschäden" vorprogrammiert und womöglich sogar in Kauf genommen werden.

Außerdem wird selbst für 15 Kilogramm schwere Frischlinge eine unmittelbar tödliche Wirkung des Schrotschusses je nach Distanz nicht immer gewährleistet sein. Die tierschutzrechtlichen Folgen sind gravierend. Denn anders als die Gewehrkugel liefert ein Schrotschuss keine für eine Nachsuche mit dem Hund erforderliche Wundfährte. Ein durch missglückten Schrotschuss verletztes Stück wird daher nicht verlässlich aufzufinden sein und dann zumeist an seinen Verletzungen zugrunde gehen. Aus demselben Grunde dürfte auch die mittlerweile in einigen Ländern erfolgte Freigabe des Abschusses von Frischlingen mit Kleinkalibergewehren unter Tierschutzaspekten höchst kritisch zu bewerten sein. Ohne entsprechende Standardsenkungen durch die Behörden oder den Normgeber jedenfalls wären entsprechende Jagdmethoden zweifellos als Verstoß gegen Grundsätze der Waidgerechtigkeit einzustufen.

Gegen die gesetzliche Absenkung tierschutzrechtlicher Standards vermögen sich die Grundsätze der Waidgerechtigkeit freilich nicht durchzusetzen. Im Gegenteil: Die Grundsätze der Waidgerechtigkeit sind im Lichte der jeweiligen gesetzlichen Vorgaben zu ermitteln. Was also gesetzlich erlaubt ist, kann nicht gleichzeitig einen Verstoß gegen die Grundsätze der Waidgerechtigkeit darstellen. Dies selbst dann nicht, wenn es jagdethischen Vorstellungen der Jägerschaft diametral zuwiderläuft. Zu überlegen bliebe allenfalls, ob solche „unwaidmännischen Gesetze" nicht wegen des Verstoßes gegen das Verfassungsziel des Tierschutzes in Art. 20a GG als verfassungswidrig eingestuft werden müssten. In der Praxis freilich haben sich die deutschen Gerichte in dieser Hinsicht bislang wenig ambitioniert gezeigt.

Abschied von der Idee der Waidgerechtigkeit?

Einen jüngsten Frontalangriff auf den tradierten Grundsatz der Waidgerechtigkeit bildete der im Jahre 2022 veröffentlichte und später grundlegend überarbeitete Referentenentwurf vom 3. März 2022 für ein neues Jagdgesetz des Landes Brandenburg. Durchdrungen von der Idee, die Schalenwildbestände im Lande drastisch zu reduzieren, setzte die Entwurfsfassung gleich an mehreren Stellen an: Die erste Überlegung war dabei, den tradierten Grundsatz der Waidgerechtigkeit gleich ganz aus dem Gesetz zu streichen. Im Ergebnis wäre das freilich weniger gravierend gewesen, denn was die Gesetzesverfasser wohl übersehen hatten, war der Umstand, dass die Bindung der Jagdausübung an die Grundsätze der Waidgerechtigkeit über das Tierschutzgesetz bereits bundesrechtlich vorgegeben ist und daher der landesrechtliche Verzicht auf eine eigene Ausgestaltung dieser Anforderungen im Ergebnis wohl folgenlos bliebe.

Weniger folgenlos wäre dagegen die zweite Überlegung gewesen, nämlich die geplante Festlegung, dass Wild, welches auf Eigentumsflächen eines Dritten verendet – ähnlich wie Fallobst, das auf das Nachbargrundstück gerollt ist – stets der Person gehören soll, „auf dessen Grundstück das Wild verletzt wurde oder die Nachsuche begann". Es fällt schwer, hinter dieser Regelung eine andere Intention zu vermuten als: „Feuer frei, das Stück gehört dir, auch wenn du nur schlecht triffst und es irgendwo außerhalb deines Reviers verendet." Ohne Zweifel wird man vonseiten der Entwurfsverfasser den Vorwurf, tierschutzrechtliche Standards unterlaufen zu wollen, empört zurückweisen. Immerhin ist jeder Jäger für die waidgerechte Schussabgabe selbst verantwortlich. Und darf der Gesetzgeber nicht alles frei regeln, soweit es ihm die Verfassung nicht verbietet?

Ausgerechnet die Eigentumsgarantie des Grundgesetzes ist es, die hier ein Stoppschild hochhält: Das verletzte Wild ist eben kein Apfel aus dem eigenen Garten, der zufällig über die Grundstücksgrenze rollt. Wild ist herrenlos, es gehört niemandem, und das Jagdausübungsrecht des Jägers umfasst allein das Recht, sich das in dem eigenen Bezirk erlegte oder gefangene Wild zueignen zu dürfen. Wenn aber das Wild Grund und Boden eines Dritten betritt und dort verendet, so ist es eben dessen Recht, sich das bis dahin weiterhin herrenlose Wild anzueignen. Die mit dem genannten Gesetzesvorschlag beabsichtigte Verschiebung des Zueignungsrechts auf einen anderen als den Eigentümer des Grundstückes, auf dem das Wild verendet, entpuppt sich damit als gezielter Eingriff in das grundrechtlich geschützte Jagd- und Jagdausübungsrecht als Bestandteil des dortigen Grundeigentums.

Solche Eingriffe mögen nach der Verfassung nicht generell ausgeschlossen sein. Sie müssen sich aber durch legitime Gemeinwohlgründe rechtfertigen lassen und dem Verhältnismäßigkeitsgrundsatz genügen. Exakt hier aber strauchelt die Gesetzesidee: Denn welchen legitimen Grund sollte es für diese Entrechtung des eigentlich nutzungsberechtigten Grundeigentümers geben, der das verendete Wild nach den Vorstellungen der Gesetzesverfasser dem leichtfertigen Erstschützen aushändigen soll? Dass man die Hemmschwelle für Schüsse auf wild lebende Tiere senken will? Dies dürfte mit dem Staatsziel Tierschutz kaum vereinbar sein. Oder soll die Rechtfertigung für die eigentumsferne Zuordnung darin bestehen, dass der begünstigte Nachbar das Tier verletzt hat? Dies aber wäre so, als erkennte man demjenigen, der Wild mit dem Auto tötet, als Belohnung noch gleich das Wildbret zu. Nicht zuletzt ergibt sich aus § 4 Abs. 1 S. 2 TierSchG die klare bundesrechtliche Vorgabe, dass auch bei der Erlegung von Wild „nicht mehr als unvermeidbare(n) Schmerzen“ verursacht werden dürften. Die geplante Prämierung leichtfertiger Schüsse auf Wild war somit in jeder Hinsicht sach- und rechtswidrig.

„JAGDBARE ARTEN" – ZUM ABSCHUSS FREIGEGEBEN?

Auch wenn die grundsätzliche Legitimation der Jagd verfassungsrechtlich außer Streit steht, so stellt sich doch die Frage, welche Tierarten eigentlich in welchem Umfang bejagt werden dürfen, und aus welchem Grunde. Formal gesehen scheint die Sache klar: Die Jagdgesetze listen die einzelnen jagdbaren Wildarten penibel auf und entscheiden über die Freigabe von Jagdzeiten. Für bestimmte Schalenwildarten wird der Abschuss gar behördlicherseits zahlenmäßig verpflichtend vorgegeben. Im Übrigen binden die Jagdgesetze – etwa der bereits oben erwähnte § 21 des Bundesjagdgesetzes – die Regelung des Abschusses an die Ziele des Gesetzes, namentlich also den Schutz der Land-, Forst- und Fischereiwirtschaft vor Wildschäden, die Berücksichtigung der Belange von Naturschutz und Landschaftspflege sowie die Sicherung eines gesunden Bestandes aller heimischen Wildtierarten in angemessener Zahl.

Innerhalb dieses eher weitgesteckten Ordnungsrahmens gewährleisten die Jagdgesetze das jagdliche Nutzungsrecht als verfassungsrechtlich geschütztes Eigentumsrecht. Dieses Recht besteht darin, auf die betreffenden Wildarten „die Jagd auszuüben und sie sich anzueignen".

Nicht überraschend ist die Frage, welche Arten genau in dem Katalog der jagdbaren Arten aufgeführt werden sollen, in den letzten Jahrzehnten zunehmend in den Fokus politischer Debatten geraten. Letztlich ist dieser Katalog jagdbarer Arten nämlich der „Flaschenhals", der über die Reichweite des jagdlichen Eigentumsrechts entscheidet. Er ist damit gleichsam die „Archillesferse" des jagdlichen Eigentums in Deutschland.

Dementsprechend trickreich sind denn auch die gesetzgeberischen Initiativen, das jagdliche Eigentum genau an dieser Stelle zu treffen. Beispielhaft kann auf die jüngsten Ideen des rheinland-pfälzischen Regierungsentwurfs für ein neues Landesjagdgesetz verwiesen werden, das „ökosystemfremde Arten" künftig vollständig aus dem Katalog der jagdbaren Arten ausklammern und einer behördlichen Bekämpfung unterwerfen will, was dann etwa Arten wie Waschbär, Marderhund oder das Sikawild beträfe. In der Entwurfsbegründung wird dieser Rückbau des grundrechtlich geschützten Jagdrechts lapidar damit gerechtfertigt, dass „die mit dem Jagdrecht verbundene Hegeverpflichtung nicht mit einer Bekämpfung möglicher invasiver Arten vereinbar gewesen wäre"[168].

Was die Entwurfsverfasser übersehen haben, ist der Umstand, dass Eingriffe in das Grundeigentum dem Grundsatz der Verhältnismäßigkeit unterliegen. Hiernach muss zur Erreichung der gesetzlichen Ziele stets das mildeste der zur Verfügung stehenden Mittel gewählt werden. Geht es aber darum, eine Hegeverpflichtung für invasive Arten zu vermeiden, liegt das mildere Mittel förmlich auf der Hand: nämlich die Streichung der gesetzlichen Hegeverpflichtung für invasive Arten.

Für die weit darüber hinausschießende Streichung von Waschbär und Marderhund aus dem Katalog der jagdbaren Arten gibt es somit erkennbar keinen rechtfertigenden Grund. Überdies handelt es sich ohne Zweifel um ein Musterbeispiel überbordender Bürokratie, wenn Behördenzuständigkeiten für Aufgaben geschaffen werden, deren Wahrnehmung bislang private Jäger übernommen haben und dies auch weiter zu tun bereit sind.

Gewiss kann man darüber streiten, ob hochgefährdete Arten wie der Fischotter oder die Wildkatze im Katalog der jagdbaren Arten ihren rechten Platz haben. Soweit hierbei auf artenschutzrechtliche Aspekte verwiesen wird, handelt es sich allerdings um eine Scheindebatte: Die Auflistung einer Art im Katalog der jagdbaren Arten wird ja erst dann ein Thema des nutzenden Zugriffs, wenn sie mit der Eröffnung einer Jagdzeit verbunden ist. Selbstverständlich aber existieren solche Jagdzeiten für die genannten seltenen Arten wie den Fischotter oder die Wildkatze nicht, sodass ihnen ein ganzjähriger Schutz zuteilwird.

In dieser Konstellation ist der Verbleib von Fischotter und Wildkatze im Katalog der jagdbaren Arten nicht etwa nachteilig, sondern ganz im Gegenteil mit deutlichen Vorteilen für die betreffenden Arten verbunden. Zum einen wird ihnen hierdurch ein zusätzlicher strafrechtlicher Schutz zuteil, nämlich der des Wilderei-Straftatbestandes nach § 292 StGB. Zum anderen folgt aus der Einordnung der Tierarten in das Jagdrecht, dass sowohl die Jagdausübungsberechtigten als auch die Jagdpächter und außerdem auch die Jagdgenossenschaften als Verband der Grundeigentümer von Gesetzes wegen zur aktiven Mitarbeit am Bestands- und Biotopschutz verpflichtet sind. Vor diesem Hintergrund erscheint denn auch die Einbeziehung des Wolfes in den Katalog der jagdbaren Arten, wie das vom Freistaat Sachsen und dem Land Niedersachsen bereits realisiert wurde, als eine durchaus naheliegende Option.

Ohnehin sind mit den vorgenannten Festlegungen noch keineswegs alle Fragen zur Bejagung der jagdbaren und mit Jagdzeiten versehenen Arten geklärt. Wie sieht es beispielsweise mit dem Baummarder aus, der dem Schutzregime nach Anhang V der Fauna-Flora-Habitat-Richtlinie (FFH-Richtlinie) unterliegt und in den Jagdgesetzen zahlreicher Bundesländer als jagdbare Art verzeichnet ist? Kann hier die gesetzliche Ausweisung einer Jagdzeit, wie sie sich z. B. im rheinland-pfälzischen Landesjagdgesetz findet, ein Grund für die Tötung eines solche Tieres sein? Und ist es zulässig, den heimischen Rotfuchs zu bejagen, nur weil die Jagdgesetze aller deutschen Bundesländer eine Jagdzeit vorsehen?

Gerade die ausgesprochen unterschiedliche Handhabung der

Jagdausübung auf Füchse in Deutschland zeigt das Dilemma deutlich auf: Während etwa die Waldbesitzer einschließlich der staatlichen Forstverwaltungen nämlich die Dienste des Fuchses als Mäusevertilger in der Regel durchaus schätzen und ihn zumeist von der Jagd verschonen, laden viele private Revierinhaber speziell im Winter zu sogenannten „Fuchswochen" ein, die der intensiven Bejagung dieses Prädators dienen und insbesondere revierlosen Jägern die Gelegenheit zur Jagdausübung geben sollen.

Der Streit über „vernünftige Gründe" zur Jagdausübung

Wie kann es sein, dass unter der Geltung ein und desselben Jagdrechts eine so unterschiedliche Handhabung der Jagdausübung festzustellen ist? Lässt es das deutsche Jagdrecht wirklich zu, dass sich jeder Jäger seine eigene Rechtfertigungswelt erschafft? Oder unterliegt auch die Jagd auf jagdbare Arten dem Vorbehalt eines nachweisbaren „vernünftigen Grundes", wie dieser im Tierschutzgesetz als Rechtfertigung für die Tötung von Tieren gefordert wird? Von nicht wenigen Jägern wird schon das Aufwerfen dieser Frage mit einer gewissen Unruhe quittiert werden. Soll nicht mit der gesetzlichen Festlegung einer Jagdzeit eben diese Diskussion vermieden werden?

In der Tat spricht alles dafür, dass der gesetzlichen Festlegung von Jagdzeiten rechtlich durchaus die Regelvermutung für die Zulässigkeit einer jagdlichen Aneignung und damit auch der Erlegung von Einzelexemplaren freigegebener Wildarten entnommen werden kann. Darüber hinaus betrachtet das Tierschutzgesetz die Frage nach dem „Ob" der Jagd auf Wildtiere erkennbar als Angelegenheit der Jagdgesetzgebung. So heißt es in § 4 des Gesetzes „*Ist die Tötung eines Wirbeltieres ohne Betäubung im Rahmen weidgerechter Ausübung der Jagd oder auf Grund anderer Rechtsvorschriften zulässig …, so darf die Tötung nur vorgenommen werden, wenn hierbei nicht mehr als unvermeidbare Schmerzen entstehen.*" Recht offenkundig lässt dieser Satz erkennen, dass das Tierschutzgesetz die grundsätzliche Frage der Zulässigkeit einer Tötung von Wildtieren im Rahmen der waidgerechten Jagdausübung durch die Jagdgesetze geregelt sieht und insoweit keine eigenen Kriterien aufstellt.

Juristisch dürfte diese „Selbstbeschränkung" des Tierschutzgesetzes die unvermeidliche Konsequenz des Umstandes sein, dass unsere Verfassung die Gesetzgebungskompetenzen für den Tierschutz und für die Jagd inhaltlich, aber auch hinsichtlich der zuständigen Gesetzgebungskörperschaften[169] strikt voneinander trennt, sodass der jagdliche Tierschutz durch die Jagdgesetzgebung zu regeln ist und nicht durch das Tierschutzgesetz.

Aber kann eine derart formale Betrachtung in Zeiten eines ethischen Tierschutzes wirklich überzeugen? Ist der formale Verweis auf eine Jagdzeit tragfähig, um eine sachlich nicht nachvollziehbare Tötung von Wildtieren zu legitimieren? Gewiss nicht. Immerhin unterliegt die Jagdausübung den Grundsätzen der Waidgerechtigkeit. Und mit diesen Grundsätzen, die im Lichte des Verfassungsgebots des Tier- und Umweltschutzes auszulegen sind, wäre ein grundloses Erlegen von Wildtieren kaum zu vereinbaren.

Man stelle sich nur einen Angler vor, der an einem See Fische fängt, um diese sodann in einem am Ufer stehenden Mülleimer zu entsorgen. Es gibt wenig Zweifel, dass es alsbald zu einer Anzeige geschockter Passanten käme – und wahrscheinlich auch zu einer strafrechtlichen Verurteilung des Anglers, der im konkreten Falle wohl treffender als Tierquäler bezeichnet würde. Der Einwand, dass nach dem Gesetz die Schonzeit der getöteten Fische abgelaufen gewesen sei, würde den Richter kaum milde stimmen. Und die meisten Menschen sähen eine Sanktion wohl mit guten Gründen als notwendig und gerechtfertigt an, auch wenn die Fischereigesetze sich hierzu nicht explizit verhalten. Kann man die Dinge bei der Jagd anders sehen?

Tatsächlich ist die Frage freilich weitgehend theoretischer Natur. Denn gerade die Bejagung des heimischen Schalenwildes, die im Zentrum der Jagd in Deutschland steht, verfolgt typischerweise gesetzlich anerkannte Gemeinwohlziele wie insbesondere die Wildschadensverhinderung, die Erhaltung gesunder Bestände und den Schutz der Wälder. Aus eben diesem Grunde war die Ausübung der Jagd übrigens während der Corona-Pandemie von den zeitweise geltenden Ausgangssperren dispensiert. Und der Verwendung des Wildbrets eines Rehbocks als schmackhaftem Sonntagsbraten stehen nicht nur aus Sicht der breiten Bevölkerung, sondern auch aus juristischer Sicht keine ernstlichen Bedenken entgegen. Also wieso nicht das Notwendige mit dem Nützlichen verbinden?

Mit dem von Richard D. Precht konstruierten Zerrbild des schießwütigen Jägers, dem es darum gehe, „einen anmutigen Rehbock zum Zeitvertreib in ein Stück Aas zu verwandeln“[170], hat die jagdliche Realität in deutschen Revieren jedenfalls nichts gemein.

Der Streit um die Fuchsjagd

Ohne Zweifel bleiben da aber noch ein paar Fragen offen, wie jene nach der Rechtfertigung der Jagd auf den Fuchs, für den das Jagdrecht Jagdzeiten ausweist, ohne dass land- und forstwirtschaftliche Schäden zu verhindern oder ein schmackhafter Braten zu erwarten wären. Zeigt nicht der Umstand, dass auf die Bejagung des Fuchses in den Forsten vielfach verzichtet wird, dass es an einem legitimen Grund für die Jagd fehlt? Und selbst wenn Wechselwirkungen zwischen dem Bestand an Raubtieren und Beutetieren existieren, hat die Bejagung des Fuchses tatsächlich irgendwelche relevanten Auswirkungen auf den Schutz gefährdeter Arten? Dies sind in der Tat keine einfachen Fragen. Umso mehr aber sollte man sich vor einfachen Antworten hüten. Und sicherlich gehört zu diesen einfachen Antworten auch die Forderung nach der generellen Einstellung der Fuchsbejagung.

Wer genauer hinschaut, der wird feststellen, dass gerade dort, wo es um sensible Artenschutzprojekte geht, mit schöner Regelmäßigkeit auf die Unverzichtbarkeit einer Fuchsbejagung hingewiesen wird. So kam etwa die Forstliche Versuchs- und Forschungsanstalt Baden-Württemberg im Rahmen einer vom zuständigen Landesministerium beauftragten Studie im Jahre 2009 zu dem Ergebnis, dass die Erhaltung des Auerwildes im Schwarzwald unter anderem eine Intensivierung der Bejagung des Fuchses erforderlich mache.[171] In ähnlicher Weise hatte zuvor das zuständige Landwirtschaftsministerium des Landes Brandenburg im Rahmen seines Artenschutzprogramms für das Birkwild auf die Bedeutung einer „straffen Bejagung" von Fuchs und Schwarzwild hingewiesen.[172]

Auch in dem recht aktuellen Artenschutzprogramm Birkhuhn des Sächsischen Landesamts für Umwelt, Landwirtschaft und Geologie (LfULG) aus dem Jahre 2019 werden der Fuchs und dessen Einfluss auf die Birkwildpopulation explizit genannt. Wenn auch in der Tonart erkennbar vorsichtiger, formuliert das Programm die Empfehlung, dass „für den Freistaat Sachsen effektive Jagdmethoden auf Prädatoren und Rotwild entwickelt, getestet und hinsichtlich ihrer Wirkungen auf die Struktur der Lebensräume und die Bestände des Birkhuhns abgeschätzt werden können"[173]. Und selbst das „Vorzeigeprojekt" rund um das Wiedererstarken der nahezu ausgerotteten Großtrappenbestände in Brandenburg und Sachsen-Anhalt hat insoweit seine eigene Geschichte. Denn waren hier in den Jahren 1991 bis 1999 Jungvogelverluste von rund 73 % durch Füchse, Marderhunde und andere festzustellen[174], wuchs der Bestand zwischenzeitlich über schützende Zäunungen auf über 300 Exemplare an. Und es ist längst ein offenes Geheimnis, dass die wünschenswerte Rückkehr zu natürlichen, also „zaunlosen" Verhältnissen nur möglich sein wird, wenn die Prädatorenbesätze außerhalb der Zäunungen jagdlich kurzgehalten werden.[175]

Darf man nur jagen, was man isst?

Überraschen können diese Feststellungen in amtlichen und fachlichen Expertisen nicht. So steht der Einfluss der Prädatoren auf Niederwild und insbesondere Wiesenbrüter heute weithin außer Streit.[176] Schon in der Vergangenheit forderte denn auch der renommierte Biogeograf Paul Müller eine deutliche Ausweitung der Bejagung von Füchsen zum Schutz gefährdeter Bodenbrüter wie der Korn- und Wiesenweihe, des Kiebitzes und des Rebhuhns. Dies nicht zuletzt deshalb, weil sich die Fuchsbestände nach der erfolgreichen Tollwutbekämpfung in den vergangenen Jahrzehnten vervielfacht haben. In der ihm eigenen Art bezeichnete Müller den beliebten Einwand, dass nur bejagt werden dürfe, was auch verzehrt werden kann, als „dümmlichen Spruch“, der „an den wirklichen Naturschutzproblemen in unserer freien Landschaft vorbei(geht)“[177].

Was die Jagdgesetze in unserem Lande angeht, so liegen diese bei genauer Lektüre durchaus auf derselben Linie. Etwa wenn die Jagdausübung nach § 21 BJagdG dazu beitragen soll, dass „der Schutz von Tierarten gesichert ist, deren Bestand bedroht erscheint“. Bewusst ist hier umfassend von „Tierarten“ die Rede und nicht, wie im geltenden Jagdgesetz des Landes Rheinland-Pfalz (§ 31 LJG RP), lediglich von (jagdbaren) Wildarten. Im Ergebnis aber bedeutet dies, dass die Jagd nach dem Regelungsansatz des Bundesjagdgesetzes eben auch einen gesetzlichen Schutzauftrag gegenüber den nicht dem Jagdrecht unterliegenden Tierarten hat. Mag es daher in geschlossenen Waldgebieten auch Gründe für ein Absehen der Jagd auf Füchse geben können, so wird man für offene Landschaften eher umgekehrt die Frage aufwerfen müssen, ob ein Bejagungsverzicht mit den rechtlichen Vorgaben des Bundesjagdgesetzes und gleichlaufender Landesgesetze vereinbar ist.

„Wer auf deutschem Boden brütet oder dort Jungtiere großziehen muss“, so formulierte Paul Müller schon vor bald 15 Jahren, „ob

Wiesenweihe oder Rebhuhn, ob Feldhase oder Brachvogel, hat auch in Zukunft … schlechte Karten, weil wir ideologiegesteuert nicht die wirklichen Ursachen für ihre Rückgänge beseitigen (unter anderem Flächennutzung und Prädationsdruck) und aus den jahrhundertelang verfolgten anpassungsfähigen Allerweltsarten heilige Kühe gemacht haben."[178] Diese Zusammenhänge klar und deutlich zu kommunizieren, wäre allemal sinnvoll und geboten. Denn genau damit wird deutlich, dass die Jagd, auch die Jagd auf Füchse, genau das nicht ist, was Kritiker in ihr zu erkennen meinen, nämlich „die schiere Lust an der Tiertötung"[179].

Wieso aber zeigen sich weite Teile der Jägerschaft zurückhaltend gegenüber einem klaren Bekenntnis zu einer von nachvollziehbaren Sachzielen getragenen Jagd? Liegt es vielleicht daran, dass man den Anfängen zu wehren sucht? Natürlich wird nämlich die Debatte nicht mit dem Fuchs enden. Was ist mit Eichelhähern und Elstern, aber auch dem Feldhasen, dem Rebhuhn, den Schnepfen, Wildgänsen, Fasanen oder Wachteln, deren Bejagung von einzelnen Tierschutzjuristen mittlerweile a priori für unvereinbar mit dem jagdlichen Tierschutz angesehen wird?[180]

Natürlich gibt es in diesen schwierigen Fragen vielfältige Argumente pro und contra. Die logische Konsequenz hieraus kann aber nicht Diskursverweigerung, sondern muss die offene und sachliche Debatte sein. Der schroffe Verweis auf das „eigene Revier", „das Eigentum" oder „die Jagdzeit" ist in dieser gesellschaftspolitischen Diskussion ebenso wenig tragfähig wie es umgekehrt die ideologische Verengung der Legitimationsgründe für die Jagd auf den Aspekt des Verzehrs von Wildbret ist.

Vor allem aber gilt: Nur wenn die Jagd mit überzeugenden Gründen ausgeübt wird, wird sie auch die anderen von ihrem Nutzen überzeugen und damit den ihr gebührenden Platz in der Mehrheitsgesellschaft einnehmen können. Hier geht es um nicht weniger als um die „soziokulturelle Nachhaltigkeit" der Jagd. Insbesondere sollte die legitime Diskussion um die Randzonen einer sinnhaften Nutzung bestimmter Wildarten eines nicht überdecken: dass es nämlich kaum je in der Geschichte unseres Landes überzeugendere Gründe für eine nachhaltig ausgeübte Jagd insbesondere auf Reh-, Rot- und Schwarzwild gegeben hat als in der gegenwärtigen Situation hoher Wildbestände in klimagestressten Wäldern.

Kein Siegerthema: der Abschuss wildernder Hunde und Katzen

Wo wir schon bei der Frage der „soziokulturellen Nachhaltigkeit" der Jagd sind, schauen wir doch gleich noch auf die in der Öffentlichkeit in schöner Regelmäßigkeit beargwöhnten Regelungen zum Abschuss wildernder Hunde und Katzen. Diesbezügliche Befugnisse der Jagdschutzberechtigten finden sich – wenn auch mit höchst unterschiedlicher Reichweite – in fast allen Jagdgesetzen. Verlässliche Daten dazu, wie viele Hunde und Katzen im Rahmen des Jagdschutzes jährlich ihr Leben lassen, fehlen. Einzelne Tierschutzorganisationen vermuten jährliche Abschusszahlen von bis zu 200 000 Katzen und über 1000 Hunden[181]. Überwiegend werden diese Schätzungen allerdings als deutlich zu hoch eingestuft und die Zahl getöteter Katzen eher im – immer noch erheblichen – höheren fünfstelligen Bereich angesiedelt.

Dieser Zahl gegenüber steht allerdings auch eine auf rund zwei Millionen Tiere geschätzte Anzahl an verwilderten bzw. „streunenden" Katzen in Deutschland, die sich vor allem in den deutschen Großstädten ein Stelldichein geben und insbesondere für Singvögel eine weithin unterschätzte Bedrohung darstellen.[182] Entgegen der Selbsteinschätzung vieler Jäger dürfte die gesetzliche Befugnis zum Abschuss wildernder Hunde und Katzen heute eines der großen „Verliererthemen" für die Jagd in Deutschland sein. Denn mag es der Papst in Rom auch noch so kritisieren[183]: Längst haben sich Hunde und Katzen vom

Haus- und Hofstreuner zu angesehenen Familienmitgliedern hochgearbeitet, die mitunter gar an die Stelle eigener Kinder getreten sind. Insofern ist die Tötung eines derartigen Hausgenossen, selbst wenn dieser auf frischer Tat beim Wildern ertappt wird, heute ganz sicher keine Petitesse mehr. Und selbst in den alten Zeiten war der Abschuss eines wildernden Hundes, wie der ebenso legendäre wie schillernde Berliner Kriminalkommissar Otto Busdorf (1878–1957) in seinem mehrbändigen Werk über „Wilddieberei und Förstermorde" dokumentiert hat[184], nicht selten der Anfang einer bisweilen tödlich endenden Feindschaft zwischen Jäger und Hundehalter.

Juristisch begann die Abschussfreigabe wildernder Katzen im deutschen Jagdrecht übrigens mit einem Trick, der seinen Ausgangspunkt in § 23 des Bundesjagdgesetzes findet. Nach dieser gesetzlichen Regelung zählt der Schutz des Wildes vor wildernden Hunden und Katzen als Aufgabe der jagdschutzberechtigten Revierpächter und ihrer Jagdaufseher. Zugleich wurden die Länder durch das Bundesjagdgesetz verpflichtet, nähere Ausführungsregelungen hierzu zu erlassen.

Die Länder sahen sich nun vor das Problem gestellt, dass gerade bei allein umherstreunenden Hunden und Katzen trotz des zu vermutenden Schadenspotenzials nur selten eine konkrete Wildereisituation zu beobachten sein wird. Man behalf sich daher vielfach mit einer riskanten Regelvermutung: Sobald sich Hunde und Katzen unbeaufsichtigt im Jagdrevier aufhalten und sich selbst überlassen bleiben, also die Jagd jederzeit aufnehmen können, sollte ein Zugriff des Jagdschutzberechtigten möglich sein. Sobald eine Katze in einer gewissen räumlichen Entfernung von der nächstgelegenen Wohnbebauung angetroffen wurde, unterstellten Landesgesetze dann eine wildernde Absicht.

Diese gleichsam „unwiderlegbare Vermutung" des Wilderns stieß nachvollziehbarerweise nicht überall auf Begeisterung. Gerichte beschäftigten sich mit der Frage, und am Ende kam niemand geringerer als das Bundesverfassungsgericht höchstpersönlich zu dem Schluss, dass eine entsprechende Vermutung mit den bundesrechtlichen Vorgaben vereinbar sei. Wörtlich führte das Gericht in einem Beschluss aus dem Jahre 1965 aus:

> *„Das Bundesjagdgesetz hat den Gesichtspunkt der ‚Wildhege' stark in den Vordergrund gestellt (vgl. § 1 Abs. 1 und 2). Zur Wildhege gehört auch der Schutz des Wildes vor äußeren Gefahren … Soweit die von Hunden ausgehende Gefahr in Frage kommt, ist es sinnvoll, den Schutz so auszugestalten, daß das Wildern verhindert wird. Die Maßnahmen können deshalb, um wirksam zu sein, schon frühzeitig einsetzen und nicht erst dann, wenn der Hund eine Spur aufnimmt oder das Wild jagt. Die Länder haben also angemessenen Spielraum in der Bestimmung der Maßnahmen und des Zeitpunktes, zu dem sie beginnen können.“*[185]

Und so nahm ein seit jeher schwieriges Kapitel der Jagd seinen Fortgang. Bis heute nehmen Jäger bisweilen mit stolzgeschwellter Brust Jagdschutzbefugnisse gerade auch gegenüber den Haltern von Hunden und Katzen für sich in Anspruch. Vereinzelt über den gesetzlichen Befugnisrahmen hinausgehend, denn zumeist lassen die Waldgesetze zu, dass Hunde im Einwirkungsbereich ihrer Halter auch im näheren Umkreis der Wege laufen dürfen – abgesehen davon, dass das Wild in stärker frequentierten Bereichen längst Wege gefunden hat, mit der spezifischen Bedrohungslage umzugehen. Insoweit stehen die Imageschäden, die übertriebene Mahnungen der Jäger für die Reputation und die Akzeptanz der Jagd in der Bevölkerung verursachen, nicht selten außer Verhältnis zu den konkreten Vorteilen für Wald und Wild.

Um nicht missverstanden zu werden: Natürlich ist es furchtbar und unverantwortlich, wenn umherstreunende Hunde aufgrund der

Gleichgültigkeit ihrer Halter Rehe schwer oder gar tödlich verletzen. Und natürlich ist es richtig, dass ruhebedürftige Arten wie das Rotwild durch notorisch wildernde Hunde massiv in ihrem Biorhythmus gestört werden. Aber die Folgen der tödlichen Verletzung eines Hundes, der als Spielkamerad eines Kindes mit im Haushalt gelebt hat, werden im Einzelfall noch gravierender und nachhaltiger sein. In jedem Falle werden sie das Bild der Jagd und der Jäger bei den Betroffenen ein Leben lang negativ prägen.

Bemerkenswert ist, dass die Jägerschaft diese Zusammenhänge, die auch etwas mit der soziokulturellen Nachhaltigkeit von Jagd zu tun haben, nur sehr begrenzt zu erkennen gewillt ist. Ist es vielleicht der mit dem Jagdschutz verbundene Machtanspruch, der diesen besonderen Reiz zur Inanspruchnahme von Jagdschutzrechten begründet? Wer so agiert, darf sich umgekehrt nicht wundern, wenn er selbst und mit ihm die Jagd insgesamt zur Reizfigur seiner Umwelt werden. Hier ist ein Umdenken notwendig und auch eine Nachschärfung der Gesetze, wie sie inzwischen bereits in einigen Ländern erfolgt ist. Beispielsweise in § 33 des Landesjagdgesetzes von Rheinland-Pfalz. Gefordert wird hier etwa auch eine reale Gefährdung des Wildes. Und selbst unter diesen besonderen Bedingungen bleibt die Tötung von Hunden verboten, soweit sich diese „*nur vorübergehend offensichtlich der Einwirkung ihrer Führerin oder ihres Führers entzogen haben und sich durch andere Maßnahmen als der Tötung vom Wildern abhalten lassen*".

Wie leicht weite Teile der Jägerschaft in ihrem Beharren auf den tradierten Jagdschutzbefugnissen aus der Reserve zu locken und für andere Ziele zu instrumentalisieren sind, belegt übrigens der Schachzug des früheren grünen Umweltministers des Landes Nordrhein-Westfalen, Johannes Remmel, der im Rahmen der hitzigen Debatten um sein damaliges Ökologisches Jagdgesetz ein Komplettverbot des Abschusses von Katzen in den Entwurf einbrachte. Der daraufhin

Wer auf die „Selbstregulierung der Natur" setzt, muss bereit sein, den eigenen Platz zu räumen. Ist das in einem dicht besiedelten Land wie Deutschland eine realistische Option?

„Selbstregulierung der Natur" ist keine Idylle. Und was heißt denn „der Natur"? Am Ende entscheidet doch der Mensch, wie viel Raum er dem Wolf gibt oder eben nicht gibt.

Präparierte Waldschnepfe neben einer Stockente: Was einst als Zeugnis der Schießkunst galt, provoziert heute die Frage nach dem Sinn der Jagd. Der Verweis auf eine gesetzliche Jagdzeit hilft da wenig.

Tierschutz ja! Aber ist die Anerkennung eines Grundrechts von Füchsen auf körperliche Unversehrtheit der richtige Weg? Am Ende geht es auch um unser eigenes Menschenbild! (Abb. KI-erzeugt)

Der „Sonntagsjäger", hier aus der Feder von Carl Spitzweg. Die idyllische Waldszene verdeckt, dass es sich um einen Kampfbegriff handelte, der sich gegen das Ende der feudalen Jagd richtete.

Jäger als Verteidiger des Jagdsystems: Anlass zu Misstrauen oder Beleg für eine gelungene Gesetzgebung? Früh brachte der Karikaturist Heinz Geilfus das besondere Verhältnis der Jäger zu „ihren“ Jagdgesetzen treffsicher auf den Punkt (Postkarte um 1955).

Und so sieht es in der Realität aus, wenn 15 000 Jäger ihr Jagdgesetz verteidigen: Großdemo im März 2015 in Düsseldorf.

Bizarrer Streit: Nach Tierschützerprotesten verzichtete 2013 der Landesjagdverband NRW auf das Landeswappen im Logo. Ja, Jäger sind keine Staatsdiener. Aber ist das ein Makel? Gerade das Grundgesetz vertraut auf die Kraft der Freiheit, auch des freien Eigentums.

Fortdauernde Erblast: die jagdliche Prunksucht vieler Fürsten (im Foto Speisesaal des Jagdschlosses Moritzburg bei Dresden). Sie erklärt, weshalb um die Wilderei …

… bis heute noch ein Hauch von „Sozialrebellion" weht. Der großartige Franz Xaver Kroetz als schlitzohriger Wilderer „Brandner Kaspar" in der gleichnamigen Neuverfilmung von Joseph Vilsmaier.

Die historische Wahrheit der Wilderei ist eine andere: Wer näher hinschaut, der findet eine Vielzahl von Gedenksteinen zur Erinnerung an im Dienst ermordete Forstbeamte, hier im Karpiner Wald bei Eggesin.

Heute ist Wilderei vor allem in Afrika ein großes Problem: Der Schutz bedrohter Arten wird oft auch über die bei uns heftig umstrittene „Trophäenjagd“ finanziert.

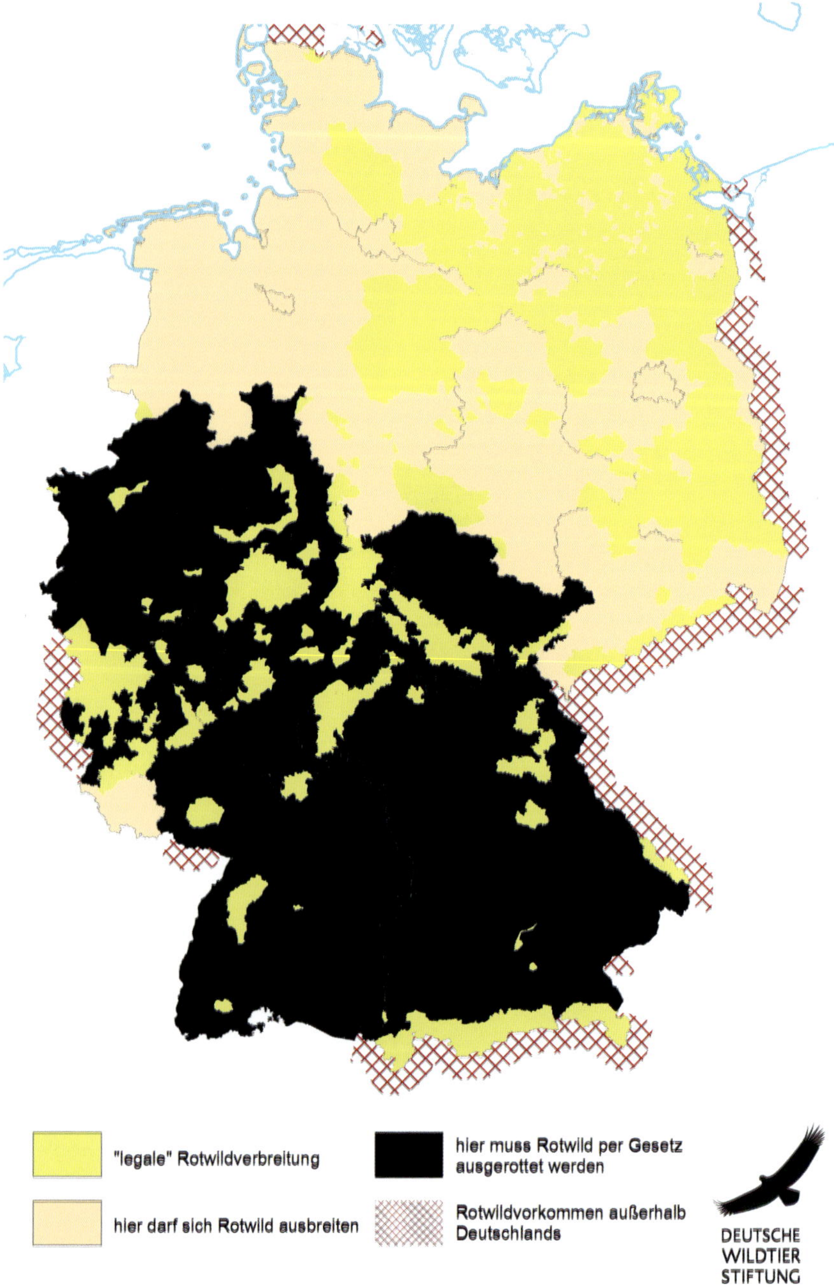

Kartografie einer gescheiterten Rotwildpolitik: Auf gerade einmal vier Prozent der Landesfläche Baden-Württembergs darf der Rothirsch leben. Die genetische Verarmung isolierter Populationen ist absehbar. (Karte aus 2014)

Folge inzüchtiger Populationen: zunehmende Missbildungen (hier an einem Rotwildkalb). Wo bleibt da der Aufschrei des Tierschutzes?

„Wald vor Wild"? Schon 1920 warnten Forstleute nach einem verheerenden Sturm vor dem Aufbau reiner Fichtenwälder. Der (Fichten-)Altersklassenwald wurde jedoch vielerorts weiter betrieben. Ist das Wild der Sündenbock für Versäumnisse der Vergangenheit?

Hundeausbildung an der sogenannten „Müller-Ente“: wichtige Ausbildung oder Tierschutzverstoß? Die Meinungen gehen weit auseinander – auch bei den Gerichten!

„Weltweit schärfstes Waffenrecht“: Seit 2012 müssen Jäger ihre Waffen beim Transport durch Vorhängeschlösser (vor sich selbst?) sichern. Besserer Schutz oder politischer Aktionismus?

Herbstliche Bewegungsjagden – unentbehrliches Instrument der Bestandsregulierung. Untersuchungen belegen aber auch, dass die Treffergenauigkeit hierbei deutlich geringer ist als bei der Einzeljagd. Das ist auch juristisch ein „Zielkonflikt"!

Wildschadenshaftung – das heiße Eisen des deutschen Revierprinzips. Entgegengehalten wird, dass Schäden heute betriebswirtschaftlich kalkulierbar sind und so in den Pachtpreis einfließen sollten. Dieser Ansatz bliebe nicht ohne Folgen.

Nach Auffassung des Oberverwaltungsgerichts NRW müssen bellende Herdenschutzhunde im Wohnumfeld nachts von den Weiden geholt werden. Wirklich gelöst ist das Nebeneinander von Wolf und Mensch in unserem dicht besiedelten Land nicht …

Keine Gnade für Jagdhunde: Laut Landgericht Potsdam müssen Jäger Wolfsattacken auf ihre Hunde tatenlos dulden. Im Foto die Schweißhündin des bekannten Nachsuchenführers Chris Balke, die bei der Nachsuche von einem Wolf angegriffen wurde.

berechenbar einsetzende Sturmlauf der Jägerschaft brachte dem Minister und damit seinem Entwurf den erwarteten Rückenwind in der Bevölkerung und natürlich vor allem in den Medien. Die Falle hatte zugeschnappt! Das neue Öko-Gesetz kam, mit ihm das Abschussverbot für Katzen.

In der folgenden Landtagswahl wurde zwar die vormalige Landesregierung abgewählt und über den neu zusammengesetzten Landtag das Öko-Jagdgesetz entschärft, das Abschussverbot für Katzen aber blieb! Nicht einmal die dem grünen Minister folgenden Umweltminister anderer politischer Lager riskierten den Versuch, die bis heute in § 19 Abs. 1 Nr. 11 des Landesjagdgesetzes NRW verankerte Bestimmung zurückzudrehen. Immerhin sie haben gelernt, dass mit der Verteidigung des Abschusses von wildernden Katzen heute kein Blumentopf mehr zu gewinnen ist.

REIZTHEMA TROPHÄENJAGD

Wer nach den Gründen für das schwierige Verhältnis der Deutschen zur Jagd sucht, muss sich auch mit dem Thema „Trophäenjagd" befassen. Unausgesprochen liegt das Thema wie ein Generalverdacht über allen Jägern. Geht es – wie Horst Stern in seiner legendären ARD-Dokumentation von Heiligabend 1971 angeprangert hatte – am Ende nicht doch allein um gigantische Geweihe, monströse Zähne und ausgestopfte Tiere mit grimmigem Gesichtsausdruck? Es sind nicht zuletzt Teile der Jägerschaft selbst, die dieser Sicht auf die Jagd mit einer Flut martialischer, für Nichtjäger oft genug verstörender oder gar schockierender Erlegerfotos und Erlegungsvideos in den Sozialen Medien immer wieder neue Nahrung geben. Doch wer sich diesem Thema ernsthaft nähern will, kommt um grundlegende Differenzierungen nicht herum.

Großwildjäger – zweifelhafte Botschafter der Jagd

Als Terminus technicus bezeichnet der Begriff der Trophäenjagd zunächst einmal speziell die Großwildjagd auf seltene, womöglich gar bedrohte Arten in fernen Gefilden, insbesondere in Afrika. Es sind denn auch zuallererst die Bilder und Berichte sogenannter „Großwildjäger", die in weiten Teilen der Bevölkerung nicht selten Abscheu und blankes Entsetzen auslösen: Beispielhaft hierfür stehen die Erlegung von Simbabwes berühmtestem Löwen „Cecil" durch den US-Amerikaner Walter James Palmer mit einer Armbrust im Jahre 2015, aber auch das im Jahre 2012 entstandene Foto des früheren spanischen Königs Juan Carlos I. vor einem erlegten Elefanten in Botswana. Die Summen, die Jagdtouristen für solche Reisen auf den Tisch legen, sind atemberaubend. Die Freigabe eines Nashorns in Namibia wurde im US-Bundesstaat Texas vor einigen Jahren gegen das Höchstgebot von 350 000 US-Dollar versteigert.[186] Für die Erlegung des Löwen Cecil soll Walter James Palmer die immer noch stattliche Summe von umgerechnet etwa 45 000 Euro gezahlt haben.

Gerade um die Erlegung von Löwen hat sich eine gewiss hochproblematische und aus hiesiger Sicht befremdliche Form der Trophäenindustrie entwickelt. In Farmen gezüchtet, werden dabei Löwen zunächst in Touristenparks für die „Fotopirsch" eingesetzt, um zuletzt im Rahmen einer Gatterjagd zum Abschuss durch zahlungskräftige Kundschaft verkauft zu werden. Aber auch Elefanten sind nicht vor den Kugeln anreisender Trophäenjäger sicher. Botswana als das Land mit dem höchsten Elefantenvorkommen hat die Jagd nach fünfjährigem Verbot unlängst wieder freigegeben. Simbabwe als Nummer 2 hinter Botswana bereitet die Freigabe von rund 700 Elefanten zum Abschuss vor, deren Abschussentgelt zwischen 10 000 und 70 000 US-Dollar liegen soll. Mit den Erträgen sollen die durch die Corona-Pandemie wirtschaftlich ins Schlingern geratenen Nationalparks finanziert werden.[187]

Natürlich handelt es sich bei der Trophäenjagd auf afrikanisches Großwild nicht um ein spezifisch deutsches Problem. Doch die Zahl der auch von deutschen Jägern vor allem in Namibia und Südafrika erlegten und nach Deutschland importierten „Trophäen“ ist beachtlich. Für das Jahr 2018 kommt eine Auswertung der CITES-Datenbank auf 807 Importe, die vorwiegend, wenn auch nicht ausschließlich, jagdspezifische Einführungen erfassen, wie die dortige Auflistung auch von Elfenbeinschnitzereien von Elefanten belegt.[188]

Dass der Schutz gefährdeter Arten auch in der Verantwortung der potenziellen Einfuhrländer von Jagdtrophäen liegt, ist in Deutschland und Europa weitgehender Konsens. Unproblematisch ist dies zumal dort, wo es um die notwendige Unterstützung der Herkunftsländer bei der Bekämpfung illegaler Abschüsse geht. Entsprechende Regelungsinstrumentarien existieren seit langem in Gestalt des Washingtoner Artenschutzübereinkommens sowie einer EU-weit unmittelbar verbindlichen Ausführungsverordnung der EU, die in den vergangenen Jahren wiederholt verschärft wurden. Für die Einfuhr von Jagdtrophäen ergeben sich hiernach weitreichende Erlaubnisvorbehalte, die vor allem auch entsprechende Ausfuhrdokumente des Ursprungs- oder Versendungslandes voraussetzen. Nicht mehr ganz so einfach zu beantworten ist dagegen die auch politisch hochumstrittene Frage, ob und inwieweit Einfuhrländer über mögliche Importbeschränkungen oder gar -verbote eine eigene politische Agenda auch gegenüber den Herkunftsländern verfolgen sollten.

Natürlich hört es sich zunächst einmal gut an, wenn das Europäische Parlament fordert, die Einfuhr sämtlicher Jagdtrophäen zu verbieten, die im Washingtoner Artenschutzübereinkommen (CITES) aufgeführt sind.[189] Aber sind Einfuhrverbote wirklich die richtige Antwort, wenn limitierte und nachhaltig ausgelegte Jagdangebote afrikanischer Länder Hand in Hand gehen mit konkreten Schutzkonzepten zugunsten vorhandener Wildbestände?

Namibias Wildfarmen etwa gelten als ein wesentliches Standbein für den dortigen Natur- und Artenschutz[190], und der Jagdtourismus wiederum zählt zu ihren zentralen Finanzierungsinstrumenten. Häufig dient die Vergabe von Jagdlizenzen zudem der Finanzierung des kostspieligen und leider oft blutigen Kampfs gegen die Wilderei. Nicht zuletzt wäre die gewiss noch nicht umfassend garantierte Teilhabe der lokalen Gemeinschaften an den Erträgen des Jagdtourismus ein wichtiger Beitrag zum Schutz bedrohter Tierarten. Vor diesem Hintergrund wird verständlich, dass die EU-Kommission in Abweichung zur Position des EU-Parlaments von der Nachhaltigkeit der Trophäenjagd ausgeht, soweit diese gut reguliert ist.[191]

Wildtierschutz durch Trophäenjagd

Sicher mag einem ein solcher „Deal" zunächst vorkommen wie die Anekdote vom spanischen Tierschutzverein, der zur Sicherung seines finanziellen Überlebens Stierkämpfe veranstaltet. Bei näherem Hinsehen aber liegen die Dinge wieder einmal komplizierter.

So ist zunächst festzustellen, dass die Wilderei auf gefährdete Arten gerade in Afrika schon seit längerem dramatische, bisweilen kriegsähnliche Ausmaße angenommen hat. Nach einer Erhebung der Weltnaturschutzunion IUCN aus dem Jahre 2014 sind in Afrika und Asien im vorangegangenen Jahrzehnt über 1000 Wildhüter den oft mit modernster Technik hochgerüsteten Wildererbanden zum Opfer gefallen.[192] Die Zahl der in Afrika gewilderten Elefanten belief sich allein für das Jahr 2018 auf 10 000 bis 15 000 Stück, was im Vergleich zu dem dortigen Gesamtbestand von 350 000 Tieren eine gewaltige Größe ist. Noch dramatischer dürfte die Zahl von rund 800 bis 1000 gewilderten Nashörnern sein, die längst eine existenzielle Gefahr für den dortigen Bestand von rund 25 000 Exemplaren darstellt.[193] Der Umstand, dass das Horn des Nashorns, einem in Asien heiß begehrten Rohstoff zur Produktion zweifelhafter Heilmittel, zeitweise höher gehandelt wurde als Gold[194], zeigt die riesigen auch finanziellen Herausforderungen bei der so dringend notwendigen Bekämpfung der Wilderei. Wildbiologisch wird schließlich darauf hingewiesen, dass die Trophäenjagd vor allem männliche Tiere betrifft, deren Reduktion Teil eines effektiven Wildmanagements sei und letztlich zur Stärkung der Population beitrage.

Dann ist da noch die hohe Zahl von Arbeitsplätzen im legalen jagdlichen Bereich: Für Namibia schätzt man die Zahl auf ca. 15 000. Nicht von ungefähr zeigte sich denn auch die deutsche Bundesregierung in der Vergangenheit eher zurückhaltend gegenüber einer generellen Verurteilung der Trophäenjagd:

> „*Gut regulierte und überwachte Trophäenjagd spielt in den Naturschutzprogrammen einiger Länder eine wichtige Rolle. Hauptursachen für den Artenverlust weltweit sind der Verlust und die fortschreitende Zerstörung von Lebensräumen. Trophäenjagd schafft in vielen Fällen Anreize für Regierungen und private Landeigentümer*innen, Gebiete als Wildgebiete zu erhalten und dort Schutzmaßnahmen zu finanzieren, einschließlich Maßnahmen gegen Wilderei.*“[195]

So einleuchtend diese Argumentation klingt, wird man umgekehrt doch eine Grenze dort ziehen müssen, wo die Jagdbewirtschaftung in den Exportländern eben nicht „gut reguliert“ ist, also ihrerseits eine Bedrohung für gefährdete Arten darstellen kann. Dass es sich hierbei um ein ernstzunehmendes Problem handelt, belegt eine im Jahr 2023 veröffentlichte Untersuchung eines multinationalen und interdisziplinären Forscherteams unter Prof. Alice Hughes von der University of Hong Kong. Eines der zentralen Ergebnisse der Studie lautet, dass ein Großteil des legalen Wildtierhandels eben nicht nachhaltig ist, wobei unter anderem die Jagd auf den Bergrohrbock als ein Beispiel genannt wird.[196] Insoweit hat auch die Bundesregierung ihre Position zuletzt nochmals nachgeschärft und auf eine Kleine Anfrage hin ausgeführt:

> *„Auch wenn eine gut regulierte und nachhaltige Trophäenjagd in bestimmten Fällen zum Schutz von Arten oder Populationen beitragen kann, wird eine pauschale Schlussfolgerung, beruhend auf nur einem Faktor, grundsätzlich den komplexen Umständen in vielen Fällen kaum gerecht. Das Management von Arten kann zwischen Ländern und Regionen variieren. Im Rahmen von Einfuhren in die EU werden Entscheidungen für verschiedene Arten daher – wenn erforderlich – für einzelne Länder oder Populationen getroffen.“*[197]

Zumindest „auf dem Papier“ enthält das Washingtoner Artenschutzübereinkommen mit seiner Umsetzung durch die einschlägige EU-Verordnung detaillierte Listungen einzelner Arten, die an deren Gefährdungsgrad anknüpfen und differenzierte Einfuhrvorgaben auch für jagdliche Trophäen normieren. Für besonders gefährdete Arten bedarf es hierbei neben den erforderlichen Ausfuhrdokumenten einer wissenschaftlichen Expertise, dass die Entnahme aus der Natur und der Zweck der Einfuhr dem Überleben der Art bzw. Population nicht abträglich sind.[198] Auf diese Weise stellen die europäischen Staaten im Rahmen ihres Hoheitsbereichs Stoppschilder dort auf, wo erforderliche Schutzstandards nicht mehr gewährleistet sind.

Wird der einzelne Jagdreisende auf diese Weise in ein nachweislich nachhaltig ausgerichtetes und kontrolliertes Bewirtschaftungskonzept eingebunden, kann dies gewiss die drängendsten Fragen der Trophäenjagd lösen. Dies vor allem auch dort, wo die Jagd nicht gefährdeten Arten gilt. Was sollte denn wildbiologisch gegen die Erlegung völlig ungefährdeter Antilopen in Namibia einzuwenden sein, die in ihren Beständen den hiesigen Wildarten Reh und Rotwild vergleichbar sind und vor Ort vollständig zur Nahrungsmittelproduktion verwertet werden. Niemand muss diese Art des Jagens mögen, aber haben die betroffenen Länder nicht auch das Recht, ihre eigenen Bewirtschaftungskonzepte für ihr Hoheitsgebiet und die Lebensräume der dort heimischen Wildtiere zu entwickeln?

Importverbote als Form des Neokolonialismus?

Nicht ganz unerwartet ist denn auch die jüngste Entscheidung des britischen Unterhauses, für zunächst fünf Jahre weitreichende Importverbote für Jagdtrophäen gefährdeter Arten anzuordnen, auf zum Teil massive Kritik gerade auch bei Vertretern der hiervon wirtschaftlich betroffenen Länder gestoßen, die in dem Verbot „einen Akt des Neokolonialismus" sehen.[199] Düster erscheint die Prophezeiung der Repräsentantin einer Förderorganisation für lokale Gemeinschaften in afrikanischen Staaten, dass das Schwinden materieller Anreize zur Bewahrung der Lebensräume wilder Tiere dazu führe, dass immer mehr dieser Flächen der land- und forstwirtschaftlichen Nutzung zugeführt werden.[200]

Auch die bei uns zumeist hochgeachteten Tierschutzverbände kommen in der Bewertung durch die betroffenen Länder keineswegs nur gut weg. So bezeichnete der südafrikanische Journalist Emmanuel Koro sie als noch „*größere Gefahr für Wildtiere (…) als Wilderer*". Seine Sicht auf die Dinge unterscheidet sich erheblich von der bei uns vorherrschenden Sichtweise, wenn er die afrikanischen Wildtiere als „Geldautomat der Tierrechtsgruppen" bezeichnet: „*Sie profitieren von Spendenkampagnen zum Verbot des Handels mit Wildtieren, während afrikanische Menschen und Wildtiere unter Armut und Wilderei leiden.*"[201] Auch wenn niemandem der gute Wille abgesprochen werden soll, so wird doch deutlich, dass die Suche nach dem richtigen Weg zu dem gemeinsamen Ziel noch keineswegs beendet ist. Und natürlich ist es vor allem auch eine Aufgabe der Auslandsjäger und ihrer Reiseveranstalter selbst, die strikte Wahrung der Nachhaltigkeitskriterien sicherzustellen.

„Trophäenjagd" in heimatlichen Gefilden?

Schenkt man fundamentalen Jagdkritikern Glauben, so ist die Jagd generell nichts anderes als Trophäenjagd, ganz gleich, ob sie als pauschal gebuchtes „Reiseabenteuer" dem halbzahmen Löwen in Afrika gilt oder als Maßnahme der Wildschadensprävention dem Reh im deutschen Wald.[202] Mit der Realität, aber auch den rechtlichen Regelungen für die Jagd in Deutschland, hat dies wenig gemein.

Die Regelungsvorgaben des Bundesjagdgesetzes etwa verpflichten die Jagdausübungsberechtigten neben dem Schutz der Wälder und der landwirtschaftlichen Nutzflächen explizit auf die Wahrung eines gesunden Wildbestandes in standortangemessenen Dichten, was die Sicherstellung auch altersmäßig intakter Sozialstrukturen voraussetzt. Mit Trophäen hat dies wenig zu tun. So fokussiert sich die Bejagung insbesondere des Schwarzwildes denn auch traditionell auf die jüngsten und zahlenmäßig relevantesten Mitglieder der Familienverbände, die noch nicht einjährigen Stücke. Nicht einmal im Ansatz finden sich bei ihnen jene „gewaltigen Eckzähne", die sich in der blühenden Fantasie des Buchautors Precht als Folge der Gabe „hormonpräparierten Kraftfutters" durch die Jägerschaft entwickeln[203] – ganz zu schweigen davon, dass entsprechende Futtergaben, ob mit oder ohne „Hormone", einen gravierenden Verstoß gegen die Jagdgesetze darstellten und in Deutschland schnell mit dem Entzug der Jagderlaubnis sanktioniert würden. Und nötig hat das Schwarzwild derartige Zufütterungen in Zeiten des Klimawandels und der omnipräsenten natürlichen Futterquellen ohnehin nicht.

Natürlich wird eine Jagdbewirtschaftung, die das Ziel eines ausgewogenen Alters- und Geschlechterproporzes der heimischen

Wildarten in standortangemessener Zahl verfolgt, auch starke „Trophäenträger" hervorbringen. Aber ist das ein Beleg für eine verabscheuungswürdige Trophäenjagd? Ganz im Gegenteil: Es wäre ein klares Signal für gestörte Altersstrukturen und damit eine irreguläre Jagdbewirtschaftung, wenn es an solchen Exemplaren fehlte. Solange daher das starke Rothirschgeweih auf diese Weise das Begleitergebnis eines auf die Wahrung standortangemessener Wilddichten zielenden Jagd bleibt und das Wildbret zudem einer Verwertung als Nahrungsmittel zugeführt wird, überzeugt es kaum, die Erlegung eines solchen Hirsches als Nachweis einer „Trophäenjagd" zu bewerten.

Am Ende ist es entgegen der Auffassung Prechts eben doch ein Unterschied, ob fachlich ausgebildete und staatlich geprüfte Jäger zum Schutze der Wälder und der Landwirtschaft und zur Gewinnung hochwertiger Nahrungsmittel die heimischen Bestände von Rot-, Schwarz- und Rehwild in standortangemessener Größe mit intakten Sozialstrukturen zu halten suchen, oder ob jagdliche Abenteurer auf anderen Kontinenten ohne entsprechende Zielsetzungen und mit unzeitgemäßen Waffen wie einer Armbrust den letzten Vertretern global gefährdeter Arten nachstellen, um deren Überreste am Ende Hyänen und Geiern zu überlassen.

Nicht zuletzt kann die Freude des Jägers an dem Gehörn des starken Rehbocks der notwendigen Regulierung heimischer Wildbestände sogar förderlich sein. Denn wildbiologisch steht außer Streit, dass die Stärke von Geweihen und Gehörnen umso ausgeprägter ist, je geringer die Wilddichte und damit der Konkurrenzdruck unter den Vertretern der Wildart ist.[204]

Dass ein Jäger das nicht alltägliche Ereignis der Erlegung eines alten Hirsches oder Rehbocks in irgendeiner Form festhalten will, ist weder rechtlich noch ethisch zu beanstanden. Allerdings wird sich die Jägerschaft angesichts des undifferenzierten Vorwurfs der Trophäenjagd auch selbstkritisch fragen müssen, ob jenseits martialischer

Fotos von starken Trophäenträgern womöglich doch zu wenig über den jagdlichen „Alltag" sowie die ökonomische und ökologische Funktion der Jagd gesprochen wurde, die das eigentliche Fundament der Jagd bilden. Vieles, was aus Sicht der Jägerschaft selbstverständlich sein mag, ist es für weite Teile der nichtjagenden, zumal urbanen Bevölkerung eben nicht.

Kann man tatsächlich ohne Weiteres allgemeine Kenntnis darüber voraussetzen, dass selbstverständlich auch das Fleisch eines starken Rehbocks als wertvolles Nahrungsmittel genutzt und verwertet wird? Wenn vielgelesene Autoren wie Richard D. Precht von schießwütigen Trophäenjägern fabulieren, denen es darum gehe, „einen anmutigen Rehbock zum Zeitvertreib in ein Stück Aas zu verwandeln"[205], besteht Anlass für Klarstellungen.

DIE JAGDHUNDE UND DAS DEUTSCHE JAGDRECHT

Ein wichtiges Segment des Themas Jagd und damit auch der jagdlichen Ordnung in Deutschland bildet das Jagdhundewesen. Viele Hunderassen verdanken wir der jagdlichen Zucht; etwa den Kleinen Münsterländer, dessen Ursprung als „Heidewachtel" untrennbar mit dem Namen des Forstmannes Edmund Löns (1880–1964) verbunden ist, einem Bruder des Dichters Hermann Löns.

Zu nennen ist ebenso der auch jenseits der Jägerkreise beliebte Dackel (Teckel), dessen ausgeprägter Eigensinn keineswegs einen charakterlichen Mangel darstellt, sondern geradezu jagdliches Zuchtziel war. Denn für einen „Bauhund", der seine Arbeit abgeschottet in den verwinkelten Bauen von Fuchs und Dachs verrichtet, ist es geradezu überlebensnotwendig, eigene Entscheidungen auch außerhalb des Einwirkungsbereichs seines Hundeführers treffen zu können. Und hierzu bedarf es nun einmal eines „eigenen Kopfes". Glaubt man der

US-amerikanischen Paläoanthropologin Pat Shipman, so basiert gar der evolutionäre Durchbruch des Homo sapiens vor allem auf der Zähmung bzw. der Selbstzähmung des Wolfes als dem perfekten Jagdpartner des modernen Menschen.[206]

Hundehaltung durch Jäger und Nichtjäger

Nach einer Schätzung des Deutschen Jagdverbandes aus dem Jahre 2016 finden sich in zwei Drittel der Jägerhaushalte Hunde.[207] Die Hundehaltung der Jäger hebt sich von jener der Nichtjäger dadurch ab, dass im Bereich der Jagdhunde nahezu ausschließlich reinrassige Hunde gehalten werden, während die nichtjagende Bevölkerung eine deutlich höhere Affinität zu Mischlingshunden besitzt. Diese Hunde machen dort schätzungsweise die Hälfte aller gehaltenen Hunde aus.

Der hieraus bisweilen abgeleitete Vorwurf eines jagdlichen Snobismus geht allerdings fehl. Denn so vielfältig die Jagd ist, so vielfältig sind die Einsatzfelder und Anforderungsprofile für die vierbeinigen Jagdhelfer. In eben diesem Sinne repräsentieren die verschiedenen Hunderassen letztlich die Bandbreite der jagdlichen Aufgaben. Dabei geht es um Befähigungen, die nicht allein auf Training beruhen, sondern auch besondere Anlagen voraussetzen, die im Wege der Zuchtauslese bei bestimmten Rassen optimiert wurden.

Schon die vielzitierte Hundenase ist nicht gleich Hundenase. Gewiss hat auch der Mops mit seinen 125 Millionen Riechzellen einen beachtlichen Vorsprung gegenüber der menschlichen Nase mit ihren rund fünf Millionen Riechzellen. Im Vergleich zu seinen jagdlichen Vettern und Cousinen wie dem Deutsch Kurzhaar, dem Pointer oder auch dem Labrador Retriever mit ihren rund 225 Millionen Riechzellen bleibt er dann aber doch hinter den Möglichkeiten der echten Jagdprofis zurück.

Hinzu kommen weitere rassespezifische Besonderheiten, die die spezifischen Einsatzbereiche der jeweiligen Rassen vor- bzw. nachzeichnen. So etwa die „Schwimmhäute“ zwischen den Fingerballen des für seine Wasserfreude bekannten Labrador Retrievers, der damit der ideale Begleiter bei der Entenjagd ist. Oder – als genaues Gegenstück – die „geschlossenen Zehen“ der Tiroler Bracke, die damit auf felsigen Hochgebirgspfaden pirschen kann, ohne „blutige Füße“ zu bekommen. Oder auf der mentalen Ebene die stoische Konsequenz des Hannoverischen Schweißhundes, der eine Wundfährte über Stunden mit der Ruhe und Präzision eines Uhrwerks ausarbeitet und damit dem im Wundbett erstarrten Wild viel Leid erspart.

Darüber hinaus gewährleistet die sorgsame Auswahlzucht natürlich auch, dass die gewünschten Eigenschaften möglichst uneingeschränkt weitergereicht werden. Wie bedauerlich, wenn solche Spezialisten zu Begleithunden bestenfalls ahnungsloser Besitzer degradiert werden, wie dies – allen Bemühungen der Züchterverbände zum Trotz – etwa dem Kleinen Münsterländer oder dem Bayerischen Gebirgsschweißhund in neuerer Zeit vermehrt widerfährt.

Die gesetzliche Pflicht zur Vorhaltung brauchbarer Jagdhunde

Wie nicht anders zu erwarten, ist das Thema Jagdhunde zugleich ein wichtiges Thema der jagdlichen Ordnung in Deutschland, speziell des jagdlichen Tierschutzes. Der Einsatz von Jagdhunden ist tierschutzrechtlich zumal dort vonnöten, wo es um das schnelle Auffinden bei der Jagd oder auch bei Wildunfällen im Straßenverkehr verletzten Wildes geht. Aus diesem Grunde verlangen die deutschen Jagdgesetze von jedem Revierpächter die Verfügbarkeit eines brauchbaren Hundes.

Die Missachtung dieser Pflicht kann dem Jäger teuer zu stehen kommen: So geschehen zuletzt, als sich ein Jagdpächter im Vorfeld einer von ihm veranstalteten Bewegungsjagd nicht rechtzeitig um die Organisation womöglich notwendig werdender Nachsuchen gekümmert hatte und später bei der Jagd verletztes Wild mangels verfügbarer brauchbarer Hunde nicht zeitnah aufgefunden werden konnte. Für den Pächter endete dieses gravierende Versäumnis mit dem Entzug des Jagdscheines.[208]

Über die Sicherstellung der „Brauchbarkeit" wie um die Hundeausbildung insgesamt wachen zahllose Vereine und Verbände, die mit reichhaltigen Ausbildungsangeboten und ebenso reichhaltigen Prüfungsordnungen aufwarten, um dem stolzen Hundeführer am Ende das begehrte Zeugnis zur Brauchbarkeit seines Hundes übergeben zu können.

Auch hier eröffnet sich ein weites Feld juristischer Streitfragen: So segensreich die Bemühungen um verlässliche Brauchbarkeitsstandards auch sind, so konfliktträchtig sind nämlich die rechtlichen und tatsächlichen Details der Ausbildungsvorgaben. Beispielhaft hierfür steht die seit Jahrzehnten kontrovers geführte Debatte um die Tierschutzkonformität der – in vielen Bundesländern mittlerweile verbotenen – Ausbildung von Jagdhunden hinter lebenden Enten.

Staatliche Brauchbarkeitsanforderungen und privates Verbandswesen

Schauen wir zunächst auf die Frage der Feststellung bzw. des Nachweises der Brauchbarkeit. Seit Jahrzehnten übernehmen hier private Verbände in vorbildlicher Weise wichtige Ausbildungs- und Prüfungsfunktionen in Deutschland. Allein: Es handelt sich um private Verbände, nicht um demokratisch legitimierte staatliche Behörden. Vor diesem Hintergrund muss in einem demokratischen Staat immer auch die Frage gestellt werden, ob und inwieweit derartigen privaten Verbänden eigentlich eine eigene Prüfungs- und Kontrollbefugnis zuerkannt werden darf. Dies zumal dann, wenn die Wahrnehmung des eigentumsrechtlich geschützten Jagdausübungsrechts von Gesetzes wegen an die Verfügbarkeit eines brauchbaren Hundes geknüpft wird.

Die einzelnen Länder sind in dieser Hinsicht sehr unterschiedliche Wege gegangen. Hessen und Mecklenburg-Vorpommern etwa haben die prüfenden Verbände quasi mit „Behördenstatus" versehen und sie – wie es im Fachjargon heißt – mit Hoheitsbefugnissen „beliehen".[209] Die Folge ist, dass die Landesjägerschaft in Mecklenburg-Vorpommern dort im Streitfall als Verwaltungsträger im verwaltungsgerichtlichen Verfahren verklagt werden kann.[210] Auch die einschlägigen Prüfungsordnungen stehen in den genannten Ländern unter dem Vorbehalt staatlicher Anerkennung oder werden gar unmittelbar vom Staat selbst erlassen.

Eine exakt gegenläufige Herangehensweise findet sich im Land Rheinland-Pfalz, wo die Gesetzesbegründung zu § 36 LJG ausführt:

> „*Eine Regelung zur Feststellung der Brauchbarkeit von Jagdhunden durch staatliche Stellen ist entbehrlich. Die bedarfsorientierte Ausbildung und Prüfung von Jagdhunden wird künftig durch die Vereinigungen der Jäger (z. B. Jagdverbände, Jagdgebrauchshundeverbände, Zuchtvereine) mit ihrem hohen Organisationsgrad in eigener Verantwortung sichergestellt (Deregulierung).*"[211]

In diesem Sinne heißt es in § 36 Abs. 2 S. 1 LJG RP, dass

> „*die Feststellung der Brauchbarkeit von Jagdhunden (...) den Vereinigungen der Jägerinnen und Jäger in eigener Verantwortung (obliegt).*"

Was auf den ersten Blick wie eine sinnvolle Entbürokratisierung aussieht, erweist sich bei näherem Hinsehen als durchaus problematisch. Denn wenn das Gesetz die Ausübung der Jagd an das Bestehen einer Brauchbarkeitsprüfung des Hundes knüpft, so handelt es sich bei den hiernach erforderlichen Hundeprüfungen letztlich um ein dem Staat zuzurechnendes Entscheidungshandeln. Und das unterliegt damit demokratischen Legitimationsanforderungen: In einem demokratischen Staat muss, wie es in Art. 20 Abs. 2 des Grundgesetzes formuliert ist, alles staatliche Entscheidungshandeln vom Volk ausgehen bzw. auf das Volk rückführbar sein.

Auf eine solche demokratische Legitimation können sich private Verbände allerdings nicht berufen. Eine Übertragung staatlichen Entscheidungshandelns auf private Verbände wäre insoweit allenfalls auf der Grundlage einer staatlichen Beleihung möglich gewesen, wie in Hessen oder Mecklenburg-Vorpommern geschehen. Genau das aber lehnt das rheinland-pfälzische Jagdgesetz ab, wenn es festlegt, dass die Prüfungen von den privaten Vereinigungen „in eigener Verantwortung" durchzuführen sind. Die in Rheinland-Pfalz vollzogene „Auslagerung" einer grundrechtsrelevanten Prüfung auf völlig autonom agierende private Verbände steht damit in einem schwer überbrückbaren Gegensatz zu zentralen demokratischen Grundsätzen.[212]

Einen verdeckten Mittelweg zwischen den Varianten der Beleihung von privaten Verbänden und der (missglückten) Deregulierung des Prüfungswesens in Rheinland-Pfalz verfolgen die großen Flächenländer Nordrhein-Westfalen und Bayern. So sind nach der einschlägigen Regelung des § 30 Abs. 1 LJG NRW insbesondere „*bei jeder Nachsuche (…) brauchbare Jagdhunde zu verwenden*", ohne dass genauer dargelegt wird, unter welchen Voraussetzungen eine solche Brauchbarkeit anzunehmen ist. Wer weiterbohrt, findet eine „Verwaltungsvorschrift zum Landesjagdgesetz Nordrhein-Westfalen (VV-LJG-NRW)", die unter Nr. 6 folgende kryptische Aussage trifft:

> „*Ein Jagdhund ist brauchbar, wenn er die von ihm zu erwartende Leistung erbringt. Die Untere Jagdbehörde kann, ggf. durch Hinzuziehung von Sachverständigen, prüfen, ob ein Jagdhund*

brauchbar ist. Die Kreisgruppen der Landesvereinigung der Jäger führen im Zusammenwirken mit den Mitgliedsvereinen des Jagdgebrauchshundeverbandes (JGHV) Brauchbarkeitsprüfungen durch. Es kann davon ausgegangen werden, dass eine Überprüfung der Brauchbarkeit grundsätzlich nicht erforderlich ist, wenn ein Jagdhund an einer solchen Prüfung oder an einer gleichwertigen Prüfung nach den Prüfungsordnungen des JGHV, der dem JGHV angeschlossenen Zuchtvereine oder anderer Landesjagdverbände erfolgreich teilgenommen hat."

Was sich auf den ersten Blick so liest, als setzte der Ministerialerlass auf die Prüfungen durch die privaten Verbände, enthält bei juristischer Analyse genau die entgegengesetzte Aussage. Nämlich: Eine verbindliche Vorab-Prüfung durch die Verbände ist gesetzlich nicht vorgesehen oder gar zwingend vorgeschrieben. Prüfungen durch private Verbände sind zwar möglich, ihr Brauchbarkeitsurteil enthält aber keinen rechtsverbindlichen Nachweis der Brauchbarkeit im Sinne des Gesetzes. Ähnlich verhält es sich im Freistaat Bayern, dessen Jagdgesetz zwar Brauchbarkeitsprüfungen kennt, diese aber nach der Rechtsprechung der bayerischen Verwaltungsgerichte gerade nicht als Vorab-Prüfung verbindlich vorschreibt.[213]

Natürlich wird sich jeder vernünftige Mensch an dieser Stelle die Frage stellen, weshalb er sich mit seinem Hund überhaupt einer Prüfung unterziehen sollte. Auch darauf hält der nordrhein-westfälische Erlass ein „Zuckerbrot" bereit. So werden die Behörden in diesem Bundesland „grundsätzlich" von einer nochmaligen eigenen Überprüfung absehen, wenn eine Prüfung bei den genannten Verbänden erfolgreich abgelegt wurde. Dieses Entgegenkommen, das in ähnlicher Weise auch im Freistaat Bayern gilt, ist letztlich dadurch motiviert, dass das Land die Ausbildungs- und Prüfungstätigkeit der privaten Verbände unterstützen will, auch wenn diese nicht im Wege der Beleihung in den Rang staatlicher Behörden erhoben und mit demokratischer Legitimation versehen werden.

Aber Vorsicht: „*grundsätzlich*“ heißt im juristischen Sprachgebrauch eben nicht „*immer*“. Vielmehr hält der Vorbehalt „grundsätzlich“ die Möglichkeit offen, in Ausnahmefällen eben doch anders zu verfahren. Mit anderen Worten: Die Bewertung einer Verbandsprüfung bewirkt in Nordrhein-Westfalen – und mutmaßlich auch im Freistaat Bayern[214] – keine abschließende Bindung der Behörde. Diese kann im Einzelfall durchaus zu einer anderen Bewertung als der private Verband kommen und die Unbrauchbarkeit eines von den Verbänden für brauchbar erklärten Hundes feststellen – oder auch umgekehrt die Brauchbarkeit eines von den Verbänden für unbrauchbar erachteten Hundes.

Für juristische Laien dürfte dieser bürokratische Dschungel nur schwer durchdringlich sein. Und es gibt zu denken, wenn den fachkundigen Betrachter bei der Lektüre dieses Regelungskonstrukts die Vermutung beschleicht, dass eben diese Intransparenz vom Gesetzgeber genau so gewollt ist.

Was muss ein brauchbarer Jagdhund können?

Vor allem praktisch höchst bedeutsam ist die Frage, was genau die Brauchbarkeit eines Jagdhundes voraussetzt – und vor allem auch, wer diese Anforderungen festlegt. Dies ist zunächst einmal eine juristische Angelegenheit. Maßgeblich ist hierbei, dass es sich bei dem Terminus der „Brauchbarkeit“ um einen sogenannten „unbestimmten Rechtsbegriff“ handelt, der im Streitfall von den Gerichten voll überprüft wird und somit nicht der freien Bestimmung durch private Verbände überlassen bleiben kann.

Insbesondere die Festlegung der zulässigen Prüfungsinhalte ist dabei, sofern sie nicht unmittelbar durch Gesetz erfolgt, an der gesetzlichen Zielsetzung der Brauchbarkeitsvorgabe auszurichten. Diese Zielsetzung besteht in der Sicherstellung des jagdlichen Tierschutzes, insbesondere in dem raschen Auffinden verletzter Tiere. Nicht weniger, aber auch nicht mehr.

Vor dem Hintergrund dieser speziellen Zielvorgabe wird man manche Ausbildungs- und Prüfungselemente auch mit einer gewissen Zurückhaltung bewerten können. Natürlich ist es beeindruckend, wenn ein Jagdhund, wie in vielen Verbands-Brauchbarkeitsprüfungen verlangt, einen von ihm aufgefundenen erlegten Fuchs auch noch „apportieren", also dem Jäger zurückbringen kann und diesen erst bei entsprechendem Befehl dem Hundeführer übergibt. Oder wenn der Hund mit festem Blick auf seinen Hundeführer „bei Fuß" geht. Aber hat dies wirklich etwas mit der Sicherstellung einer tierschutzgerechten Jagd zu tun? Gerade klassische Nachsuchen hinter Schalenwild erfolgen ohnehin an der langen Schweißleine.

Interpretiert man den Begriff der „Brauchbarkeit" im Lichte der tierschutzrechtlichen Zielsetzung, so spricht viel dafür, dass das Anforderungsprofil einer Prüfung zur Erfüllung der gesetzlichen Brauchbarkeit speziell darauf zugeschnitten sein muss, ein rasches Auffinden verletzter Tiere sicherzustellen. Hierzu sind der intakte Geruchssinn eines Hundes, dessen Verständnis für die von ihm zu erledigende Aufgabe und vor allem Erfahrung die entscheidenden Faktoren. Natürlich schadet es nicht, wenn ein Jagdhund zusätzliche Fertigkeiten besitzt, insbesondere folgsam und führig ist. Die Frage ist allein, ob solche Mehrleistungen von dem gesetzlichen Begriff der Brauchbarkeit erfasst werden und damit rechtlich als Voraussetzung für die Jagdausübung verlangt werden können. Hierzu muss sich der Gesetzgeber verhalten.

Brauchbarkeitsprüfung nur für Jagdhunde „mit Papieren"?

Zu rechtlichen Auseinandersetzungen hat nicht zuletzt die Frage geführt, ob die Zulassung zu den gesetzlich geforderten Brauchbarkeitsprüfungen verbandsseitig auf anerkannte Jagdhunderassen bzw.

Jagdhunde „mit Papieren", also rassespezifischer Ahnentafel, beschränkt werden darf. Gewiss kann es hierfür jagdfachlich gute Gründe geben. Hierzu wird man neben der höheren Effizienz einer an die bestimmten Hunderassen angepassten Ausbildung und Prüfung insbesondere das Ziel der Erhaltung rassespezifischer Qualitätsstandards rechnen können.

Schwierig wird es indes, wenn die einschlägigen Jagdgesetze selbst eine solche Eingrenzung der prüfungstauglichen Hunde nicht vorsehen. Hier wird man im Ergebnis von einem Zugangsrecht grundsätzlich aller Hunde zu den Prüfungen ausgehen müssen. Das Verwaltungsgericht Gera hatte denn auch wenig Gnade mit einer autonomen Eingrenzung der zuzulassenden Hunde durch die Prüfungsstelle und witterte gar unlautere Motive des Konkurrenzschutzes: *„Es liegt auf der Hand, dass der Einsatz von in der Bundesrepublik Deutschland … bisher ungebräuchlicher Hunderassen in absehbarer Zeit die Einsatzmöglichkeiten altbekannter Jagdhunde-Rassen mindern kann, sodass sich für die Züchter Einkommenseinbußen ergeben können. Ein solcher Bestandschutz steht jedoch nicht mit Gründen des Gemeinwohls im Einklang.*"[215]

Das ist durchaus starker Tobak. Immerhin aber hält auch die Entscheidung des Verwaltungsgerichts Gera einen Spalt weit die Türe offen, um zu prüfen, ob eine gewisse Begrenzung des Zugangs zu Brauchbarkeitsprüfungen unmittelbar durch Gesetz vorgesehen werden kann.

Die Alternative: zentrale Schweißhundestationen

Ohnehin stellt sich rechtspolitisch die Frage, ob der überkommene dezentrale Denkansatz der Jagdgesetze, der für jeden einzelnen Revierinhaber die Verfügbarkeit eines brauchbaren Jagdhundes vorschreibt, im Zeitalter der Mobilität und Digitalisierung noch sinnvoll ist. Mochte zwar ein Jäger vor Jahrzehnten bei der Nachsuche noch weitgehend auf sich selbst und seinen vierbeinigen Jagdbegleiter gestellt sein, so wird er heute via Handy und GPS schnell professionelle Hilfe ordern können, und die wird schon bald mit geländegängigem Fahrzeug an jeder Stelle seines Reviers auftauchen. Hinzu kommt, dass die schwierige Nachsuche verletzten Wildes – Brauchbarkeit hin, Brauchbarkeit her – im Ernstfalle dann doch des „Spezialisten" bedarf, also eines geübten Nachsuchengespanns mit revierübergreifendem Einsatzgebiet. Teilweise gehen die deutschen Jagdgesetze selbst von einer derartigen Notwendigkeit aus, wenn sie bei Nachsuchen auf Schalenwild, wie in § 35 Abs. 4 des Landesjagdgesetzes von Rheinland-Pfalz normiert, das Überschreiten der Reviergrenzen mit der Waffe allein „anerkannte(n) Führerinnen und Führern von Schweißhunden" gestatten.

Derartige Spezialisten aber entstehen auch bei Hunden nicht durch ein behördliches Zeugnis, sondern durch ständige Übung und einen reichen Erfahrungsschatz. Es ist hier nicht anders als bei Operationen in Krankenhäusern, bei denen nicht die Examensnote des Arztes, sondern Erfahrung und Routine die zentrale Rolle spielen. In einem Revier von 200 oder 300 Hektar wird ein Hund diese Erfahrungen kaum machen können, denn schwierige Nachsuchensituationen werden bei ordnungsgemäßer Jagdausübung glücklicherweise seltene Einzelfälle bleiben. Erst auf einer überörtlichen Ebene eröffnet sich hier ein regelmäßiges Arbeitsfeld für das Heranwachsen echter Nachsuchen-Profis unter den Jagdhunden.

Längst schon haben sich denn auch in der Praxis weithin überregionale Schweißhundestationen etabliert, die solche Fälle professionell abarbeiten, allen voran die bereits im Jahre 1957 gegründete Schweißhundestation im Kreis Herzogtum Lauenburg, die von dem einzigen hautberuflichen Schweißhundeführer in Deutschland, dem engagierten Rüdemeister Chris Balke, geleitet wird. Für diese Profis sind vorangegangene Fehlsuchen durch wenig trainierte Gebrauchshunde „vor Ort" mitunter eher ein Ärgernis, zumal wenn das Spurenbild durch das Herumtreten auf der Schweißfährte verunklart wird.

Die sinnvolle Professionalisierung schwieriger Nachsuchen läuft ungeachtet der offenkundigen Vorzüge dieses Ansatzes nach wie vor „unter dem Radar“ unserer Rechtsordnung. Unser Nachbarland Dänemark zeigt sich hier deutlich praxisnäher und führt ein zentrales Register für Fährtenhunde, deren Dienst die Jäger bei der Verfolgung von Schalenwild kostenlos in Anspruch nehmen können. Landesweit sind es dort ca. 160 Schweißhunde, die den Jägern zur Verfügung stehen.[216] Zum Vergleich: Das deutsche Recht mit dem revierbezogenen Ansatz setzt bei einer geschätzten Anzahl von 50 000 Jagdrevieren dagegen letztlich rund 50 000 vor Ort gehaltene „Profi-Hunde“ voraus. Es liegt auf der Hand, dass diese Größenordnung keine Professionalisierung erwarten lassen kann.

Wäre es nicht an der Zeit, im deutschen Recht auch formalrechtlich zu einem System übergreifender Schweißhundestationen überzugehen, finanziert zum Beispiel aus Mitteln der Jagdabgabe? Regelungen wie jene in Rheinland-Pfalz, nach denen das Überschreiten der Reviergrenzen mit der Waffe ohnehin allein anerkannten Führern von Schweißhunden gestattet ist, weisen ohnehin in diese Richtung. Ist es dann nicht folgerichtig, ein entsprechendes System auch gesetzlich zu implementieren und mit hochbürokratischen Brauchbarkeitsregelungen für die dezentrale Revierebene „abzurüsten“?

Gewiss bleibt das Bereithalten „alltagstauglicher“ Jagdhunde zum Zwecke des Auffindens erlegten Wildes auch weiterhin notwendig – schon allein zur Entlastung der echten Hundeprofis, deren Einsatz denn auch auf echte Nachsuchen beschränkt bleiben sollte. Das segensreiche Engagement der Verbände steht daher in der Sache außer Streit und sollte gewiss unbedingt erhalten werden. Die gesetzgeberische Konzeption des gegenwärtigen Systems, die dem dezentralen Denken des vordigitalen Zeitalters entstammt, erscheint dagegen wenig zeitgemäß.

Hundeausbildung hinter der lebenden Ente?

Eine weitere Facette des Themas Brauchbarkeitsprüfung stellt die seit Jahrzehnten hochemotional geführte Debatte um die tierschutzrechtliche Zulässigkeit der Ausbildung von Jagdhunden „hinter der lebenden Ente“ dar. Dabei gehen die divergierenden Ansichten – auch zwischen den Gerichten – mittlerweile quer durch die Republik. Die für Nichtjuristen wohl nur schwer nachvollziehbare Konsequenz ist, dass diese Art der Hundeausbildung in einigen Bundesländern erlaubt, in anderen dagegen verboten ist. Föderalismus „at it's worst“.

Worum es genau geht, wird mitunter hinter einem Wust schier undurchdringlicher Detailregelungen verborgen gehalten. So namentlich in Brandenburg, wo das Landesjagdgesetz den zuständigen Fachminister in § 35 Abs. 7 ermächtigt, „durch Rechtsverordnung nach Anhörung des zuständigen Ausschusses des Landtages und nach Anhörung der Landesvereinigungen der Jäger Vorschriften über die Feststellung der Brauchbarkeit von Jagdhunden zu erlassen und hierbei Prüfungen vorzuschreiben sowie deren Durchführung und die Prüfungszulassung zu regeln“.

In § 10 der hierauf ergangenen Verordnung findet sich unter Abs. 1 Nr. 3 ein Prüfungsabschnitt „Stöbern mit Ente in deckungsreichem Gewässer“, der dann als bestanden gilt, „wenn der Nachweis erbracht ist, dass der Jagdgebrauchshund in der Lage ist, die Spur der ‚kranken‘ Ente zu finden und ihr so zu folgen, dass sie in den Besitz des Hundeführers gelangt“.

Zu der Frage, was denn genau in diesem Prüfungsabschnitt verlangt wird, findet sich in Absatz 2 des § 10 der Verordnung erneut eine verschnörkelte Weiterverweisung. „Die Einzelheiten der Durchführung des Prüfungsfaches nach Absatz 1 Nr. 3 sind in einer jährlich zu überprüfenden Vereinbarung zwischen den veranstaltenden Vereinen oder deren Dachorganisation und der obersten Jagdbehörde zu regeln." Dass es hierbei um den Einsatz lebender Enten geht, lässt erst Absatz 3 jenes § 10 der Verordnung durchblicken, wenn es hier heißt: „Hunde, die einmal eine Prüfung mit einer lebenden Ente bestanden haben, dürfen kein weiteres Mal in diesem Fach geprüft werden."

Mit offenem Visier tritt dagegen das Landesjagdgesetz des Landes Nordrhein-Westfalen an; übrigens das einzige Bundesland, das sich für eine explizite gesetzliche Zulassung dieser Form der Jagdhundeausbildung entschieden hat: In § 30 Abs. 3 des dortigen Landesjagdgesetzes heißt es wörtlich:

> *„Wird an lebendem Wasserwild ausgebildet und geprüft, dürfen*
> *1.) flugfähige Stockenten eingesetzt werden und*
> *2.) kurzzeitig (maximal 15 Minuten) flugunfähige Stockenten."*

Es ist Variante 2, die vor allem Vertreter des Tierschutzes empört, von jagdlicher Seite dagegen vielfach als allein praxisgerechte Ausbildungsmethode zur Sicherung des jagdlichen Tierschutzes angesehen wird: nämlich der Einsatz einer vorübergehend flugunfähigen Ente zur Einübung eines Auffindens verletzt flüchtenden Wasserwildes.

Bewirkt wird die vorübergehende Flugunfähigkeit durch eine Papiermanschette, die um die Flügel der Enten gelegt wird und sich im Wasser nach maximal 15 Minuten auflöst. Nach dem Erfinder dieser Methode, dem früheren Trierer Biologen und Biogeografen Paul Müller, haben diese „Übungsenten" unter dem Begriff der „Müller-Enten" Eingang in Rechtsprechung und Literatur gefunden. Simuliert werden soll mit dem Einsatz der „Müller-Ente" eine durch Schrotkörner verletzte Ente, die sich in den Uferbereich des Gewässers geflüchtet hat. Dort soll sie von dem auszubildenden oder zu prüfenden Hund aufgefunden und verfolgt werden. Nach spätestens 15 Minuten erlangt die „Müller-Ente“ ihre Flugfähigkeit zurück. Das Abstreichen der Ente soll nach dem Ausbildungsplan durch einen Schrotschuss beendet und die erlegte Ente durch den Hund apportiert werden. Lernen soll der Hund, der Duftspur einer verletzten Ente im Wasser konsequent zu folgen und die durch den Schrotschuss des Jägers erlegte Ente zu seinem Hundeführer zu bringen. Allerdings gelingt in der Praxis einem Teil der Enten wohl tatsächlich die Flucht, sei es, dass sie sich geschickt im Ufergürtel verstecken oder aber den Schrotkugeln entgehen.

Dass diese Ausbildungsmethode nicht überall auf Gegenliebe stößt, kann kaum überraschen. Auch juristisch wirft die Frage der Vereinbarkeit dieser Form der Hundeausbildung und -prüfung mit dem Tierschutzgesetz schwierige Fragen auf. Denn § 3 Nr. 8 Tierschutzgesetz verbietet es, „*ein Tier auf ein anderes Tier zu hetzen, soweit dies nicht die Grundsätze weidgerechter Jagdausübung erfordern*“. Wie unter Juristen kaum anders zu erwarten, ist jeder einzelne dieser Begriffe heillos umstritten: Liegt überhaupt ein Fall der „Hetze“ vor? Wenn ja, ist die bloße „Ausbildung“ eines Hundes überhaupt „Jagdausübung“ im Sinne dieser Norm? Und „erfordern“ die Grundsätze der waidgerechten Jagdausübung diese Hetze?

Die Gerichte sind uneins

Wer geglaubt haben sollte, die deutschen Gerichte würden Ordnung und Linie in die turbulente Debatte bringen, sieht sich rasch eines Besseren belehrt. Zahlreiche Verwaltungsgerichte erkannten auf eine Verletzung des § 3 Nr. 8 Tierschutzgesetz, wodurch dieser Ausbildung in den betreffenden Ländern ein Riegel vorgeschoben wurde.[217] Pointiert äußerte sich vor allem der Hessische Verwaltungsgerichtshof, der ausführte, „*dass die Rechtfertigungsklausel des § 3 Nr. 8 TierSchG nicht dazu dienen kann, wegen des Zwecks der Ausbildung brauchbarer Jagdhunde, die den Grundsätzen weidgerechter Jagdausübung entspricht, Mittel einzusetzen, die selbst nicht den Grundsätzen weidgerechter Jagdausübung entsprechen.*“[218]

Mit gleichem Ergebnis, aber abweichender Begründung verneinte das OVG Koblenz in einer neueren Entscheidung[219] die durch § 3 Nr. 8 TierSchG geforderte „Erforderlichkeit“ der Ausbildung an der flugunfähig gemachten Ente. Denn zum einen sei eine entsprechende Befähigung keine verbindliche Voraussetzung für die Feststellung der Brauchbarkeit von Jagdhunden, zum anderen lägen keine gesicherten Erkenntnisse dahingehend vor, dass die Ausbildung tatsächlich den geforderten Ausbildungserfolg garantiere.

Allerdings finden sich in anderen Bundesländern auch gegenteilige Judikate.[220] So kam das Oberverwaltungsgericht Münster als höchstes Verwaltungsgericht in Nordrhein-Westfalen zu dem Ergebnis, dass die umstrittene Hundeausbildung von der Ausnahmeklausel des § 3 Nr. 8 TierSchG gedeckt und damit zulässig sei[221]: „*Der vom Kläger mit der Ausbildung unter anderem bezweckte Erfolg, den Jagdhund auf seine spätere Aufgabe in der Praxis, die Nachsuche von krank oder verendet ins Wasser gefallenem Wasserwild vorzubereiten*“, so das Gericht seinerzeit, „*kann zur Überzeugung des Senats nicht in gleicher Weise erreicht werden, wenn vom Einsatz lebender, flugunfähig gemachter Enten vollständig abgesehen wird.*“ Diese klare Positionierung des höchsten Landesverwaltungsgerichts erklärt denn auch, weshalb der nordrhein-westfälische Gesetzgeber ungeachtet der insgesamt doch recht breiten Front kritischer Entscheidungen in anderen Bundesländern an der umstrittenen Hundeausbildung „hinter der Ente“ bis heute festgehalten hat.

Doch käme das Oberverwaltungsgericht Münster heute noch zu demselben Ergebnis wie im Jahre 1998? Die Frage ist delikat und in der Sache schwer zu beantworten. Gleichwohl gibt es ein starkes, in der bisherigen Diskussion weitgehend unbeachtet gebliebenes juristisches Argument dafür, dass die nordrhein-westfälische Sonderregelung im Ergebnis Bestand haben könnte. Wir hatten es in einem ganz anderen Kontext bereits erwähnt, als es nämlich um die Frage ging, ob die jagdliche Erlegung von Wild tierschutzgesetzlich durch einen „vernünftigen Grund" gerechtfertigt werden muss. Dort hatten wir festgestellt, dass unsere Verfassung die Kompetenzbereiche des Tierschutzes (Art. 74 Abs. 1 Nr. 20 GG) und der Jagd (Art. 74 Abs. 1 Nr. 28 GG) thematisch strikt voneinander getrennt und unterschiedlichen Normgebern zugewiesen hat. Folgerichtig richtete sich die Zulässigkeit der jagdlichen Erlegung von Wildtieren alleine nach den jagdrechtlichen Regelungen, ohne dass parallel die Regelungen des Tierschutzgesetzes zum Zuge kämen.

Genau dieser Gedanke gewinnt auch hier Bedeutung, denn die Regelung der Ausbildung von Jagdhunden ist zweifelsfrei Sache des Jagdgesetzgebers, damit also auch der Landesgesetzgebung. Dagegen fehlt es dem Tierschutzgesetzgeber schon verfassungsrechtlich an einer Regelungszuständigkeit für Fragen der Jagdhundeausbildung. Vor diesem Hintergrund gewinnt der Vorbehalt des § 3 Nr. 8 TierSchG, der Hetzen ausnimmt, die durch die Grundsätze der waidgerechten Jagdausübung gefordert sind, eine ganz andere Bedeutung: Er sichert insoweit die Eigenständigkeit der Jagdgesetzgebung, deren Regelungsentscheidungen durch das Tierschutzgesetz hinzunehmen sind.

Aus dieser gewiss komplizierten Systematik folgt ein recht einfacher Schluss: nämlich der, dass die Klärung der Rechtmäßigkeit der umstrittenen Ausbildungsmethode allein im Jagdrecht gesucht und gefunden werden muss. Dieses mag dabei im Lichte des verfassungsrechtlichen Staatsziels Tierschutz auszulegen sein, nicht aber nach Maßgabe der Bestimmungen des Tierschutzgesetzes. Die konkreten Folgen dieses Ansatzes sind daher für jedes Land gesondert zu ermitteln. Für das Land Nordrhein-Westfalen, in dem der Jagdgesetzgeber die Hundeausbildung hinter der Ente explizit gestattet und damit inzident in sein Verständnis von Waidgerechtigkeit aufgenommen hat, spricht dies für die Rechtmäßigkeit der dortigen Regelung. Insbesondere dürfte es schwerfallen, aus dem Staatsziel Tierschutz in Art. 20a GG unmittelbar auf die Verfassungswidrigkeit des Gesetzes zu folgern.

Weniger eindeutig bleibt die Lage dagegen in den Bundesländern, die keine gesetzliche Regelung getroffen haben. Hier wird dann insbesondere die von einigen Gerichten bereits aufgeworfene Frage zu klären sein, ob die Hundeausbildung hinter der Ente, die nach den Jagdgesetzen Teil der Jagdausübung ist, womöglich ihrerseits den Grundsätzen der Waidgerechtigkeit widerspricht. Eine gesicherte Antwort auf diese Frage lässt sich derzeit nicht geben. Aber auch das ist eine Antwort. Denn dies heißt im Ergebnis, dass die Hundeausbildung hinter der lebenden Ente ohne gesonderte Regelung rechtlich auf unsicherem Fundament steht.

Verantwortung der Jägerschaft

Aber natürlich geht es nicht allein um juristische Bewertungen. Allen voran ist die Jägerschaft selbst gefordert, eine ehrliche Debatte nach innen und außen darüber zu führen, ob die Verursachung von Tierleid zu Ausbildungszwecken wirklich unabdingbar ist. Und sicherlich steckt diese Debatte eher in ihren Anfängen. Die zu leistende Klärungsarbeit erfordert zumal die vom OVG Koblenz angemahnte Evaluation, ob und inwieweit die umstrittene Ausbildungsmethode das angestrebte Ziel am Ende überhaupt erreicht.

Die fachwissenschaftlichen Befunde hierzu sind – im Gegensatz zu dem politischen Wirbel um die Hundeausbildung – eher gering. Immerhin deutet eine neuere, vom jägernahen Stifterverband für Jagdwissenschaften e. V. durchgeführte Untersuchung darauf hin, dass sich bei den ausgebildeten Hunden durchaus Lernerfolge einstellen. Auch wurden im Rahmen dieser Untersuchung Messungen des Stresspegels der eingesetzten Enten vorgenommen, denen zufolge die maßgeblichen Corticosteronwerte der Übungsenten zur Zeit der Verfolgung durch den Hund kaum höher waren, als es bei anderen schreckhaften Störungen am Ententeich der Fall ist. Bemerkenswert – und angesichts des sich bei so manchem Leser einstellenden Grauens auch bemerkenswert offen – ist auch die Aussage, dass der Stresspegel bei Übungsenten, die lebend vom Hund gepackt wurden, nicht etwa anstieg, sondern sogar absank.[222]

Nun kann besagte Studie, an der gerade einmal 43 Hunde teilnahmen, gewiss nicht als repräsentativ bewertet werden. Immerhin zeigt sie auf, dass entscheidende Fragen zur fachlichen Bewertung der Problematik weiterer Klärung bedürfen.

Bei allem Unbehagen über die aktuelle Situation ist auch zu konstatieren, dass es Gegnern des überkommenden Ausbildungssystems bislang nicht gelungen ist, überzeugende Alternativen darzustellen. Dies gilt insbesondere für die in einigen Bundesländern geltende beschränkende Vorgabe, nur flugfähige Enten zu Übungszwecken einzusetzen: Dass die Verfolgung einer verletzten Ente auf dem Wasser mit einer sogleich davonfliegenden gesunden Ente nicht verlässlich eingeübt werden kann, erscheint recht naheliegend. Bliebe noch die gelegentlich praktizierte Variante, anstelle der lebenden Ente auf eine tote Ente zurückzugreifen. Freilich gilt hier ebenso wie im Falle des zu apportierenden toten Fuchses, dass die Brauchbarkeit des Hundes gerade dem Auffinden verletzten Wildes dient, nicht der Erleichterung des Einsammelns der erlegten Jagdbeute. Die Verwendung toter Enten gleicht daher einer Ausbildung am untauglichen Objekt.

Was aber wird sein, wenn die Hundeausbildung hinter der lebenden Ente ihr Ende findet? Düstere Prophezeiungen gehen davon aus, dass das Ende dieser Ausbildungsmethode mit dem Ende brauchbarer Jagdhunde bezahlt werden müsse. Doch ist diese Sicht nicht allzu pessimistisch? Wieso sollten sich im digitalen Zeitalter nicht alsbald technische Lösungen am Horizont abzeichnen, um die „Spur der

‚kranken' Ente", von der euphemistisch in § 10 Nr. 3 der brandenburgischen Jagdhundebrauchbarkeitsverordnung von 2005 die Rede ist, mit anderen Mitteln als einer künstlich flugunfähig gemachten lebenden Ente auf die Wasseroberfläche eines Ententeichs zu platzieren. Hieran hart zu arbeiten wäre gewiss aller Mühen wert.

Dort aber, wo die umstrittene Ausbildung derzeit noch praktiziert werden darf, sollte eines klar sein: dass nämlich der Einsatz lebender Enten zu vorbeschriebenen Ausbildungszwecken nur für solche Hunde in Betracht kommen kann, denen erwartbar ein späterer Einsatz bei der Wasserjagd bevorsteht. Allein für diese Hunde lässt sich vielleicht für eine Übergangszeit noch plausibel machen, dass ihre Ausbildung hinter der lebenden Ente wirklich erforderlich ist. Die Hundeausbildung und -prüfung hinter der lebenden Ente als bloßer Zeitvertreib stolzer Hundeführer oder als Eintrittskarte für die Zulassung zur Hundezucht sind dagegen mit den Grundsätzen des jagdlichen Tierschutzes, die das Gesetz Waidgerechtigkeit nennt, nicht zu vereinbaren und sollten konsequent unterbunden werden.

DER JÄGER UND SEINE WAFFEN

Ein sensibles Thema, das neben der jagdlichen Ordnung auch die Sicherheit und Ordnung im Allgemeinen berührt, ist die Regulierung des Waffenbesitzes. Mit durchaus nachvollziehbarer Skepsis schaut man hierzulande auf die Vereinigten Staaten von Amerika und deren aus dem 18. Jahrhundert stammende Garantie des Waffenbesitzes im zweiten Zusatzartikel der Verfassung.

Waffenbesitz als Grundrecht? Dies scheint vielen in unserem Land undenkbar. Und doch: Auch die deutsche Verfassung umfasst mit dem vom Bundesverfassungsgericht anerkannten Grundrecht auf „allgemeine Handlungsfreiheit" nach Art. 2 Abs. 1 GG das Recht zum

Waffenerwerb. Nur selten freilich wagen es deutsche Gerichte, dies offen beim Namen zu nennen.[223] Soweit speziell Jagdwaffen zur Ausübung des eigentumsrechtlich geschützten Jagdrechts erforderlich sind, werden deren Erwerb, Besitz und Verwendung sogar eigentumsrechtlich gewährleistet.

Das deutsche Recht und der Zugang zu Waffen

Ungeachtet dieser Ausgangslage sind die deutschen und die US-amerikanischen Gerichte im Umgang mit den jeweiligen Grundrechten sehr unterschiedliche Wege gegangen. Auf der einen Seite sehen wir die US-Gerichte, die dem Zweiten Zusatzartikel größtmögliche Geltung einräumen. Auf der anderen Seite steht das deutsche Bundesverfassungsgericht, das die weite Einschränkbarkeit des deutschen Grundrechts auf allgemeine Handlungsfreiheit und die verfassungsrechtliche Pflicht des Staates zum Schutz der Bürger betont. Hiernach enthält vor allem das Grundrecht auf Leben und Gesundheit gemäß Art. 2 Abs. 2 des deutschen Grundgesetzes einen Handlungsauftrag an den Gesetzgeber, jedenfalls ein Mindestmaß an Schutz gegenüber möglichen Missbrauchsgefahren aufseiten des privaten Waffenbesitzes sicherzustellen. Es sind eben doch auch Gewohnheiten und Mentalitäten, die das jeweilige Grundrechtsverständnis mitprägen.

Vor allem eine politische Entscheidung bleibt es allerdings, mit welchen Maßnahmen und in welchem Umfang der legale Waffenbesitz reguliert werden soll. Über den von Verfassung wegen geforderten Mindestschutz geht das deutsche Waffenrecht schon lange weit hinaus. Dies sieht auch das höchste deutsche Gericht so. Mehrere Verfassungsbeschwerden, die im Nachgang zu dem sogenannten „Amoklauf von Winnenden“ im März des Jahres 2009 ein zu laxes Waffengesetz in Deutschland gerügt hatten, nahm das Bundesverfassungsgericht denn auch gar nicht erst zur Entscheidung an.[224]

In der Tat ist das Ausmaß der Regulierung beachtlich, angefangen von strengen Bedürfnisprüfungen bis hin zu regelmäßigen Abfragen bei den Verfassungsschutzbehörden.

Natürlich: Die Gesellschaft gewährt den legalen Waffenbesitzern mit der Erlaubnis zum Waffenbesitz einen hohen Vertrauensvorschuss. Sie darf ohne Zweifel erwarten, dass sich diese Waffenbesitzer uneingeschränkt an die bestehenden Gesetze halten. Auf der anderen Seite muss aber auch klar sein, dass diejenigen, die etwa als Jäger berechtigterweise Waffen besitzen, nichts anderes tun, als ihre Grundrechte auszuüben, und vom Gesetzgeber deswegen nicht mit dem Generalverdacht eines potenziellen Rechtsbrechers belegt werden dürfen. Nicht immer klingt dies in den oft hektischen politischen Debatten deutlich genug durch.

Die im Dunkeln sieht man nicht ...

Das deutsche Waffenrecht gilt wohl mit Recht als eines der schärfsten der Welt. Das aber ist nur die halbe Wahrheit: Mit den waffenrechtlichen Regelungen nämlich wird naturgemäß nur der legale Waffenbesitz erreicht. Im Dunkeln aber führt der um ein Mehrfaches höhere illegale Waffenbesitz längst ein bedrohliches Eigenleben in unserem Lande, fernab von Gesetz und Recht. In Zahlen gerechnet stehen den behördlich registrierten 5,5 Millionen legalen Waffen, zu denen auch erlaubnispflichtige Waffenteile wie Schalldämpfer sowie bestimmte Luftdruck- oder Schreckschusswaffen gezählt werden, dabei schätzungsweise mehr als 20 Millionen illegale Waffen gegenüber, die regelmäßig in den Händen wenig rechtstreuer Bürger liegen.

Angesichts dieses massiven Überhangs des illegalen Waffenbesitzes kann es nicht verwundern, dass die gebetsmühlenartig fortdauernden Debatten um weitere Verschärfungen des Waffenrechts längst nicht mehr jedermann überzeugen. Diese Skepsis wird gewiss nicht gemindert, wenn die offizielle polizeiliche Kriminalstatistik (PKS) zur Anzahl von Straftaten unter Verwendung von Waffen seit gut 20 Jahren „weder zwischen erlaubnispflichtigen und erlaubnisfreien Waffen (differenziert), noch ob es sich um eine legale oder illegale Schusswaffe handelt“[225].

Warum erfolgt diese für staatliche Eingriffe in die Rechte der Bürger hochbedeutsame Differenzierung eigentlich nicht? Schließlich geht es ja auch um die Frage der Verhältnismäßigkeit der immer intensiveren Regulierung des legalen Waffenbesitzes. Schlagen die Zahlen womöglich zu eindeutig in Richtung des illegalen Waffenbesitzes aus, sodass sie den Nutzen der fortdauernden Verschärfungen des legalen Waffenbesitzes infrage stellen könnten? Immerhin lag der Anteil der legalen erlaubnispflichtigen Waffen an den erfassten Straftaten unter Verwendung der zwischen legalen und illegalen Waffen differenzierenden Kriminalstatistik aus dem Jahre 2002 bei gerade einmal 2,6 %. In mehr als 97 % der Fälle handelte es sich dagegen um illegale oder erlaubnisfreie Waffen wie Gas- und Schreckschusswaffen.[226] Süffisant wurde denn auch die wenig überraschende Forderung der Bundesinnenministerin nach einer Verschärfung des Waffenrechts anlässlich eines Schlages gegen die Reichsbürgerszene im Dezember 2022 mit den Worten kommentiert: *„Wer es nicht schafft, 20 Millionen illegaler Waffen, darunter auch jede Menge Kriegswaffen, in den Griff zu bekommen respektive aus dem Verkehr zu ziehen, dessen kleinstes Problem sollten Jäger, Sportschützen und Reservisten sein.“*[227]

In dieses Bild einer von Aktionismus geprägten Waffenrechtspolitik passt es, wenn bei der Neuregelung waffenrechtlicher Regelanfragen bei den Verfassungsschutzbehörden übersehen wurde, dass es den Verfassungsschutzbehörden in zehn von 16 Ländern untersagt war, die maßgeblichen Erkenntnisse über die Zugehörigkeit eines Waffenbesitzers etwa zur Reichsbürgerszene an die Waffenbehörden weiterzuleiten.[228]

Und selbst die jüngste waffenrechtliche Debatte nach dem furchtbaren Amoklauf von Hamburg im März 2023 konnte nur mühsam überdecken, dass die vielen lauten Forderungen nach einer psychologischen Begutachtung von auffälligen Waffenbesitzern vor allem Unkenntnis des geltenden Rechts offenbarten, das diese Option längst bereithält. Wird ein von den Behörden eingefordertes Gutachten nicht vorgelegt, dürfen die Behörden nach den einschlägigen Regelungen der Allgemeinen Waffengesetz-Verordnung auf eine Nichteignung des Betroffenen schließen und etwaige Erlaubnisse entziehen.

Gesetzliche Regelungen helfen aber leider wenig, wenn die Verfahrensabläufe in den zuständigen Behörden so schwerfällig sind, dass selbst im Internet offen manifestierte Auffälligkeiten ohne die notwendige Reaktion bleiben und insbesondere auf die Einschaltung von psychologischer Experten verzichtet wird.[229] Und natürlich haben diejenigen Recht, die darauf hinweisen, dass eine Stärkung des Gesetzesvollzugs und insbesondere die Stärkung des Vorgehens gegen den illegalen Waffenbesitz den Schutzinteressen der Bürger bei Weitem mehr dienen würde als das fortdauernde Hochschrauben gesetzlicher Vorgaben für den legalen Waffenbesitz, zu deren Durchsetzung am Ende die personellen Ressourcen fehlen.

Anlasslose Kontrollen: verfassungsrechtliche Grauzone

Festzustellen ist zudem, dass der Gesetzgeber mit den Verschärfungen des Waffenrechts vermehrt die verfassungsrechtlichen Grenzen austestet. Dies begann mit der im Jahre 2009 im Waffengesetz neu verankerten Befugnis der Waffenbehörde, jederzeit anlasslos und unangemeldet die ordnungsgemäße Waffenverwahrung auch in den Privatwohnungen von Waffenbesitzern kontrollieren zu dürfen. Nach der verschnörkelten Ermächtigungsnorm des § 36 Abs. 3 Satz 2 Waffengesetz haben Waffenbesitzer der zuständigen Behörde seither Zutritt zu den Räumen zu gestatten, in denen die Waffen und die Munition aufbewahrt werden. Zugleich erlaubt das Gesetz ein Betreten der Wohnung gegen den Willen des Wohnungsinhabers nur zur Verhütung dringender Gefahren für die öffentliche Sicherheit, also nicht bereits dann, wenn der Waffenbesitzer den Zutritt zu den Räumen verweigert.

Was auf den ersten Blick widersinnig erscheint, macht auf den zweiten Blick durchaus Sinn. Angesichts der Verfassungsgarantie der Wohnungsfreiheit, die Eingriffe nur zur Verhütung dringender Gefahren für die öffentliche Sicherheit zulässt, hatte der Gesetzgeber berechtigte Bedenken, ob die Behörden zum Zwecke anlassloser Kontrollen jederzeit gegen den Willen des Wohnungseigentümers in Wohnungen eindringen dürfen. Die Lösung sah er darin, dass kontrollierende Beamte die Wohnräume des Waffenbesitzers stets nur mit dessen Einverständnis betreten dürfen. Verweigert der Wohnungsinhaber dieses Einverständnis, findet das Betreten nicht statt. Dann allerdings wird die Behörde den Widerruf erteilter waffenrechtlicher Erlaubnisse prüfen.

Was auf den ersten Blick als elegante Lösung erscheint, entpuppt sich bei genauerem Hinsehen freilich als Scheinlösung. Indem nämlich das Gesetz die Waffenbesitzer verpflichtet, den Zutritt zur Wohnung zu gewähren, stellt die Einlassverweigerung bei allgemeinen Kontrollen für ihn gar keine legale Handlungsoption dar. Die vielleicht faktisch bestehende Möglichkeit, dieser Rechtspflicht durch Rechtsbruch auszuweichen, lässt sich aber kaum als Argument gegen einen staatlichen Eingriff in die Wohnungsfreiheit nach Art. 13 GG in Stellung bringen.

Zum Vergleich: Niemand käme auf die Idee, die Pflicht der Bürger zur Zahlung von Steuern als „eingriffsneutral" zu betrachten, nur weil man sich der Zahlungspflicht durch rechtswidrige Steuerverkürzung entziehen könne. Und wie sollte man die Unverletzlichkeit der Wohnung mehr beschneiden als durch die Verpflichtung des Wohnungsinhabers, staatlichen Vollzugsbeamten jederzeit anlasslos und unangemeldet Einlass gewähren zu müssen?

Anerkennt man aber, dass mit der anlasslosen Nachschaubefugnis in das Grundrecht der Wohnungsfreiheit eingegriffen wird, wird es „eng“ für die waffengesetzliche Kontrollermächtigung. Ist es wirklich verhältnismäßig, wenn rechtstreue Bürger, die von ihrem Grundrecht auf Waffenbesitz Gebrauch machen, jederzeit Polizeibeamte in ihre Wohnung lassen müssen? Greift die von unserer Verfassung geforderte Rechtfertigung der Wohnungskontrollen mit dem Ziel der „Verhütung dringender Gefahren für die öffentliche Sicherheit und Ordnung“, wenn rechtstreue Bürger gar keinen Anlass zu Zweifeln gegeben haben? Und hat der Gesetzgeber eigentlich – wie es das Grundgesetz in Art. 19 Abs. 1 Satz 2 GG verlangt – offengelegt, dass anlasslose Kontrollen einen Eingriff in das Grundrecht der Wohnungsfreiheit enthalten?

Wer sich die Regelung in § 36 Abs. 3 S. 2 des Waffengesetzes näher anschaut, den werden Zweifel beschleichen: Explizit anerkennt die Norm allein das in Satz 3 gesondert geregelte Eindringen in die Wohnung gegen den Willen des Waffenbesitzers als Eingriff, nicht aber die anlasslosen Kontrollen selbst. Diese Regelungstechnik macht aus Sicht des Gesetzgebers durchaus Sinn, da er – wie wir gesehen haben – anlasslose Waffenkontrolle zu Unrecht gar nicht als Eingriff in die Wohnungsfreiheit eingeordnet hatte.

Angesichts dieser Auffälligkeit spricht nach der reinen Verfassungslehre recht viel für die Verfassungswidrigkeit der gesetzlichen Kontrollermächtigung.[230] Anders sehen dies freilich die deutschen Verwaltungsgerichte. Und natürlich sind die Waffenbesitzer gut beraten, diese Praxis zu berücksichtigen.

Neue „Normalität“: Jäger unter Beobachtung der Geheimdienste

Ein weiteres Beispiel für den rigiden Umgang des Gesetzgebers mit legalen Waffenbesitzern bildet die seit Februar 2020 vorgesehene verdachtsunabhängige Regelanfrage der Waffenbehörden bei den zuständigen Landesverfassungsschutzbehörden. Ziel der Datenabfrage ist es, proaktiv etwaige Unzuverlässigkeitsgründe im Hinblick auf die Verfolgung verfassungsfeindlicher Bestrebungen durch Waffenbesitzer zu eruieren.

Auch diese Maßnahme stellt angesichts der „Streubreite" anlassloser Maßnahmen einen gravierenden Grundrechtseingriff dar, hier in das Grundrecht der informationellen Selbstbestimmung. Insofern stellt sich die Frage der Verhältnismäßigkeit dieser Regelung, die alles andere als eindeutig erscheint. Dies gilt umso mehr, als auch der Informations-„Upload" vonseiten der Nachrichtendienste hin zu den Waffenbehörden hohen verfassungsrechtlichen Anforderungen unterliegt.[231] Es spricht für sich, wenn die Wissenschaftlichen Dienste des Deutschen Bundestages in ihrer gutachterlichen Bewertung dieser Bestimmung zu dem Ergebnis kamen, dass sich *„letztlich nicht beurteilen (lässt), ob solche Regelungen der Überprüfung (scil.: durch das Bundesverfassungsgericht, d. V.) standhalten würden"*.[232]

Auch unter rechtsstaatlichen Aspekten erscheint es wenig befriedigend, dass sich der konventionelle Behördenbetrieb gegenüber legalen Waffenbesitzern routinemäßig geheimdienstlich generierter Informationen bedient. Schließlich gilt nicht umsonst gerade auch zwischen den Geheimdiensten und den Polizeibehörden ein sogar verfassungsrechtlich imprägniertes Trennungsprinzip. Die Idee dahinter: „*Wer (fast) alles weiß, soll nicht alles dürfen; wer (fast) alles darf, soll nicht alles wissen.*"[233] Insofern sollte ein Rückgriff auf Geheimdienstinformationen immer nur Ultima Ratio sein, aber kein normales Handlungsinstrumentarium gegenüber normalen Bürgern.

Noch brisanter wird das Thema, wenn man sich vor Augen führt, dass die Informationserhebung und Datenspeicherung durch die Verfassungsschutzbehörden in Teilen anderen Maßstäben folgt als die Zuverlässigkeitsprüfung durch die Waffenbehörden.[234] Dies gilt etwa dort, wo es um die Frage einer Unzuverlässigkeit aufgrund eigener verfassungsfeindlicher Bestrebungen gem. § 5 Abs. 2 Nr. 3 lit. a / aa Waffengesetz geht. Während nämlich die waffenrechtliche Unzuverlässigkeitsvermutung voraussetzt, dass „*Tatsachen die Annahme rechtfertigen*", die betroffene Person verfolge oder habe Bestrebungen verfolgt, die gegen die verfassungsmäßige Ordnung gerichtet sind, orientiert sich die Arbeit der Verfassungsschutzbehörden nach dem Verfassungsschutzgesetz des Landes NRW daran, ob „*tatsächliche Anhaltspunkte für den Verdacht*" von verfassungsfeindlichen Bestrebungen und Tätigkeiten vorliegen.

Was zunächst wie juristische Haarspalterei anmuten mag, stellt bei genauerem Hinsehen ein gravierendes Problem dar. Es bedeutet nämlich nichts anderes, als dass die von den Verfassungsschutzbehörden übermittelten Daten für sich genommen gar keine klare Zuverlässigkeitsbewertung durch die Waffenbehörden ermöglichen.[235] Es bedürfte vielmehr einer eigenständigen Nachbewertung durch die Waffenbehörden, die diese nur schwer durchzuführen imstande sind. Auch dies ein rechtsstaatlich bedenklicher Zustand!

Waffenrechtliche Unzuverlässigkeit wegen Parteimitgliedschaft

Eine aktuelle brisante Facette der deutschen Waffenrechtsregulierung stellt schließlich die ebenfalls im Jahre 2020[236] neu ins Waffengesetz aufgenommene Unzuverlässigkeitsregelung des § 5 Abs. 2 Nr. 3 lit. b WaffG dar. Nach dieser Bestimmung gilt eine Regelvermutung der waffenrechtlichen Unzuverlässigkeit unter anderem für Personen,

> „*bei denen Tatsachen die Annahme rechtfertigen, dass sie in den letzten fünf Jahren (…) Mitglied in einer Vereinigung waren, die solche (scil: gegen die verfassungsmäßige Ordnung gerichtete) Bestrebungen verfolgt oder verfolgt hat*".

Anders als bei der Vorgängerregelung, die auf verfassungsfeindliche Aktivitäten des Erlaubnisinhabers abgestellt hatte, erzwingt jetzt bereits die Annahme einer Mitgliedschaft in solchen Vereinigungen, zu denen auch politische Parteien zählen, regelmäßig den Widerruf erteilter waffenrechtlicher Erlaubnisse. Zwar muss diese Annahme auf hinreichend tragfähige Tatsachen gegründet, tatsächlich nachgewiesen sein muss die Mitgliedschaft nach Wortlaut und Zweck der Bestimmung aber nicht. Letztlich reicht hier ein begründeter Verdacht der Mitgliedschaft.

Von zahlreichen deutschen Verwaltungsgerichten wird der Wortlaut der Norm sogar noch weiter ausgedehnt; nämlich dahingehend, dass die herabgesetzte Eingriffsschwelle des begründeten Verdachts nicht allein für die Frage der Mitgliedschaft gelte, sondern auch für die Frage, ob die Vereinigung tatsächlich verfassungsfeindliche Bestrebungen verfolgt oder nicht.[237] Zu deren Beurteilung könne auf die Verdachtseinschätzungen der Landesverfassungsschutzämter zurückgegriffen werden.

Die Verfassungsmäßigkeit eben dieser Auslegung des Waffenrechts wird derzeit höchst kontrovers diskutiert. Hierbei geht es nicht zuletzt um den besonderen verfassungsrechtlichen Schutzstatus der politischen Parteien, das sogenannte Parteienprivileg nach Art. 21 GG. Dieses Parteienprivileg besagt, dass ausschließlich das Bundesverfassungsgericht verbindlich über die Verfassungswidrigkeit einer Partei entscheiden kann.

Im Ergebnis verneinen die deutschen Verwaltungsgerichte mit guten Gründen einen direkten Konflikt der waffenrechtlichen Zuverlässigkeitsregelung mit dem grundgesetzlichen Parteienprivileg.[238] Schließlich geht es beim Waffenrecht um Gefahrenprävention und nicht um den Status der Parteien.

Dass indes waffenrechtliche Sanktionsfolgen für die Mitgliedschaft in einer Partei, wie das OVG Bautzen unlängst annahm[239], für die

Wettbewerbsfähigkeit von politischen Parteien gänzlich irrelevant seien, dürfte eine eher kühne These sein. Deutlich lebensnäher hält der Bayerische Verwaltungsgerichtshof entgegen: „*Die Aussicht auf Nichterteilung oder Widerruf bzw. Rücknahme einer waffenrechtlichen Erlaubnis dürfte bei einem Teil der Anhänger einer betroffenen Partei dazu führen, von Aktivitäten für diese Partei abzusehen.*“[240] Geht es aber mittelbar doch um den demokratischen Wettbewerb der Parteien, wird man bloße Vermutungen kaum für hinreichend halten können, um derart schwerwiegende Folgen für den Parteienwettbewerb auszulösen.

Bestätigt wird diese Einschätzung, wenn man den Blick auf die potenziell betroffenen Waffenbesitzer richtet. Ließe man nämlich den bloßen Verdacht verfassungsfeindlicher Bestrebungen einer Partei ausreichen, wäre für Waffenbesitzer kaum mehr abschätzbar, wann und wo ihnen durch ein politisches Engagement waffenrechtliche Nachteile drohen. Insofern erscheint die gerichtlich überprüfbare Feststellung der Verfassungsfeindlichkeit einer Partei durch die zuständigen Verfassungsschutzämter unabdingbare Voraussetzung, um die Regelvermutung der Unzuverlässigkeit eines Parteimitglieds zu rechtfertigen.[241]

Kultur des Misstrauens: Schutz vor dem Zugriff des Berechtigten

Diese wenigen Beispiele zeigen nur zu deutlich die Probleme einer immer schärferen Waffenrechtsregulierung, die ihr Hauptaugenmerk auf den legalen Waffenbesitz richtet, nicht aber auf das eigentliche Problemfeld des illegalen Waffenbesitzes. Zugleich machen die aufgeführten Beispiele deutlich, dass das deutsche Waffenrecht für die rechtstreuen Bürger zu einem nur noch schwer durchdringlichen Dschungel an Verhaltenspflichten geworden ist.

Nicht von ungefähr treiben die in schöner Regelmäßigkeit angekündigten weiteren Verschärfungen des Waffenrechts die buntesten

Blüten. Etwa die vor einigen Jahren eingeführte Verpflichtung von Waffenbesitzern, die Futterale ihrer Waffen im Falle des Transports durch zusätzliche Vorhängeschlösser vor dem eigenen (!) schnellen Zugriff abzuschirmen.[242] Als wenn ein legaler Waffenbesitzer, der ausgerechnet unter Verwendung einer legalen Waffe Böses im Schilde führte, pflichtschuldigst vor dem Start der Autofahrt ein Zahlenschloss an der Waffentasche anbrächte, um sie dann unmittelbar vor der geplanten Untat durch hektisches Drehen der Zahlenkombination zu öffnen.

Bizarr ist diese Regelung auch deshalb, weil demselben Waffenbesitzer das sogenannte „Führen" einer Waffe und damit der zugriffsbereite Transport der Waffen ohne Weiteres gestattet ist, wenn er sich als Jäger auf dem Weg in sein Jagdrevier befindet. Nach § 13 Abs. 6 Satz 1 Hs. 2 WaffG ist ihm das Führen der Waffe „zur befugten Jagdausübung" und – in nicht schussbereitem Zustand – auch „im Zusammenhang mit diesen Tätigkeiten" ohne behördliche Erlaubnis gestattet, vor allem auch auf dem Hin- und Rückweg. Dies selbst dann, wenn dieser Weg um ein Mehrfaches weiter ist als der gesetzlich nicht privilegierte Weg etwa zum Büchsenmacher oder zum Schießstand.

Gesetze, die in sich widersprüchlich sind und deren Sinn niemand verstehen kann, fördern gewiss nicht den Gesetzesgehorsam und kriminalisieren am Ende unbescholtene Bürger.

Hinzu kommen gravierende Unsicherheiten in der Auslegung waffenrechtlicher Normen wie des genannten § 13 Abs. 6 Satz 1 WaffG zum privilegierten Führen von Waffen. Wann genau steht das Führen der Waffen noch „im Zusammenhang" mit der jagdlichen Tätigkeit? Ist ein solcher Zusammenhang etwa noch gegeben, wenn ein Jäger auf dem Rückweg von seinem Revier an einer Tankstelle tankt oder Brötchen einkauft? Und wie lang darf ein möglicher (Um-)Weg zur Tankstelle sein, ohne dass die Waffe in einem Futteral mit gesondertem Vorhängeschloss gesichert werden muss?

Was nach juristischer Spitzfindigkeit klingt, sind in Wahrheit genau die Probleme, die derartige Regelungen im Alltag schaffen. Und wehe dem Waffenbesitzer, der die waffenrechtlichen Vorgaben an dieser Stelle missversteht. Wegen der massiven strafrechtlichen Flankierung der waffenrechtlichen Regelungen wird er nicht nur mit dem Verlust seiner waffen- und jagdrechtlichen Erlaubnisse rechnen müssen, sondern zusätzlich mit der Einleitung eines staatsanwaltschaftlichen Ermittlungsverfahrens. Dabei liegt der strafrechtliche Sanktionsrahmen für ein Überschreiten des jagdlichen Zusammenhangs und damit ein ungenehmigtes Führen der Jagdwaffe bei bis zu fünf Jahren Haft.

Längst aber haben sich alle Beteiligten an die deutsche Misstrauenskultur im Umgang mit legalen Waffenbesitzern gewöhnt. Fast unvorstellbar, dass unmittelbar hinter der deutschen Grenze mitunter völlig andere Vorstellungen herrschen: etwa in der Schweiz, wo jeder Bürger z. B. einschüssige Gewehre erlaubnisfrei erwerben oder nach Ableistung des Armeedienstes sein Sturmgewehr mit nach Hause nehmen kann. Noch unglaublicher: Nach dem „Global Peace Index" rangiert die Schweiz im Ranking der sichersten Länder der Welt auch noch vor der Bundesrepublik Deutschland. Viel spricht dafür, dass die immer strengere Regulierung des legalen Waffenbesitzes eben doch nicht der entscheidende Schlüssel zu mehr Sicherheit in unserem Lande ist.

Das Verhältnis der Deutschen zu Waffen – gar nicht so klar

Ohnehin ist das Verhältnis der Deutschen zu Waffen von einer bemerkenswerten Ambivalenz geprägt. Einerseits gehören Debatten darüber, ob ein als Cowboy verkleidetes kleines Kind im Fasching eine Spielzeugpistole tragen dürfe, längst zur Normalität nicht nur in den deutschen Kindergärten. Und die kürzlich erfolgte Entscheidung unseres Nachbarlandes Polen, das Fach „Sicherheitsausbildung" inklusive integriertes Schießtraining als Pflichtfach für alle Schüler der 8. und 9. Klasse (wieder) einzuführen, wurde hierzulande mit allgemeiner Skepsis, wenn nicht gar mit Verwunderung registriert. Andererseits hat die stille Aufrüstung weiter Teile der Bevölkerung insbesondere mit Gas- und Schreckschusswaffen, aber auch mit nicht minder harmlosen Messern, längst dramatische Ausmaße angenommen.

Seit Jahren schon ächzen die Waffenbehörden unter der Flut von Anträgen für sogenannte „kleine Waffenscheine", die nach den geltenden Bestimmungen des Waffengesetzes nicht etwa für den Erwerb erforderlich sind, sondern das jederzeitige zugriffsbereite Führen (!) eben solcher Waffen im öffentlichen Raum legalisieren. Dass der dramatischen Aufrüstung der Privathaushalte mit Gas- und Schreckschusswaffen waffenrechtlich nahezu keine Grenzen gezogen sind, setzt ein deutliches Fragezeichen nicht zuletzt hinter die angeblich so strenge deutsche Waffenpolitik. Dies gilt zumal mit Blick darauf, dass nach den Feststellungen der letzten differenzierenden Kriminalstatistik des BKA aus dem Jahre 2002 Gas-, Schreckschuss- und Luftdruckwaffen mit einem Anteil von 52,4 % an den registrierten Straftaten unter Verwendung mit Waffen beteiligt waren.[243]

Ungeachtet dieser Daten und ungeachtet des hohen Gefährdungspotenzials von Gas- und Schreckschusswaffen wurden im Jahre 2021 mehr als 700 000 sogenannte kleine Waffenscheine erteilt. Geschätzt etwa 16 Millionen Menschen sind in Deutschland im Besitz von Schreckschuss- und Reizstoffwaffen.[244] Daran ändert auch nichts, dass der Koalitionsvertrag von 2021 das Erfordernis eines kleinen Waffenscheines künftig bereits für den Erwerb solcher Waffen vorsehen will[245] – übrigens mit erheblicher zeitlicher Rückwirkung für den bereits bestehenden Besitz solcher Waffen. Ohne eine materielle Begrenzung des Zugangs zu den Waffen nämlich wird diese Maßnahme letztlich nur eines bringen: jede Menge neuer Bürokratie, die dann erneut personelle Ressourcen für den Vollzug wichtigerer Regelungen blockiert.

Noch bescheidener sind die gesetzlichen Vorgaben für das Führen von Messern im öffentlichen Bereich; und das in Anbetracht einer exorbitanten Zahl an Messerattacken im Lande. Allein für das Land Nordrhein-Westfalen wurden im Jahr 2022 rund 4200 Messerattacken registriert, bei denen 26 Menschen zu Tode kamen. Im Jahr 2023 stieg die Zahl auf mehr als 6200 Angriffe mit Messern und Stichwaffen in diesem Bundesland.[246]

Wieso eigentlich hält es die vermeintlich so rigide deutsche Waffenpolitik für normal, dass jedermann mit feststehenden Messern mit zwölf Zentimeter langer Klinge oder gar (beidhändig zu öffnenden) Taschenmessern mit beliebiger Klingenlänge durch unsere Städte und Gemeinden gehen darf, solange nur ein einhändiges Öffnen der Messer ausgeschlossen ist? Als wenn nur Messer, die sich einhändig öffnen lassen, tödliche Verletzungen verursachen könnten.

Dass man auch hier deutlich mehr für den Schutz der Bevölkerung tun könnte, macht uns unser Nachbarland Dänemark schon seit vielen Jahren vor. Ungeachtet gewisser Lockerungen des bis 2017 noch schärferen Reglements ist dort das Führen von Messern in der Öffentlichkeit ohne berechtigten Grund generell verboten.

Wie viele Waffen braucht die Jagd?

Ungeachtet der fragwürdigen Fokussierung der Politik auf den legalen Waffenbesitz stellt sich die Frage, wie viele Waffen ein Jäger eigentlich braucht. Betrachtet man die einschlägigen Bestimmungen des deutschen Waffengesetzes, findet sich dort die Anerkennung eines zahlenmäßig nicht näher eingegrenzten Bedürfnisses aller Jahresjagdscheininhaber für den Erwerb und den Besitz klassischer Jagdgewehre (sogenannter Langwaffen). Dazu gewährt das Waffengesetz Jagdscheininhabern die Möglichkeit zum privilegierten Erwerb von bis zu zwei Pistolen oder Revolvern (sogenannte Kurzwaffen), die vielfach für Nachsuchen auf möglicherweise nicht tödlich getroffenes Wild verwendet werden.

Kehrseite dieser Privilegierung von Jahresjagdscheininhabern ist, dass deren Recht zum Waffenbesitz erlischt, wenn der Waffenbesitzer keinen gültigen Jahresjagdschein mehr vorweisen kann. Auch das frühere „Erbenprivileg“, das den Erben eines Waffenbesitzers eine dauerhafte Besitzerlaubnis für ererbte Waffen einräumte, ist mittlerweile Geschichte. Angesichts dieser Gesamtsystematik dürfte der jagdliche Waffenbesitz unter Sicherheitsaspekten nicht wirklich zu den drängendsten Problemen unseres Landes zählen. Dies gilt umso mehr, als für die Sicherheit einer Gesellschaft an erster Stelle die Zuverlässigkeit der Waffenbesitzer von Bedeutung sein wird, weniger aber die Frage, wie viele Waffen der gesetzestreue Waffenbesitzer verwahrt.

Nicht von ungefähr wird die Frage, ob und inwieweit die Anzahl legaler Waffen überhaupt Auswirkungen auf die Sicherheit eines Landes hat, in Fachkreisen heiß diskutiert. Anhänger der Idee, dass weniger Waffen auch zu einem Weniger an Verbrechen führten, berufen sich gerne auf das Waffenrückkaufprogramm in Australien nach dem Amoklauf von Port Arthur im Jahre 1996. So wird vielfach darauf verwiesen, dass als Folge dieses Rückkaufprogramms, das zu einem Rückgang der Anzahl der Waffen von 3,2 Millionen auf 2,2 Millionen führte, auch die Zahl der Morde und Selbsttötungen um 79 % zurückging.[247]

Ob diese Argumentation tatsächlich tragfähig ist, erscheint keineswegs eindeutig. So hat der US-amerikanische Ökonom John Lott darauf hingewiesen, dass die Anzahl von Tötungsdelikten mit Schusswaffen bereits im Jahrzehnt vor Beginn des Rückkaufprogramms kontinuierlich gesunken sei, ohne dass das Rückkaufprogramm zu einem signifikanten Rückgang der Waffengewalt geführt habe.[248] Zudem sei auch nach dem Auslaufen des Programms ein gleichmäßiger Rückgang der Waffengewalt festzustellen gewesen, der sogar fortdauerte, nachdem der private Waffenbesitz wieder das Niveau vor Beginn des Rückkaufprogrammes erreicht hatte.

Der Unterschied zwischen Jagd und Waffensammeln

Ungeachtet der vielen offenen Fragen wird man gewiss bezweifeln können, ob ein Jäger – wie in einem unlängst vor dem Verwaltungsgericht Gießen zu entscheidenden Fall – 30 Waffen und mehr für die Jagdausübung benötigt. Gibt es nicht doch immanente Grenzen des Bedürfnisses, zumal wenn das Waffenrecht selbst zwischen Jägern und (Waffen-)Sammlern unterscheidet? Das Verwaltungsgericht Gießen jedenfalls ließ besagtem Jäger die angestrebt neuerliche Erweiterung seines Waffenbestandes nicht durchgehen.[249] So gelangte das Gericht zu der Feststellung: „Wenn ein Jäger und Jahresjagdscheininhaber bereits zehn oder mehr Langwaffen im Besitz hat, kann im Einzelfall unbeschadet der in § 13 Abs. 2 Satz 2 WaffG geregelten Privilegierung des Waffenerwerbs eine Bedürfnisprüfung durch die Waffenbehörde für den Besitz von weiteren Langwaffen geboten sein."

Auch wenn die Entscheidung des Verwaltungsgerichts Gießen in der Praxis eher zurückhaltend aufgenommen wurde – wirklich neu und überraschend war die Rechtsauslegung des Gerichts nicht. Bereits im Jahre 2010 hatte das Oberverwaltungsgericht in Lüneburg einem Jäger, der im Besitz von 62 Jagdwaffen war, den Eintrag einer weiteren von ihm erworbenen Waffen in die Waffenbesitzkarte verweigert. Hierbei anerkannte das Gericht zwar die Freistellung des jagdlichen Waffenerwerbs von jeglicher Bedürfnisprüfung. Zugleich stellte es aber klar, dass dieses Privileg allein dem Waffenerwerb zum Zwecke der Jagdausübung diene. Bestünden Zweifel an diesem Verwendungszweck, dürfte die Waffenbehörde durchaus den Nachweis des Bedürfnisses einfordern.[250]

Interessant an dem seinerzeitigen Verfahren war vor allem, dass die vom Gericht um Stellungnahme gebetenen Kreisjägermeister und Kreisjägerschaft den Waffenbedarf der Jäger auf grundsätzlich drei bis fünf Langwaffen bezifferten, im Falle einer umfangreicheren Jagdausübung auf zehn bis fünfzehn Langwaffen. Durchaus im Einklang mit dieser Einschätzung hatte die Kreisverwaltung den Durchschnittswert der vorgehaltenen Langwaffen pro Jäger im Kreisgebiet auf gerade einmal 4,4 Langwaffen pro Jäger beziffert.[251]

Auch wenn die in beiden Fällen von den Klägern vorgehaltenen Waffenlager von 30 bzw. sogar 62 Waffen auf eine in der Vergangenheit nicht eben einheitliche Verwaltungspraxis der Waffenbehörden hindeuten, so belegen beiden Entscheidungen, dass praxisgerechte Lösungen bereits auf der Grundlage des geltenden Rechts gefunden werden konnten. Zugleich zeigt sich wieder einmal, dass es vor allem eine Aufgabe der Jägerschaft selbst ist, proaktiv über den Umfang des jagdlichen Bedarfs nachzudenken. Dabei geht es nicht um eine Selbstbindung an starre gesetzliche Quoten, sondern um die Benennung einer bestimmten „Regelgröße" für eine grundsätzlich hinreichende jagdliche („Voll"-)Ausstattung, die dann im Einzelfall im Wege eines gesonderten Bedürfnisnachweises quantitativ erweitert werden kann. Eine Tabuisierung dieses Themas zum Vorteil der wenigen, die die bestehenden Sonderregelungen für den jagdlichen Waffenbesitz zu anderen als jagdlichen Zwecken nutzen, führt dagegen am Ende nur dazu, dass der jagdliche Waffenbesitz selbst in die Diskussion gerät.

KAPITEL 5

ZUKUNFTSPERSPEKTIVEN DER JAGDLICHEN ORDNUNG

DIE „SYSTEMFRAGE" – IST DAS REVIERPRINZIP ZUKUNFTSTAUGLICH?

Wir haben gesehen, dass das deutsche „Reviersystem" als Grundbaustein der jagdlichen Ordnung auf eine mittlerweile 175 Jahre währende Tradition zurückschauen kann. 175 Jahre, in denen das gesetzliche Regelungskonzept einigermaßen geräuschlos funktioniert hat. Und in der Tat hat dieses System unbestreitbare Vorteile. Allen voran den, dass die jagdliche Bewirtschaftung durch eine zentral verantwortliche Person in großräumigen Einheiten erfolgt und damit dem Bewegungsverhalten vieler Wildarten in besonderer Weise Rechnung trägt. Zudem federten größere Einheiten das Haftungsrisiko der Landwirte in Bezug auf mögliche Wildschäden zumindest in der Vergangenheit vergleichsweise gut ab. Denn scheiterte ein Haftungsrückgriff auf den Pächter, stand eine breite Gemeinschaft von Grundeigentümern in der Ausfallhaftung für den Pächter, wodurch das Risiko des Einzelnen geringer wurde. Nicht zuletzt unter Sicherheitsaspekten ergeben sich deutliche Vorteile, wenn großflächige Jagdbezirke eine klare rechtliche Zuordnung erhalten und eine verantwortliche Person die Jagd in diesem Bereich zentral verantwortet. Freilich haben die vorangegangenen Ausführungen auch kritische Seiten beleuchtet, allen voran die Gefahr der Bildung von Schweigekartellen zwischen Jagdpächtern, die es mit der gesetzlich geforderten Bestandsregulierung nicht ganz so ernst nehmen, und Jagdgenossen, die sich ihr Interesse am Schutz vor Wildschäden durch großzügige Ausgleichsleistungen „abkaufen" lassen. Hinzu kamen die eher geringen rechtlichen Möglichkeiten des einzelnen Grundeigentümers zur Durchsetzung des vorgegebenen Abschusses, die zumal in Zeiten des anstehenden Waldumbaus von vielen Grundeigentümern als Problem empfunden werden. Es verwundert daher auch nicht, wenn das Revierprinzip zumindest jenseits der Jägerkreise keineswegs so unangefochten ist, wie dies auf den ersten Blick den Anschein haben mag. So gilt das Revierprinzip aus Sicht von Teilen der Forstwirtschaft durchaus als einer der Hauptschuldigen für das Hochschnellen der Wildbestände in Deutschland. Beispielhaft kann hier der Gesetzentwurf für ein neues brandenburgisches Landesjagdgesetz vom 3. März 2022 genannt werden, der die Ursache für die schwierige Lage „im Jagdrechtssystem" verortet sieht.[252]

Herausforderungen der Gegenwart

Tatsächlich gerät das hergebrachte Revierprinzip heute gleich von mehreren Seiten unter Druck. Da ist zunächst eine wachsende Zurückhaltung auf der „Nachfragerseite", also bei den potenziellen Jagdpächtern. Diese Probleme sind vor allem bedingt durch die zunehmenden ökonomischen Risiken eines traditionellen Pachtvertrages mit integrierter Wildschadensübernahme, die ihren Grund insbesondere in den hohen Schalenwildbeständen und der Schadensträchtigkeit der modernen Landwirtschaft finden. Zu Buche schlagen daneben auch die abgabenrechtlichen Belastungen in Gestalt der vielfach erhobenen Jagdsteuer sowie bei vertraglicher Übernahme auch in Gestalt der spätestens ab 2025 fälligen 19 %igen Umsatzsteuer der Jagdgenossenschaften, soweit diese nicht der Kleinunternehmerregelung unterfallen.

Hinzukommt der „Dauerclinch" vieler Revierinhaber mit den Jagdbehörden um die Erfüllung der behördlichen Abschussvorgaben. Ohnehin weitgehend passé sind Status und Renommee des altväterlichen „Beständers", der sich finanziell für den örtlichen Kindergarten und das Pfarrfest engagierte. Zu erwähnen ist des Weiteren das breite Alternativangebot an organisierten Jagdreisen, die vielen Jägern für gleiches und gar geringeres Entgelt einen schnelleren Weg zu der begehrten Jagdbeute bieten als der beschwerliche und mit erheblichem organisatorischen Aufwand verbundene Ansitz in dem heimischen Revier.

Entsprechende Mentalitätsänderungen sind auch auf Verpächterseite zu verzeichnen, also bei den in den Jagdgenossenschaften zusammengeschlossenen Grundeigentümern. In der Regel sind diese nicht (mehr) bereit, dem jagdlichen Tun – oder genauer Unterlassen – eines auf die „Heranhegung" eines hohen Wildbestandes fokussierten Pächters tatenlos zuzusehen und sich mit der Liquidation entstandener Wildschäden zu begnügen. Gerade private Waldeigentümer pochen aus durchaus nachvollziehbaren Gründen auf die Umsetzung des notwendigen Abschusses oder würden diesen vielfach am liebsten in eigener Regie übernehmen. Nicht von ungefähr mehren sich Fälle, in denen Jagdgenossenschaften anstelle einer Verpachtung für die Eigenbewirtschaftung des Jagdbezirks durch angestellte Jäger votieren.

Das auf Verpachtung ausgerichtete genossenschaftliche Modell gerät hierdurch zunehmend in die Defensive. Revierverpachtungen scheitern, oder aber Reviere landen mit stillschweigender Duldung der Jagdgenossenschaften de facto in den Händen verkappter Jagdgesellschaften, die mit wechselnden Belegschaften Wald und Flur „heimsuchen".

Stärkere Einbindung der einzelnen Grundeigentümer?

Längst haben die politischen Diskussionen um ein Sonderrecht der Grundeigentümer zur Eigenbejagung auch unterhalb der traditionellen Mindestgröße für Eigenjagden Fahrt aufgenommen. Beispielhaft steht dafür der gescheiterte Entwurf eines neuen Landesjagdgesetzes für das Land Brandenburg vom 3. März 2022, der Grundeigentümern spätestens ab zehn Hektar, im Falle des Zusammenschlusses mehrerer Eigentümer sogar unterhalb dieser Schwelle ein Recht zum Austritt aus der Jagdgenossenschaft und zur selbstständigen Jagdausübung zuerkennen wollte. In der Sache hält auch der nachgebesserte Entwurf vom 13. Oktober 2022 an solchen Sonderrechten fest: Er will Waldbesitzern ab einer Waldfläche von drei Hektar das Recht auf einen „Waldbesitzer-Begehungsschein" geben, mit dem der Jagdausübungsberechtigte – auch gegen seinen Willen – zur Duldung der Jagdausübung durch den Waldbesitzer auf den betreffenden Flächen verpflichtet werden soll.[253]

Noch weiter ging der Regierungsentwurf eines neuen Jagdgesetzes für das Land Rheinland-Pfalz vom 23. Juni 2023. Mit ihm sollte jedem Grundeigentümer in einem gemeinschaftlichen Jagdbezirk unabhängig von der Größe seiner Eigentumsfläche und deren Gefährdung durch Wildschäden das Recht auf Erteilung eines „Grundeigentümer-Begehungsscheins" zugebilligt werden.

Angesichts des durch und durch konfrontativen Ansatzes einer zwangsweisen Beteiligung von Grundeigentümern an der Jagdausübung haben derartige „Eigentümer-Begehungsscheine" mit den traditionellen Begehungsscheinen, wie sie von den Jagdpächtern auf der Basis bilateraler Absprachen vielfach ausgegeben werden, so gut wie nichts gemein. Im Gegenteil handelt es sich de facto um die Rückverlagerung des Jagdausübungsrechts auf den einzelnen Grundeigentümer.

Mit der zentralen Idee des Revierprinzips, der es gerade um die Sicherstellung einer im grundstücksübergreifenden Rahmen zu realisierenden ordnungsgemäßen Wildbewirtschaftung geht, ist dieses Konzept schwerlich vereinbar. Wenn nämlich der Gesetzgeber eine grundstücksbezogene Jagd nunmehr doch als gleichwertige oder gar effizientere Variante der Wildbewirtschaftung ansehen sollte, womit sollte dann noch der Pflichtverband einer öffentlich-rechtlichen Jagdgenossenschaft gerechtfertigt werden? Und auch aus ökonomischer Sicht erschiene die Anpachtung eines Jagdreviers von den Grundeigentümern einigermaßen sinnlos, wenn eben diese Grundeigentümer anschließend darauf bestehen können, die Jagd doch wieder selbst in die Hand nehmen zu wollen. „Das ist, als würde man eine Wohnung mieten, und dann zieht der Vermieter mit ein", resümiert treffend die Journalistin Wiebke Hüster in ihrer Analyse des rheinland-pfälzischen Entwurfs.[254]

Aber natürlich handelt es sich bei dem deutschen Revierprinzip auch nicht um ein Naturgesetz. Dies zeigt bereits ein Blick auf unser Nachbarland Dänemark, das jedem Grundeigentümer mitsamt seinen Angehörigen ab einer Eigentumsfläche von einem Hektar das persönliche Jagdausübungsrecht auf den eigenen Flächen gewährt – übrigens auch ohne die in Deutschland üblichen Abschusspläne und – durchaus folgerichtig – auch ohne eine gesetzliche Wildschadenshaftung. Immerhin unterliegt die nach dänischem Recht mögliche Weitergabe bzw. Verpachtung dieses Jagdrechts an Dritte erhöhten Anforderungen an die bejagbare Fläche, die in diesem Falle mindestens fünf Hektar betragen muss.

Was freilich in Dänemark nicht eingetreten ist, ist eine Reduktion der Wilddichten. Im Gegenteil sind gerade die Populationen von Rot- und Rehwild sehr hoch[255] – das sollte den aktuellen landespolitischen Ambitionen in Richtung einer Öffnung der Jagd auf Kleinstflächen durchaus als Warnung dienen. Allein die in Deutschland immer wieder problematisierten hohen Schwarzwildbestände sind in unserem Nachbarland kein Thema. Bereits 2018 beschloss das dänische Parlament aus Furcht vor der Schweinepest die Ausrottung der Wildschweine. Das angeblich letzte Wildschwein Dänemarks wurde im Jahre 2021 erlegt.[256]

Zur Kritik am „Zwangscharakter" des Revierprinzips

Wenden wir uns also zunächst der Frage zu, ob sich das Konzept des Zwangszusammenschlusses der Grundeigentümer in den Jagdgenossenschaften auch für die Zukunft rechtfertigen lässt. Als politische Alternative wäre ja durchaus denkbar, die Bildung bzw. den Beitritt zu Jagdgenossenschaften der freien Entscheidung der Grundeigentümer zu überantworten. So wie in Schweden etwa, wo – mit regionalen Unterschieden – zwar jedem Grundeigentümer in der Regel ab fünf Hektar die Jagd auf Niederwild eröffnet wird, die Lizenzen für die so beliebte Elchjagd indes an deutlich größere Flächeneinheiten geknüpft sind, zu denen sich die Grundeigentümer dort in der Regel gerne freiwillig zusammenfinden.

Das deutsche Recht ist da freilich weniger optimistisch. Die hiesige Doktrin lautet seit Mitte des 19. Jahrhunderts: Zwangszusammenschlüsse sind notwendig, um das Ausscheren einzelner Grundeigentümer zu vermeiden und damit eine den Gemeinwohlzielen gerecht werdende flächendeckende Bejagung der Wildbestände sicherzustellen. Diese Überlegungen erscheinen auch aus heutiger Sicht keineswegs lebensfremd. Deutschland ist nun einmal nicht Schweden, wo sich eine Viertelmillion der gut zehn Millionen Bürger jedes Jahr gemeinsam zur traditionellen Elchjagd aufmacht und hierfür bereit ist, freiwillige Zusammenschlüsse einzugehen.

Überdies ist es in der Tat mehr als fraglich, ob es den land- und forstwirtschaftlichen Grundeigentümern in unserem Lande wirklich gelänge, sich in Ansehung der jährlich zu erwartenden Wildschäden über alle wettbewerblichen Gegensätze hinweg freiwillig zu dauerhaft stabilen und handlungsfähigen Organisationseinheiten zusammenzuschließen. Insbesondere für die Eigentümer schadensanfälliger landwirtschaftlicher Flächen würde es vermutlich schwierig werden, im Rahmen freiwilliger Genossenschaftsmodelle Aufnahme in Eigentümergemeinschaften zu finden, die ohne sie deutlich attraktivere Reviere anzubieten in der Lage wären. Außerdem würden die Eigentümer jagdlicher „Filetstücke" möglicherweise vermehrt eine eigene wirtschaftliche Nutzung ihrer Flächen anstreben, ohne hierbei durch weniger attraktive Flächen Dritter belastet zu werden.

Am Ende wären zur Sicherstellung einer flächendeckenden Wildbewirtschaftung doch wieder gesetzliche Auffangregelungen für den Fall des Scheiterns autonomer Absprachen notwendig. Oder aber es drohte gleich ganz das Ende einer großräumigen und flächendeckenden Wildbewirtschaftung. Der bürokratische Aufwand würde in jedem Falle massiv ansteigen und die Zahl der Klagen um etwaige Angliederungen in die Höhe schnellen, ohne dass in der Sache viel gewonnen wäre.

Risse im System: Das Urteil des Menschenrechtsgerichtshofs in Sachen Jagd

Freilich ist die dargestellte klassische Argumentation zur Rechtfertigung des gesetzlichen (Zwangs-)Zusammenschlusses der Grundeigentümer in Jagdgenossenschaften und Jagdbezirken erheblich ins Wanken geraten, seit der Europäische Gerichtshof für Menschenrechte (EGMR) einzelnen Grundeigentümern das Recht zuerkannt hat, ihre Flächen aus ethischen Gründen aus der Bejagung herauszunehmen.[257] Wenn es nämlich auch innerhalb des Reviersystems möglich ist, dass Grundeigentümer aus Gewissensgründen aus dem Bejagungsverbund ausscheiden, wieso sollte dies dann nicht für sämtliche Grundeigentümer möglich sein, gleichviel ob sie dies aus Gewissensgründen wollen oder nicht. Zudem findet sich in Art. 3 Abs. 3 des Grundgesetzes die Formulierung, dass niemand wegen seines Glaubens oder seiner religiösen Anschauungen „bevorzugt" werden darf. Also wieso sollte einem Landwirt ein Austritt aus der Genossenschaft aus nicht-weltanschaulichen Gründen versagt bleiben, wenn ein solches Recht mit weltanschaulicher Begründung zuerkannt wird?

Lässt sich das Ziel einer flächendeckenden Bejagung überhaupt noch sicherstellen, wenn die Grundeigentümer schon jetzt berechtigt sind, jederzeit aus Gewissensgründen aus dem System auszusteigen? In der Tat zeigen sich hier erste Sollbruchstellen des über 175 Jahre hinweg insgesamt erfolgreichen Konzepts gesetzlich konfigurierter Jagdbezirke. Ob diese Sollbruchstellen am Ende zu einem Kollaps des Systems führen werden, bleibt abzuwarten. Noch sieht es nicht danach aus.

Ethische Befriedung? Steine statt Brot!

Allerdings stand die These des Menschenrechtsgerichtshofs, dass ein Grundeigentümer bei ethischen Bedenken gegen die Jagd nicht verpflichtet werden dürfe, die Jagd auf seinem Land zu dulden, von Anfang an in einem schwer auflösbaren Widerspruch zu der besonderen Rechtslage in Deutschland: Tatsächlich trifft den Grundeigentümer als (Zwangs-)Mitglied der Jagdgenossenschaft persönlich gar keine Pflicht zur Bejagung. Das Jagdausübungsrecht ist nach der singulären Konstruktion des deutschen Rechts als eigenständiges Recht konzipiert, das abgetrennt von den Eigentumsrechten der

Grundeigentümer in den Händen der Jagdgenossenschaft zu einem eigenständigen Eigentumsrecht erstarkt und von ihr regelmäßig durch Verpachtung genutzt wird. Der Grundeigentümer selbst ist hinsichtlich der Jagdausübung also gleichsam auf die „Zuschauertribüne" verbannt.

Folge dieser Rechtskonstruktion ist aber zugleich, dass sich der Befriedungsanspruch des Grundeigentümers in Deutschland letztlich gegen die Wahrnehmung eines fremden Rechts durch einen Dritten richtet. Juristisch hätte es daher nahegelegen, einen Anspruch auf Einstellung der Bejagung ebenso zurückzuweisen, wie es etwa Gerichte mit einer Klage auf Schließung eines Autohauses zum Zwecke des Klimaschutzes taten.

Ganz anders stellt sich die Rechtslage kurioserweise nach der gesetzlichen Umsetzung des Urteils des EGMR dar. Hat nämlich der betreffende Grundeigentümer und Jagdgenosse mit seinem nunmehr möglichen Antrag auf Befriedung seiner Grundflächen Erfolg, begründet § 6a Abs. 5 des Bundesjagdgesetzes – mit Billigung des EGMR – nunmehr erstmals eine persönliche Pflicht des Grundeigentümers zu bestandsreduzierenden Maßnahmen. Dies nämlich dann, wenn die Wildbestände auf dem befriedeten Grundstück aus dem Ruder laufen.

Die Entscheidung des EGMR verschärft damit in Wahrheit die ethische Konfliktsituation des jagdkritisch eingestellten Grundeigentümers. War ihm zuvor allein das jagdliche Treiben Dritter ein ethisches Problem, gegen das er sich zur Wehr setzen wollte, so trifft ihn nach erfolgter Befriedung nunmehr die volle Wucht einer ggf. sogar individuellen Bejagungspflicht. Der EGMR und mit ihm das deutsche Recht geben dem Eigentümer also in Wahrheit Steine statt Brot.

Aber so ist das eben mit Recht und Gesetz: „*Summum ius, summa iniuria*" formulierte schon vor rund 2000 Jahren der römische Philosoph Cicero: *„Höchstes Recht, größtes Unrecht"*. Oder, präziser formuliert: Je mehr eine Rechtsordnung den letzten Verästelungen der Gerechtigkeitsidee nachzuspüren sucht, umso mehr droht sie das aus dem Auge zu verlieren oder gar preiszugeben, worum es den Regelungen wirklich geht. Der Beschwerdeführer mag das Verfahren vor dem EGMR für sich entschieden haben, wirkliche „Sieger" des spektakulären Rechtsstreits um die Befriedung von Grundflächen sucht man allerdings vergebens.

Wie nicht anders zu erwarten, findet sich bei den Kritikern des tradierten Revierprinzips vermehrt der Versuch, die vom EGMR aufgezeigte „Sollbruchstelle" für weitergehende Austrittsmöglichkeiten der Jagdgenossen und Grundeigentümer zu nutzen. Beispielhaft hierfür steht der etwa im März 2022 öffentlich gemachte Referentenentwurf für ein neues Jagdgesetz Brandenburg, mit dem Grundeigentümern ab einer Eigentumsfläche von zehn Hektar ein Austrittsrecht aus dem genossenschaftlichen Jagdbezirk und ein eigenes Jagdausübungsrecht entsprechend den bisherigen Eigenjagdbezirken eingeräumt werden sollte. In bemerkenswert einseitiger Weise fand in dem zwischenzeitlich vollständig überarbeiteten Entwurf die ideologische Heroisierung der „Bauernjagd" der Revolutionsjahre 1848/49 ihre Fortsetzung, wohingegen dem seit 175 Jahren insgesamt geräuschlos funktionierenden Revierprinzip recht pauschal die Praxistauglichkeit abgesprochen wurde.

Der nachgebesserte Entwurf vom 13. Oktober 2022 hat zwar von der Idee von Splitter-Eigenjagden Abstand genommen, sieht aber in der Sache eine durchaus vergleichbare Pflicht zur Ausgabe von „Begehungsscheinen" für Waldeigentümer vor, die hiermit ihr Land bereits ab einer Fläche von drei Hektar auf eigene Faust und – wie die Gesetzesbegründung offenbart[258] – ohne Abstimmung mit dem Revierpächter sollen bewirtschaften dürfen. Auch im Regierungsentwurf für ein neues Landesjagdgesetz für das Land Rheinland-Pfalz vom 23. Juni 2023 findet sich die Idee einer zwangsweisen Beteiligung der Grundeigentümer, dort sogar ohne jede größenmäßige Beschränkung. Der Proteststurm der Jägerschaft führte hier – vorerst – zu einem Einlenken der zuständigen Fachministerin.

Partikularisierung der Jagd: eine Prämie für Wilderei

Was auf den ersten Blick als eine Erweiterung von Eigentümerinteressen erscheint, dürfte freilich in Wahrheit von ganz anderen Zielsetzungen getragen sein. Letztlich geht es darum, über eine Jagd auf kleinen Einheiten eine deutliche Reduktion der Wildbestände einzuleiten. In der kleinen Einheit das Große und Ganze aus dem Blick zu verlieren, scheint hier das leitende Motiv.

Ein solcher Ansatz wirkt weder fachlich überzeugend noch zielführend. Jagd braucht im wahrsten Sinne den weiten Blick. Nicht nur zur Beurteilung der Höhe der Wildbestände und ihrer Lebensverhältnisse, sondern ebenso aus sicherheitsrechtlichen Gründen. Auch wenn die Statistiken gewiss keinen Anhalt für einen leichtfertigen Schusswaffeneinsatz deutscher Jäger bieten, ist es eben doch ein Unterschied, ob die Jagd in weiträumigen Einheiten stattfindet, oder ob Jagdausübende zu allen Tages- und Nachtzeiten im Umfeld von womöglich 100 Metern mit dem unerwarteten Auftauchen ihnen unbekannter Mitjäger rechnen müssen. Stets nämlich bleibt ein unerwartetes Zusammentreffen separat voneinander agierender Jäger brisant und anfällig für Missverständnisse.

Ein Eldorado ergäbe sich allenfalls für die in Deutschland seit jeher notorisch unterschätzte und verharmloste Wilderei, die im Windschatten derartiger Zersplitterungen ein leichtes Spiel für ihr gefährliches und tierschutzwidriges Treiben hätte. Nicht zuletzt wäre eine auf Einzelgrundstücke bezogene Jagdausübung nicht ohne zahllose unbefestigte Notwegerechte durch fremde Reviere denkbar, die erwartbar zu permanenten Störungen des Wildes und der Jagdausübung führen und damit auch die Bestandsregulierung nicht einfacher machen würden. Dass schließlich der Pachtwert der verbleibenden gemeinschaftlichen (Rest-)Jagdbezirke durch derartige Splitterenklaven deutlich sinken würde, liegt auf der Hand. Denn wer sollte noch ein solches Rest-Jagdrevier mit womöglich hoher Wildschadensbelastung pachten, wenn die jagdlich interessanten Ecken durch die Einzeleigentümer eigenbewirtschafteter Grundflächen unkoordiniert Tag und Nacht unter Feuer genommen werden können?

Vor allem aber sind es die oben genannten rechtlichen Erwägungen, die einer derartigen Zersplitterung der Jagd entgegenstehen. Das Reviermodell mit seiner zwangsweisen genossenschaftlichen Verbindung der einzelnen kleineren Grundeigentümer rechtfertigt sich ja gerade aus der Idee heraus, dass eine auf einzelne Grundstücke bezogene Jagdausübung den Anforderungen an eine flächenübergreifende Wildbewirtschaftung nicht gerecht würde. Sollte der Gesetzgeber diese von den deutschen Gerichten gebilligte[259] Einschätzung aufgeben und eine grundstücksbezogene Jagd nun doch für geeignet oder gar besser geeignet erachten, entfiele notwendig die juristische Rechtfertigung für den Zwangszusammenschluss von Grundeigentümern in der großen Einheit des gemeinschaftlichen Jagdbezirks. Man kann nicht beide gegenläufige Modelle gleichzeitig propagieren: einen grundstücksübergreifenden Ansatz und einen grundstücksbezogenen Ansatz. Hier geht es im wahrsten Sinne des Wortes „ums Prinzip“, nämlich um das Revierprinzip.

Deformationen des Revierprinzips

Sprechen zumindest dem Grunde nach starke Argumente für das bestehende Revierprinzip, so gibt seine tradierte Ausgestaltung gleichwohl Anlass für kritische Reflexionen. Wieder einmal steckt der Teufel im Detail: So setzt etwa das Bundesjagdgesetz die Mindestgröße für die maßgeblichen sogenannten „gemeinschaftlichen

Jagdbezirke" formal bei 150 Hektar an. Freilich handelt es sich hierbei um eine eher theoretische Größe. Da nämlich nach der gesetzlichen Konzeption des Bundesjagdgesetzes alle landwirtschaftlich nutzbaren Grundflächen einer Gemeinde, soweit sie nicht Eigenjagdbezirke sind, einen einheitlichen gemeinschaftlichen Jagdbezirk bilden, ist die eigentliche Größenordnung gemeinschaftlicher Jagdbezirke in der Praxis deutlich höher anzusetzen. Regelmäßig wird die Gesamtfläche der landwirtschaftlich nutzbaren Flächen in einem Gemeindegebiet erheblich über jenen 150 Hektar liegen, nicht selten sogar bei 1000 Hektar und mehr.

Auch das Bundesjagdgesetz selbst nimmt die von ihm gesetzte Mindestgröße von 150 Hektar nicht wirklich ernst: Das Gesetz selbst erlaubt eine Teilung allzu großer gemeinschaftlicher Jagdbezirke nur, wenn jeder Teil die Mindestgröße von 250 Hektar aufweist – eine Regelung, die im Übrigen gerade von den Verbänden der Jägerschaft nachdrücklich so gefordert wurde.[260] Und folgerichtig bewegen sich die Reviergrößen gemeinschaftlicher Jagdbezirke – selbst nach erfolgter Teilung – in der Praxis denn recht schnell bei 300 bis 500 Hektar und mehr. Das Jagdgesetz des Freistaats Bayern bezeichnet gar das Flächenmaß von 250 Hektar als Mindestgröße, mit nochmaliger Erhöhung für das Hochgebirge auf 500 Hektar.[261]

Exakt diese Größe bezeichnet noch das Jagdgesetz des Landes Brandenburg vom 9. Oktober 2003 als „Mindestgröße eines gemeinschaftlichen Jagdbezirkes". Sie ist dort auch im Falle von Revierteilungen sicherzustellen. Immerhin lässt das Jagdgesetz Brandenburgs aber in Ausnahmefällen Reviergrößen ab 150 Hektar zu.

Weite Flächen – hohe Kosten

Diese nicht unerheblichen Größenordnungen haben nicht nur hohe Pachtpreise zur Folge, sondern bergen zugleich proportional zur Reviergröße ansteigende Wildschadensrisiken in sich. Zugeschnitten ist diese Größenordnung erkennbar auf vermögende Freizeitjäger, die den Landwirten eine sichere Einnahmequelle bieten und sich günstigerweise gleichzeitig mit finanziellen Zuwendungen um den örtlichen Kindergarten kümmern. Mögen sie dann die Jagd nutzen, wie die Gesetze es erlauben. Daran ist zunächst einmal auch nichts falsch, denn es geht um die wirtschaftliche Verwertung eines grundstücksbezogenen Rechts der Jagdgenossenschaft. Und niemand kann erwarten, dass solche Rechte Dritten unter Wert überlassen werden.

Doch die Situation hat sich geändert. Speziell die jagdliche Zielvorgabe der Wahrung standortangemessener Wildbestände hat in Zeiten des klimabedingten Umbaus der Wälder eine fundamentale Bedeutung erlangt und wird längst nicht mehr als „Privatsache" des Jagdpächters angesehen. Die Verbreitung von Wildseuchen wie der Afrikanischen Schweinepest, aber auch der Anstieg der Wildbestände infolge eines klimabedingt günstigeren Nahrungsangebots erfordern eine konsequente Bejagung gerade der Schalenwildbestände, die es nicht erlaubt, den Fokus der Jagd primär auf „Trophäen" zu richten.

Vor allem aber ist der Typus des vermögenden, bodenständig-väterlichen Jagdpächters, der sich um Kindergarten und Kirchenchor kümmert, im wahrsten Sinne des Wortes vom Aussterben bedroht. Viele Jagdscheininhaber reisen lieber jagend um die Welt, anstatt sich langfristig in schadensträchtigen Revieren der Heimat zu binden. Vielleicht ließe sich der Rückgang potenzieller Pächter über solide Mittelständler „vor Ort" schließen. Aber genau diese Menschen werden vor den schwer kalkulierbaren Risiken einer an die vollständige Wildschadensübernahme geknüpften Pacht weitläufiger Jagdbezirke häufig zurückschrecken. Zu groß sind die Haftungsrisiken, die für normale Bürger durchaus existenzgefährdende Ausmaße annehmen können, gerade wenn infolge der Energiewende nunmehr weite Maisschläge das Landschaftsbild prägen.

Die Abwärtsspirale

Die Folge sind dann Pachtverträge mit vor Ort unbekannten und ihrerseits ortsunkundigen „Meistbietenden“ oder gar die stillschweigende Überlassung von Jagdbezirken an De-Facto-Jagdvereinigungen, die in wechselnden „Schichten“ Wald und Felder heimsuchen. Hochsitze verwandeln sich in wilde Campingeinrichtungen mit Schlafgelegenheit und Kochnische, bisweilen schon für Laien erkennbar durch Wegweisungen sowie „Hausnummer“ an den Leitern, damit der zahlende ortsunkundige „Tagesgast“ die ihm für die folgenden Stunden zugeteilte Einrichtung überhaupt findet.

Dass auf solchen Geschäftsmethoden kein Segen ruht, kann sich jeder ausmalen. Kein Segen vor allem für das Wild, dessen Sozialstrukturen – wie beim Rot- und Schwarzwild – durch die überhastete Erlegung etwa der wichtigen Leittiere massiv geschädigt werden können. Ebenso kann eine unsachgemäße Bejagung die Wildschadenssituation massiv verschärfen. Der Haftungsrückgriff auf den Pächter aber geht spätestens dann ins Leere, wenn dieser zahlungsunfähig wird oder sich sonst wie seiner Verantwortung entzieht. Hier bleibt der „Kuckuck“ des Gerichtsvollziehers an windschiefen Hochsitzen das letzte traurige Zeugnis einer gescheiterten Verpachtungspolitik der Jagdgenossenschaften.

Auch für den Rest der Bevölkerung gehen mit derartigen Geschäftsmodellen nicht unerhebliche Risiken einher. Denn wer garantiert, dass im Rahmen derartiger verdeckter Abschussvergaben und faktischer Vereinsjagden das Vorhandensein eines aktuell gültigen Jagdscheines überprüft wird, der zugleich als Nachweis für den gesetzlich geforderten Versicherungsschutz der Jagdausübenden dient? Gewiss würde es manchem Genossenschaftsvorstand unruhige Nächte bescheren, wenn er realisierte, dass ein aktives Wegschauen hier womöglich Regressansprüche geschädigter Dritter auch gegenüber der Verpächterseite auslösen kann.

Ist das Revierprinzip noch zu retten?

Wie aber lässt sich der Entwicklung entgegensteuern, ohne die Existenz des Revierprinzips insgesamt aufs Spiel zu setzen? Eine baden-württembergische Gemeinde hat unlängst beschlossen, ein Höchstalter (von 70 Jahren) für Revierpächter festzulegen.[262] Hiermit soll den körperlichen Anforderungen an die Jagd Rechnung getragen werden, vor allem in Hinblick auf die Vermeidung von Wildschäden. Gewiss lässt diese Überlegung – erst recht mit Blick auf die Teilhabemöglichkeiten junger Menschen – aufhorchen.

Ob sie allerdings rechtlich tragfähig ist, erscheint fraglich. So liegt eine unzulässige Altersdiskriminierung nicht ganz fern, insbesondere wenn es um die Vergabe von Jagdbezirken durch die öffentliche Hand geht. Immerhin gehen die einschlägigen Fachgesetze des Jagd- und Waffenrechts im Grundansatz ja von der körperlichen und geistigen Eignung dieser Gruppe aus und erlauben allenfalls einzelfallbezogene Interventionen. Und so wird man gewiss auch bei Reviervergaben einzelfallbezogene Überlegungen anstellen können. Das Alter allein dürfte hier allerdings kein tauglicher Maßstab sein.

Geeignet sein dürften vor allem jagdlich erfahrene Personen, die in die örtliche Umgebung integriert und vor Ort ansprechbar sind, mit einem bewährten Gesprächsfaden zu den Beteiligten. Wie könnte es also gelingen, diesen Personenkreis zu gewinnen? Die Antwort liegt auf der Hand: durch faire und transparente Konditionen nämlich sowie durch handhabbare, überschaubare Größenordnungen, und dies sowohl den finanziellen Aufwand als auch die zu bejagende Revierfläche betreffend.

An dieser Stelle erweisen sich die tradierten Größenvorgaben des Bundesjagdgesetzes als problematisch. Denn die Reviergrößen von 500 Hektar und mehr bieten diese Voraussetzungen vielfach nicht. Im Gegenteil werden häufig erst Reviergrößen im Bereich der jagdrechtlichen Mindestgrößen um 250 Hektar jene Voraussetzungen bieten, unter denen Ortsansässige oder interessierte Mittelständler zu einem eigenen Engagement bereit wären. Und wieso eigentlich sollten entsprechende Flächenmaße nicht tragfähig sein, wenn nach Auffassung des Gesetzgebers doch für Eigenjagdbesitzer sogar Reviergrößen von 75 Hektar eine ordnungsgemäße Bewirtschaftung gewährleisten?

Beliebige Festlegung der Reviergrößen

Genau hierin liegt denn auch einer der problematischsten Widersprüche des bestehenden Revierprinzips: Wieso verlangt das Bundesjagdgesetz für gemeinschaftliche Jagdbezirke eine Mindestgröße von 150 Hektar bzw. de facto 250 Hektar – übrigens ohne Obergrenze –, wenn für sogenannte Eigenjagdinhaber mit demselben Gesetz bereits das deutlich geringe Flächenmaß von 75 Hektar für ausreichend angesehen wird, um die mit dem Revierprinzip angestrebte ordnungsgemäße und flächendeckende Wildbewirtschaftung sicherzustellen?

Die Vermutung liegt nahe, dass hier mit zweierlei Maß gemessen wird: Während der Gesetzgeber den jagdlichen Bewirtschaftungsinteressen der Großgrundbesitzer durch eine mehr oder minder willkürlich herabgesetzte Mindestgröße für Eigenjagdbezirke entgegenkommt, misst er den Interessen der in den Jagdgenossenschaften zusammengeschlossenen kleineren Grundeigentümern deutlich geringere Bedeutung bei. Insbesondere hat sich der Gesetzgeber erkennbar keine Gedanken mehr darüber gemacht, ob die unbegrenzte flächenmäßige Ausdehnung der gemeinschaftlichen Jagdbezirke womöglich unnötige Belastungen für das Eigentum der zwangsweise zusammengeschlossenen Grundbesitzer nach sich ziehen könnte.

Genau dies ist aber der Fall. Mit jeder Erweiterung der Zwangsgemeinschaft vermindert sich nämlich das Stimmgewicht des einzelnen Grundeigentümers in der Jagdgenossenschaft und hiermit zugleich dessen Mitsprachemöglichkeit in Fragen der Art und Weise der jagdlichen Nutzung seiner Flächen. Einfacher formuliert: In einem hypothetischen gemeinschaftlichen Jagdbezirk von 75 Hektar oder auch 150 Hektar würden die einzelnen Grundeigentümer naturgemäß wesentlich mehr Einfluss auf die Auswahl des Jagdpächters, die Gestaltung des Pachtvertrages und die jagdlichen Zielvorgaben nehmen können als in Großrevieren von 600 Hektar und mehr. Und natürlich könnten die Grundeigentümer in kleineren gemeinschaftlichen Jagdbezirken die in den Jagdgesetzen formal eröffnete genossenschaftliche Regiejagd „auf eigene Rechnung" auch deutlich einfacher organisieren als in Großrevieren von 600 Hektar und mehr. Derartige Großreviere werden schon wegen des Ausmaßes der drohenden Wildschäden regelmäßig der Verpachtung zugeführt werden müssen.

Die juristische bzw. grundrechtliche Bewertung dieser Gesetzmäßigkeiten ist eindeutig. Denn da die Mitsprache- und Mitentscheidungsrechte der Jagdgenossen innerhalb der Jagdgenossenschaften – wie die Gerichte anerkennen[263] – ihre Wurzeln im Grundeigentum finden, liegt in jeder Abschwächung dieser Mitwirkungsrechte, wie sie Kehrseite der räumlichen Erweiterung von gemeinschaftlichen Jagdbezirken ist, eine zusätzliche Beeinträchtigung des grundrechtlich geschützten Eigentums. Diese zusätzliche Beeinträchtigung muss sich dann aber, wie deutsche Gerichte im Kontext anderer Pflichtgemeinschaften bereits anerkannt haben,[264] durch hinreichend tragfähige Gründe rechtfertigen lassen. Konkret formuliert bedeutet dies, dass der Gesetzgeber von Verfassung wegen eine tragfähige Begründung dafür zu liefern hat, weshalb die mit der Bildung gemeinschaftlicher Jagdbezirke verfolgten Ziele nicht auch in kleineren Einheiten zu erreichen sein sollten.

Argumentationsnot des Gesetzes

Genau an dieser Stelle aber wird es schwierig. Denn wenn der Bundesgesetzgeber, wie er es in Bezug auf Eigenjagden festgelegt hat,

75 Hektar als hinreichende Größe für eine ordnungsgemäße Wildbewirtschaftung ansieht, stellt sich die Frage, aus welchem Grunde gemeinschaftliche Jagdbezirke nicht nur mit weit höheren Mindestgrößen einhergehen, sondern flächenmäßig „nach oben offen" gehalten sind, also durchaus eine um das Zehnfache höhere Fläche und mehr umfassen können. Schon nach den eigenen Denkgesetzen der Gesetzgebung wären die hiermit verbundenen Eingriffe in das Eigentum der Jagdgenossen und Grundeigentümer im Grunde nicht erforderlich und damit unverhältnismäßig. Auch die Schutzinteressen der größeren Eigentümer in Bezug auf Wildschäden in der Land- und Forstwirtschaft lassen sich insoweit kaum ins Feld führen, da die Parameter für Art und Umfang der Bestandsregulierung in Wald und Flur durch die Jagdgesetze allgemeinverbindlich vorgegeben werden und daher Jagdpächter wie Eigenjagdinhaber in gleicher Weise berechtigen und verpflichten. Und weshalb sollten überhaupt die Schutzinteressen des Eigentümers einer Fläche von 75 Hektar höher wiegen als die eines Eigentümers einer 74 Hektar großen Fläche?

Allenfalls könnte für die höhere Bemessung gemeinschaftlicher Jagdbezirke sprechen, dass die Jagdgenossenschaft im Gegensatz zum Eigenjagdinhaber zugleich einen Haftungsverbund darstellt, der für zufällig eintretende Wildschäden solidarisch einzustehen hat, falls eine Abwälzung des Schadens auf den Pächter misslingt. Hier kann dann Größe durchaus auch ein Vorteil sein, indem sie das Risiko auf mehrere Schultern verteilt.

Die Widersprüchlichkeit des Gesetzes vermag allerdings auch dieses Argument nicht aufzulösen: Zum einen hatten wir oben festgestellt, dass die Konzentrationsprozesse in der Landwirtschaft ohnehin dazu geführt haben, dass Wildschäden betriebswirtschaftlich kalkuliert werden können. Zum anderen bleiben die Gesetze auch an dieser Stelle widersprüchlich. Wenn nämlich das solidarische Haftungsprinzip nach den gesetzlichen Vorgaben zur Entstehung von gemeinschaftlichen Jagdbezirken bereits ab einer Größe von 150 Hektar, jedenfalls aber ab der für Revierteilungen maßgeblichen Mindestgröße von 250 Hektar voll funktionsfähig sein soll, kann es nicht zugleich als Rechtfertigung für die vermeintliche Notwendigkeit größerer bzw. nach oben offener Flächeneinheiten herhalten.

Revierteilung als Lösung?

Auch die im Bundesjagdgesetz vorgesehene Möglichkeit der Revierteilung schafft dem einzelnen Grundeigentümer insoweit keine Abhilfe, denn er allein hat gar keine Möglichkeit, derartige Entscheidungen zu erzwingen. Sucht die Mehrheit der genossenschaftlich verbundenen Grundeigentümer weiterhin nach dem Millionär aus der Stadt, wird sich der einzelne Grundeigentümer dem zu fügen haben, selbst wenn er die Prioritäten anders setzt. Unter eigentumsgrundrechtlichen Aspekten hätte es daher eher nahegelegen, das Regel-/Ausnahmeverhältnis genau umzukehren. Nicht etwa die Teilung eines gemeinschaftlichen Jagdbezirks in Einheiten von 250 Hektar hätte die von der Genossenschaft zu beschließende Ausnahme von der Regel darstellen dürfen, sondern umgekehrt die Zusammenlegung der auf notwendige Mindestgrößen begrenzten gemeinschaftlichen Jagdbezirke zu einem größeren Jagdbezirk.

Man liegt wohl richtig, wenn man dem Bundesjagdgesetz unterstellt, dass diese Ungereimtheiten und Widersprüchlichkeiten des tradierten Revierprinzips nicht nur zufälliger Art sind. Im Grunde war es spätestens seit dem Erlass des Reichsjagdgesetzes von 1934 die Tendenz des Revierprinzips, möglichst großräumige Bejagungseinheiten zu schaffen, ohne dass die Frage der effektiven Repräsentation der Grundeigentümer in der Jagdgenossenschaft eine bedeutsame Rolle gespielt hätte. Würde es wirklich um zwingende großräumige Bewirtschaftungsinteressen gehen, hätte es die die Privilegierung der kleinräumigen Eigenjagden niemals geben dürfen.[265]

Optionsjagdgenossenschaften: Der Weg in die falsche Richtung

Angesichts dieser Ungereimtheiten des tradierten Revierprinzips kann es nicht erstaunen, wenn auf Landesebene zunehmende politische Aktivitäten erkennbar sind, die diese Asymmetrien aufgreifen und zum Anlass für eine Neujustierung, wenn nicht gar für eine Neukonstruktion des Revierprinzips nehmen wollen. Beispielhaft kann auf die Idee im Reformentwurf für ein neues brandenburgisches Landesjagdgesetz vom 13. Oktober 2022 verwiesen werden, den Status des Eigenjagdbezirkes nicht mehr nur einzelnen Großgrundbesitzern zuzubilligen, sondern auch freiwilligen Verbünden mehrerer Grundeigentümer, soweit dieser private Verbund die Mindestfläche eines Eigenjagdbezirks erreicht.[266]

Sicherlich kann man die hier geformte Idee eines quasi „gemeinschaftlichen Eigenjagdbezirks“ als systemimmanente Fortentwicklung des tradierten Revierprinzips bezeichnen. Der Haken an der Sache ist allein, dass ausgerechnet die zentrale Schwachstelle des Systems, nämlich die alles andere als plausible Begünstigung kleiner Eigenjagdbezirke, fortentwickelt würde. Am Ende drohen dann weithin „durchlöcherte“ gemeinschaftliche Jagdbezirke, für die sich Pächter nur noch schwer finden lassen. Schließen sich mehrere kleinere Eigentümer zu dem neuen Konstrukt zusammen, handelt es sich zudem im Grunde um nichts anderes als um einen verkleinerten gemeinschaftlichen Jagdbezirk – mit der Ausnahme, dass der Überbau einer öffentlich-rechtlichen Jagdgenossenschaft mit der hieran angedockten Wildschadenshaftung fehlt.

Vor diesem Hintergrund muss sich der Reformgesetzgeber des Landes Brandenburg dann allerdings fragen lassen, weshalb er nicht gleich die Mindestgrößen auch für die verbleibenden gemeinschaftlichen Jagdbezirke in paralleler Weise herabsetzt. Wie wir gesehen haben, stellt jede unnötige Ausdehnung eines gemeinschaftlichen

Jagdbezirkes eine ungerechtfertigte Beeinträchtigung der Eigentumsrechte der Jagdgenossen dar. Weshalb also bei den verbleibenden gemeinschaftlichen Jagdbezirken eine Mindestgröße von 250 Hektar ohne Obergrenze (§ 8 Abs. 1 des Entwurfs) erforderlich sein sollte, wenn denselben Grundeigentümern über freiwillige Absprachen bereits ab 75 Hektar der Weg zu einem „gemeinschaftlichen Eigenjagdbezirk" eröffnet wird, ist nicht nachzuvollziehen und daher rechtlich, insbesondere grundrechtlich, nicht tragfähig.

Gewiss wird man dem Gesetzgeber bei der Festlegung der erforderlichen Mindestgröße einen weiten Einschätzungsspielraum zubilligen müssen. Hat er sich aber auf eine bestimmte Mindestgröße festgelegt, kann es ein Abweichen hiervon „nach Gutsherrenart" nicht mehr geben: „Das Erste steht uns frei, beim Zweiten sind wir Knechte", wusste schon Mephistopheles in Goethes Faust.

Überschaubare Größen für Jagdgenossenschaften

Eine alternative Lösung könnte – wie erwähnt – darin liegen, das bisherige Regel-/Ausnahmeverhältnis umzukehren: so nämlich, dass nicht etwa die Teilung eines auf maximale Größe ausgerichteten gemeinschaftlichen Jagdbezirks die von der Genossenschaft zu beschließende Ausnahme von der Regel ist, sondern umgekehrt die Zusammenlegung der auf eine bestimmte Regelgröße begrenzten gemeinschaftlichen Jagdbezirke zu einem größeren Jagdbezirk.

Natürlich würde eine solche Umkehrung des bisherigen Regulierungsansatzes auch eine Reihe neuer Herausforderungen mit sich bringen. Etwa die Frage, wie und durch wen mehrere Jagdbezirke in einer Gemeinde territorial konfiguriert und abgegrenzt werden sollten.

Nicht zu bestreiten ist allerdings, dass die Abkehr von dem Leitbild eines einzigen gemeindeumfassenden gemeinschaftlichen Jagdbezirks unvermeidlich Gewinner und Verlierer hätte. Regelmäßig bestehen die Gemeindegebiete nämlich aus sehr unterschiedlichen Flächeneinheiten, die sich auch hinsichtlich ihres jagdlichen Nutzungspotenzials, hinsichtlich ihrer Schadensanfälligkeit, aber auch hinsichtlich ihrer Belastung durch touristischen und sonstigen Verkehr deutlich voneinander unterscheiden. Insofern kann die Errichtung mehrerer Jagdbezirke in einem Gemeindegebiet durchaus zu unterschiedlich attraktiven Revieren führen.

Doch gehört nicht genau dies zum Wesen des Eigentums und der grundgesetzlichen Eigentumsgarantie, dass nämlich das Grundeigentum „situationsgebunden" und von unterschiedlicher Wertigkeit ist? Es kann dann aber nicht Aufgabe und Inhalt der Eigentumsgarantie des Grundgesetzes sein, diese real vorhandenen Unterschiede aufzuheben und zu nivellieren.

Gemeinschaftliche Eigenjagdbezirke als Alternative?

Deutlich höhere Risiken sind dagegen mit Modellen wie dem Brandenburger Konzept „gemeinschaftlicher Eigenjagdbezirke" verbunden: Die hiermit eröffnete „Rosinenpickerei" würde absehbar dazu führen, dass am Ende wohl ausschließlich jene Grundeigentümer (Zwangs-) Mitglieder der gesetzlichen Jagdgenossenschaft blieben, die mit ihren Flächen keine Aufnahme in die privatautonom gebildeten „gemeinschaftlichen Eigenjagdbezirken" fänden. Dies wären voraussichtlich vor allem die Eigentümer jagdlich weniger interessanter, insbesondere schadensträchtigerer landwirtschaftlicher Flächen.

Was aber, wenn – ebenfalls wenig überraschend – auch die potenziellen Jagdpächter kein Interesse mehr an solchen durchlöcherten „Rest-Jagdbezirken" hätten? Speziell für die von Wildschäden bedrohten Landwirte könnte dies massive Nachteile zur Folge haben. Denn ohne Verpachtung gäbe es auch keinen externen Wildschadensersatz, sodass der interne Regress zwischen den verbliebenen Jagdgenossen greifen würde.

Und was geschähe, wenn sich die Jagd in „gemeinschaftlichen Eigenjagdbezirken" auf die Regulierung waldbaulich schadensträchtiger Wildarten wie das Reh- und Rotwild konzentrierte und das allein auf landwirtschaftlichen Flächen schadensträchtige Schwarzwild vernachlässigte? Die Landwirte würden hier gleich doppelt in die Röhre schauen. Natürlich ließe sich auch hier argumentieren, dass die Eigentumsgarantie nicht dazu da ist, reale Unterschiede zwischen Grundflächen zu nivellieren. Allerdings beeinträchtigte die als Kehrseite der Rosinenpickerei drohende Unverpachtbarkeit weniger attraktiver „Restflächen" letztlich auch die Interessen der Allgemeinheit an einer ordnungsgemäßen flächendeckenden Wildbewirtschaftung.

Überzeugender als der mit dem brandenburgischen Modell der „gemeinschaftlichen Eigenjagdbezirke" angefachte Wettlauf um die besten Plätze dürfte daher eine koordinierte Gesamtplanung sein, die auch im Falle der Bildung mehrerer Jagdbezirke im Gebiet einer Gemeinde die Schaffung „marktfähiger" Einheiten im Blick behält. Sie könnte auf gemeindlicher Ebene etwa durch den Gemeinderat, alternativ aber auch durch ein Planungsgremium der örtlichen Grundeigentümer, notfalls auch durch die für Angliederungsfragen zuständigen Jagdbehörden erfolgen.

Das Ende wildgerechter Flächenreviere?

Eine andere und durchaus ernstzunehmende Frage ist, ob eine Harmonisierung der Größen von Eigenjagden und gemeinschaftlichen Jagdbezirken nicht womöglich zum Ende hinreichend großer Bewirtschaftungseinheiten führen würde, für die es gerade bei Rotwildrevieren und Hochgebirgsrevieren gute Gründe gibt.

Ein solcher Automatismus besteht indes nicht. Zum einen kommt dem Gesetzgeber bei der Festsetzung der notwendigen Mindestgröße ein eigener Beurteilungs- und Bewertungsspielraum zu, der durch die bisherigen in den Jagdgesetzen aufgeführten Mindestgrößen weder nach oben noch nach unten präjudiziert wird. Zum anderen stünde es dem Gesetzgeber frei, losgelöst von Regel-Mindestgrößen großräumigere Flächeneinheiten für Jagdbezirke mit besonderen Anforderungen vorzusehen, wie dies das Bundesjagdgesetz ja auch schon bislang „allgemein oder für bestimmte Gebiete" ermöglicht.[267] Allerdings müsste Entsprechendes dann auch für dortige Eigenjagdbezirke gelten. Und soweit der Gesetzgeber die Größe der Jagdbezirke auf die notwendigen Mindestgrößen beschränkte, könnte außerdem etwaigen Interessen der Grundeigentümer an großräumigeren Einheiten jederzeit im Rahmen freiwilliger Kooperationen auf der Basis genossenschaftlicher Mehrheitsentscheidungen Rechnung getragen werden.

Die Dinge blieben also im Grunde wie bisher, nur eben genau umgekehrt. Nicht mehr die Teilung eines über die notwendigen Mindestflächen hinausgehenden gemeinschaftlichen Jagdbezirkes bedürfte der Mehrheitsentscheidung, sondern der Zusammenschluss hinreichend großflächiger Jagdbezirke zu einem Jagdbezirk mit „Übergröße". Mit der Abkehr von der Idee eines einzigen gemeindeumfassenden Jagdbezirks könnten nicht zuletzt die Defizite im „demokratischen Zugang zur Jagd" abgemildert werden, indem mehr Jagdscheininhabern, insbesondere auch ortsansässigen Jägern, die Möglichkeit eröffnet würde, überschaubare und damit auch ökonomisch kalkulierbare Jagdbezirke anzupachten.

Das systemwidrige Auseinanderklaffen der gesetzlichen Größenvorgaben für Eigenjagd- und gemeinschaftliche Jagdbezirke dürfte jedenfalls ein Relikt legislativer Klientelpolitik darstellen, die nicht nur rechtspolitisch, sondern auch verfassungsrechtlich höchst problematisch erscheint.

Das vererbte Jagdrevier

Wie sehr das tradierte Revierprinzip schließlich bereit ist, das Interesse an einer ordnungsgemäßen Wildbewirtschaftung hinter Interessen einer bloßen Besitzstandswahrung zurückzustellen, zeigt die in den Jagdgesetzen des Bundes und der Länder nach wie vor als Regelfall vorgesehene Vererbbarkeit der Revierpacht. „Stirbt eine Pächterin oder ein Pächter vor Ablauf der Pachtzeit" heißt es etwa in § 14 Abs. 1 LJG Schleswig-Holstein, „so haben die Erben der Jagdbehörde eine jagdausübungsberechtigte Erbin oder einen jagdausübungsberechtigten Erben zu benennen".

Das gepachtete Jagdrevier als „Erbhof", losgelöst von der Eignung und der Erfahrung des ausersehenen Erbes und abgeschirmt vor allem vor Interventionen durch kleinere Grundbesitzer: Unverkennbar ist der Blickwinkel des historischen Gesetzesgebers auf die wohlhabende Pächterfamilie gerichtet, in der das Revier über Generationen hinweg „weitergereicht" wird. Dem einzelnen Grundeigentümer bleibt das Nachsehen.

Natürlich stünde es den Jagdgenossenschaften theoretisch frei, diese Regelung abzubedingen. Dazu müsste aber selbstverständlich die Mehrheit der Genossenschaft für diesen Weg plädieren. Würde man es in der Praxis wohl schaffen, eine Mehrheit gegen auch posthum gesicherte Pacht- und Wildschadenszahlungen zu organisieren? Da ist das Hemd der eigenen Einnahmen oft näher als der Rock der Wahrung standortangemessener Wilddichten. Sollen die Erben selbst sehen, wie sie ihren neuen Pflichten nachkommen.

Genau dies ist der Denkansatz, der eine sachgerechte und zeitgemäße Wildbewirtschaftung torpediert. Der Gesetzgeber täte gut daran, an den Tod des Pächters regelmäßig das Ende der Jagdpacht zu knüpfen.

Recht der Grundeigentümer auf ordnungsgemäße Bejagung

Dass das tradierte Reviersystem ursprünglich vor allem auf die Interessen der Jagdpächter fokussiert war, zeigt auch die lange währende Entmachtung der kleineren Grundeigentümer bei der Frage notwendiger Bestandsregulierungen. Nach dem Pachtzuschlag hat der Jagdpächter das Sagen, und das eben auch in der für Landwirte durchaus lebenswichtigen Frage des Gedeihens oder Verderbens der Saaten infolge womöglich überhöhter Wildbestände. Wie leichtfertig das Recht lange Zeit mit den landwirtschaftlichen Interessen umgegangen ist, belegt der Umstand, dass deutsche Gerichte erst Mitte der 1990er Jahre ein Recht der Grundeigentümer auf eine behördliche Erhöhung womöglich unzureichender Abschussquoten anerkannt haben. Bis dahin galt die simple Formel „Dulde und liquidiere", was nichts anderes hieß, als dass sich solvente Pächter über Ausgleichszahlungen von der Pflicht zur Erhaltung standortangemessener Wilddichten freikaufen konnten.

Dass die Idee des „Dulde und liquidiere" im Zeitalter des Klimawandels und des Aufbaus klimaresilienterer Wälder nicht mehr zeitgemäß ist, ist mittlerweile allgemein anerkannt. Zu Recht eröffnen die Landesjagdgesetze heute oft vielfältige Möglichkeiten vertraglicher Vereinbarungen. Ausgerechnet das Bundesjagdgesetz hinkt nach wie vor der Entwicklung hinterher. So soll die in § 27 eröffnete Möglichkeit behördlicher Abschussanordnungen zur Verhinderung übermäßiger Wildschäden nach ständiger Rechtsprechung der deutschen Gerichte keine einklagbaren Schutzrechte für die von solchen übermäßigen Schäden bedrohten Landwirte und Waldbesitzer vermitteln. Diese müssten danach also selbst rechtswidrige, weil übermäßige Beschädigungen ihres Grundstücks hinnehmen, ohne sich rechtlich wehren zu können. Bereits oben wurde diese Normauslegung als korrekturbedürftiges Relikt feudalen Denkens entlarvt, bei dem die Interessen der kleineren Grundeigentümer keine entscheidende Rolle spielen. Auch eine Begrenzung der Jagdbezirksgrößen könnte an dieser Stelle Verbesserungen schaffen. Die Kooperation mit den einzelnen Grundeigentümern wird nämlich für den Jagdpächter naturgemäß dort bedeutsamer, wo dem einzelnen Eigentümer selbst mehr Bedeutung zukommt.

Was ist mit dem Eigentümer-Begehungsschein? Wäre er nach alldem nicht doch eine sinnvolle Option? Das Dilemma besteht darin, dass sich die Idee einer grundstücksbezogenen Wildbewirtschaftung und das Konzept einer grundstücksübergreifenden Wildbewirtschaftung in Jagdbezirken im Grundsatz gegenseitig ausschließen. Wenn Wildbewirtschaftung tatsächlich auf der Ebene von Einzelgrundstücken möglich wäre, würde es an einem rechtfertigenden Grund für die zwangsweise Zusammenführung von Grundeigentümern in Jagdgenossenschaften fehlen. Anderes wäre allenfalls für frei vereinbarte Jagderlaubnisse denkbar, die eine Jagdgenossenschaft für Grundeigentümer anstreben und vertraglich vereinbaren könnte, deren Grundstücke aufgrund unzureichender Abschusserfüllung erhöhten Schäden ausgesetzt sind. Derartige Vertragsabsprachen könnten dann durchaus Anreiz für eine ordnungsgemäße Wildbewirtschaftung durch den jeweiligen Pächter sein.

Eigenbewirtschaftung durch Jagdgenossenschaften als Alternative?

Vor dem Hintergrund der dargestellten Probleme stellt sich schließlich die Frage, ob nicht die Eigenbewirtschaftung gemeinschaftlicher Jagdbezirke durch die Genossenschaft das „Modell der Zukunft" werden könnte. Die deutschen Jagdgesetze haben diese Option einer eigenen Bejagung durch angestellte Jäger seit dem Beginn des Revierprinzips, wenn auch in unterschiedlicher Weite, offengehalten.

Erstmals geschah dies durch § 10 S. 1 lit. b des Preußischen Jagdpolizeigesetzes vom 7. März 1850. Erst der selbsternannte NS-Reichsjägermeister Hermann Göring versuchte, diese Option der Grundeigentümer über sein neues Reichsjagdgesetz von 1934 faktisch aufzuheben, indem die Eigenbewirtschaftung in § 11 Abs. 3 des Gesetzes von der Anstellung eines Berufsjägers abhängig gemacht wurde. Wohl wissend, dass dies ökonomisch für normale Jagdgenossenschaften nicht zu stemmen war, sodass der Vorbehalt faktisch eine Verpachtungspflicht darstellte.

Auch wenn das Bundesjagdgesetz den Berufsjägervorbehalt nicht fortführte und damit wohl auch eine „ehrenamtliche" Anstellung von Jagdscheininhabern ermöglicht, führt die Option der genossenschaftlichen Eigenbewirtschaftung bis heute eher ein Schattendasein. Die Gründe hierfür liegen auf der Hand, denn letztlich wird im Rahmen der Regiejagd weitgehend auf die Nutzung des wirtschaftlichen Wertes des Jagdausübungsrechts der Genossenschaft verzichtet. Und ohne Pächter lässt sich natürlich auch die Wildschadenshaftung nicht auf den Pächter überwälzen.

Selbst die Zulässigkeit der Vergabe entgeltlicher Erlaubnisscheine wird in Teilen des juristischen Schrifttums mit der Argumentation infrage gestellt, dass es sich um eine „verkappte" Verpachtung handele.[268] Geld verdienen lässt sich mit diesem Modell also vermutlich nur schwer. Als Ultima Ratio kann dieses Modell immerhin dort interessant werden, wo es darum geht, Schlimmeres zu verhindern. Dies kann etwa bei einer drohenden Unverpachtbarkeit gemeinschaftlicher Jagdbezirke infolge überhöhter Wildbestände der Fall sein oder auch bei Waldrevieren, in denen die Verbissschäden höher ausfallen als die Pachterträge.

Im Übrigen dürfte die Diskussion darüber, welche Gestaltungsoptionen die genossenschaftliche Regiejagd eröffnet, keineswegs abgeschlossen sein. Warum etwa sollte unter der Regie eines ehrenamtlich tätigen angestellten Jägers nicht auch die entgeltliche Vergabe von Pirschbezirken möglich sein, die möglicherweise sogar vorrangig an die jeweiligen Grundeigentümer vergeben werden? Und wäre die Vergabe entgeltlicher Erlaubnisse wirklich eine Umgehung der pachtrechtlichen Regelungen?

Von der klassischen Verpachtung lassen sich derartige Modelle jedenfalls solange unzweideutig abgrenzen, wie der Pirschbezirksinhaber und der Jagderlaubnisinhaber der Aufsicht, den Weisungen und dem zumindest subsidiären jagdlichen Zugriff des angestellten Jägers unterworfen bleiben. Im Gegensatz zu derartigen Modellen besteht das Wesen der Jagdpacht nämlich gerade darin, dass der Pächter auf der Grundlage eines eigenen Jagdausübungsrechts tätig wird, während die Jagdgenossenschaft jegliche Aufsichts- und Direktionsbefugnisse gegenüber dem Pächter verliert. So gesehen handelt sich hier um zwei rechtlich völlig unterschiedliche Konstrukte, sodass der Vorwurf einer verkappten Verpachtung wohl nicht trägt. Dies würde möglicherweise selbst dann gelten, wenn die entgeltliche Vergabe eines Pirschbezirkes im Rahmen der genossenschaftlichen Regiejagd mit der Übernahme der Wildschadenshaftung für diesen Pirschbezirk verbunden wird.

Und was spricht überhaupt dagegen, dem Prinzip der Vertragsfreiheit auch im Rahmen der genossenschaftlichen Regiejagd Raum zu gewähren? In jedem Falle wäre eine Jagdbewirtschaftung unter der Regie eines ehrenamtlich tätigen Jägers deutlich organisierter und abgestimmter als der für Brandenburg geplante „Waldbesitzer-Begehungsschein" oder gar eine verkappte Vereinsjagd auf pachtrechtlicher Basis.

WALD VOR WILD: ZWEI VERLIERER WERDEN GEGENEINANDER AUSGESPIELT

Nun ist die Organisation der Jagd das eine, die andere und nicht minder wichtige Frage aber ist die nach den inhaltlichen Leitlinien und Zielen der Jagdausübung. Gewiss kann die Jagd, wenn sie – wie in Deutschland – als Eigentumsrecht garantiert und ernst genommen wird, nicht allein auf eine dienende Funktion für die Land- und Forstwirtschaft reduziert werden. Zum Wesen des Eigentums zählt nun einmal zuvorderst dessen Privatnützigkeit, also die Möglichkeit, das Eigentum zum eigenen Nutzen verwenden zu dürfen.

Umgekehrt allerdings steht außer Frage, dass die Jagdausübung in besonderer Weise in einem Spannungsfeld vielfältiger konfligierender Interessen steht und mit eben diesen Interessen austariert werden muss. Und genau hier beginnt der eigentliche Regelungsauftrag des Gesetzgebers. Nichts anderes meint unser Grundgesetz, wenn es in Art. 14 Abs. 2 GG ausführt: *„Eigentum verpflichtet. Sein Gebrauch soll zugleich dem Wohl der Allgemeinheit dienen“*. Doch wie lassen sich diese sehr unterschiedlichen Enden dieser vielfältigen Interessen zusammenführen?

Wie schwierig die Lage im Detail ist, zeigt die zunehmend hitzig geführte Debatte um die sogenannte „Wald-Wild“-Problematik und hier insbesondere die Frage des Umgangs mit dem Rotwild in unseren klimagestressten Wäldern. Neu ist das Thema nicht. Und nicht von ungefähr wird die derzeitige Lage der deutschen Wälder in Anspielung an die Debatten der 80er-Jahre des vergangenen Jahrhunderts als „Waldsterben 2.0“ bezeichnet. Zugleich wird die aus der behördlichen Abschussplanung herrührende Formel „Wald vor Wild“ mittlerweile vielfach als offene Kampfansage speziell an die Rotwild- und auch Rehwildbestände in Deutschland verstanden. Leidenschaftlich wehrt sich die Jägerschaft gegen einen von ihr befürchteten Paradigmenwechsel, der die Jagd primär als „Schädlingsbekämpfung" begreift, und verweist auf die dramatischen Folgen der langjährigen Zurückdrängung des Rotwilds auf enge Korridore.

Der König der Wälder: am Beginn des Aussterbens

Tatsächlich werden bei Deutschlands größter Wildart zunehmende Missbildungen wie insbesondere Verkürzungen des Unterkiefers festgestellt, die auf einen mangelnden genetischen Austausch der Populationen zurückzuführen sind. In aktuellen Studien der Universitäten Gießen und Göttingen zeigten sich lediglich zwei der insgesamt 34 untersuchten Bestände genetisch soweit stabil, dass ein langfristiger Schutz vor Inzucht gewährleistet erscheint.[269] Namhafte Wildökologen wie Professor Sven Herzog von der Technischen Universität Dresden sehen das Rotwild bereits „am Beginn eines langfristigen Aussterbungsprozesses".[270] Und nicht nur hinter vorgehaltener Hand wird der Vorwurf laut, dass das Rotwild als Sündenbock für Versäumnisse in der Waldwirtschaft herhalten müsse.

In der Tat ist kaum zu übersehen, dass ungeachtet aller Warnsignale etwa in Gestalt des Wirbelsturms Wiebke Anfang des Jahres 1990 auch in der Waldbewirtschaftung manch dringende Hausaufgabe liegengeblieben ist. Dass die Zeit eines unreflektierten Anbaus von Fichtenmonokulturen in gleichaltrigen Beständen zu Ende gehen würde, konnte spätestens seit den Verwüstungen von Orkan Wiebke im Jahre 1990 niemandem mehr verborgen bleiben. Nicht von ungefähr begannen denn auch bereits ab diesem Zeitpunkt zahlreiche Forstbetriebe und auch staatliche Forsten mit der Umwandlung gefährdeter Fichten-Altersklassenwälder in robustere und klimaresilientere Mischwälder.

Wer es wirklich wissen wollte, konnte das bereits seit mehr als 100 Jahren tun. Bereits im Jahre 1921 nämlich hatten erfahrene Forstleute des Forstamtes Breitenthal auf die Notwendigkeit der Abkehr von Fichten-Monokulturen hingewiesen. Kurz zuvor, im Januar 1920, hatte ein verheerender Wintersturm rund 350 Hektar Fichtenwald wie Streichhölzer umgeknickt. Sprichwörtlich geworden ist die in Stein, konkret einen Gedenkstein im Roggenburger Forst bei Ulm, eingemeißelte Warnung an die nachfolgenden Generationen:

„In Sturmes Nacht
sank des Waldes Pracht.
Willst Du den Wald bestimmt vernichten,
so pflanze nichts als reine Fichten.“

Und keine überraschende Neuigkeit ist auch die standortspezifisch hohe Anfälligkeit der tradierten Altersklassen-Fichtenwälder für Sommerdürren und Borkenkäferbefall. All diesen Erkenntnissen zum Trotz ist die schnell wachsende Fichte mit mehr als 25 % – Anteil an der Gesamtwaldfläche – wenn auch mit deutlich rückläufigem Anteil[271] – nach wie vor die am meisten verbreitete Baumart in unseren Gefilden, mit deutlichem Vorsprung vor der Kiefer, der Buche und der Eiche; und das eben nicht nur im Gebirge, sondern auch in Ländern wie Nordrhein-Westfalen.

Natürlich gab und gibt es für die tradierte Vorliebe für Fichten nachvollziehbare ökonomische Gründe. Gerade nach den Verwüstungen der beiden Weltkriege, den Reparationen, die oft in Holz zu entrichten waren, aber auch dem Baubedarf nach dem Zweiten Weltkrieg wurde oft auf die schnell wachsende Fichte gesetzt. Bis heute besteht gerade im Baubereich ein hoher Bedarf an ausreichendem Fichtenholz, das dort schon aus baustatischen Gründen nicht ohne Weiteres durch das deutlich schwerere und teurere Holz etwa der klimaresilienteren Eiche ersetzt werden kann. Genau deshalb ist die Fichte bis heute das ökonomische Rückgrat der Fortwirtschaft geblieben.

Mit dem Klimawandel zeigt sich aber auch die Kehrseite des vielerorts zu langen Festhaltens an den Altersklassen-Fichtenwäldern. Und diese Kehrseite besteht jedenfalls an exponierten, trockenen Lagen in Instabilität, Hitze- und Sturmanfälligkeit – Schwächen also, die sich unser Wald mittlerweile nicht mehr leisten kann. In jedem Falle ist es zu einfach, die Schuld für die Wald-Wild-Problematik dem Rotwild in die Schuhe zu schieben. Treffender dürfte die These sein, dass sich mit dem Wald und dem Rotwild die beiden großen Verlierer eines zu langsam reagierenden und vielleicht auch zu wenig vernetzt denkenden Wald- und Wildmanagements gegenüberstehen, die nunmehr beide unverschuldet um ihr Überleben kämpfen müssen.

Dieser Befund ist juristisch übrigens keineswegs ohne Brisanz. Denn der in den Jagdgesetzen normierte Vorrang der berechtigten Schutzinteressen der Land- und Forstwirtschaft vor den jagdlichen Interessen („Wald vor Wild") steht, wie in der Rechtsprechung anerkannt ist, unter dem Vorbehalt, dass es sich „um eine ordnungsgemäße Forstwirtschaft handelt".[272] Aber hätte zu einer ordnungsgemäßen Forstwirtschaft nicht auch gehört, regional notwendig Anpassungen, wo irgend möglich, rechtzeitig in die Wege zu leiten? Dies sowohl hinsichtlich der Auswahl standortgerechter Baumarten als auch hinsichtlich der Bewirtschaftungsanforderungen wie etwa der für die Sturmanfälligkeit bedeutsamen Baumabstände?[273]

Wieder einmal rächt es sich, dass sich die Diskussion in unserem Lande viel zu lange höchst eindimensional auf den gewiss notwendigen Kampf gegen den fortschreitenden Klimawandel fokussiert, dabei aber die nicht minder wichtige Frage vernachlässigt hat, wie wir mit dem zu erwartenden und bereits eingetretenen Klimawandel umgehen sollen. Die vom zuständigen Bundesministerium genannte Wiederaufforstungsfläche von aktuell rund 500 000 Hektar muss in dieser Hinsicht durchaus zu denken geben.

Verbergen sich hinter so beeindruckenden Vokabeln wie jenen der „Kalamitäts-“ und „Sukzessionsflächen“ am Ende nicht doch vielfach auch die Folgen eines viel zu späten waldbaulichen Umsteuerns? Es stimmt jedenfalls nachdenklich, wenn Wilhelm Bode, ehemaliger Chef der saarländischen Forstverwaltung, die deutschen Forstgesetze unlängst als „ökologischen Totalausfall“ bezeichnete.[274]

Auf der Suche nach intelligenten Lösungen

Aber selbst wenn ein beachtlicher Teil unserer aktuellen waldbaulichen Probleme durch rechtzeitiges Handeln womöglich hätte vermieden oder zumindest entschärft werden können: Die rückwärtsgewandte Suche nach Versäumnissen und Schuldigen führt nie zur Lösung eines Problems. Und so steht am Ende außer Frage, dass die Umstellung der als Lebens- und Erholungsraum, als Wirtschaftsfaktor sowie als CO_2- und Wasserspeicher so wichtigen Wälder auf klimaresilientere Baumarten in vielen Regionen nicht ohne eine sachgerechte Regulierung der Reh- und Rotwildbestände möglich sein wird.

Umgekehrt aber gilt genauso, dass eine pauschale Verdrängungsrhetorik, wie sie bisweilen mit der Formel „Wald vor Wild“ verbunden wird, fehl am Platze ist. Und dies nicht nur wegen der bereits erwähnten forstwirtschaftlichen „Vorgeschichte“. Vielmehr sind Wald und Wild seit jeher ein symbiotisch funktionierender Lebensraum gewesen, ohne dass die Existenz des Schalenwildes eine Existenzbedrohung für den Wald dargestellt hätte. Und dieses naturgemäße Modell gilt es zu bewahren. Zu suchen ist daher nach intelligenten Lösungen, bei denen die erforderlichen Eingriffe möglichst zielgenau erfolgen und durch Zonen der Ruhe aufgewogen werden.

Gerade unsere staatlichen Forste erscheinen hierbei aufgrund ihrer spezifischen Gemeinwohlbindung in besonderer Weise berufen, entsprechend den grundgesetzlichen Zielvorgaben des Umwelt- und

Tierschutzes neue Verbundlösungen im Sinne eines Schutzes von Wald *und* Wild zu entwickeln. Die in der Tat engmaschige ökonomische Überwachung der Staatsforste durch die Rechnungshöfe darf nicht darüber hinwegtäuschen, dass Bund und Länder weit mehr noch als private Waldeigentümer in der Pflicht stehen, wenn es um den Schutz gefährdeter Arten geht.

Tatsächlich gibt es auf staatlicher Ebene bereits heute interessante Modelle, wie jenes des von den Vereinten Nationen ausgezeichneten Bundesforstbetriebes Grafenwöhr und seines Leiters Ulrich Maushake. Auf den dortigen 23 000 Hektar großen Truppenübungsplatz-Fläche, die zu 80 % FFH-Gebiet darstellen, ist es gelungen, einen zahlenmäßig sogar weit überdurchschnittlich hohen Rotwildbestand nahezu schadensfrei zu bewirtschaften. Das Erfolgsrezept ist denkbar einfach: konsequente Bejagung des Rotwilds in schadensgefährdeten Waldbereichen, zugleich Lenkung des Rotwildes in beruhigte, aber wenig schadensgefährdete Bereiche und dort in Offenlandlebensräume, die durch das äsende Rotwild weiterhin offengehalten werden. Das Rotwild hat sich als lernfähig erwiesen und sich vom „Schädling" zum „Landschaftspfleger" entwickelt.[275]

Gewiss wird sich dieses Modell nicht eins zu eins auf Bereiche mit intensiver landwirtschaftlicher Nutzung übertragen lassen. Aber es zeigt, dass es kreativere Lösungen des Wald-Wild-Konfliktes gibt als jene, Abschusszahlen unter Androhung und Anwendung behördlicher Zwangsmaßnahmen immer weiter in die Höhe zu treiben.

Der Schutz des Rotwilds ist kein „Almosen"

Hinzu kommt, dass der Schutz des Rotwildes sowie die Schaffung und Erhaltung adäquater Lebensräume für diese Wildart kein Geschenk an die Jägerschaft sind. Noch weniger sind sie ein Almosen für eine Wildart, über das nach Kassenlage zu entscheiden wäre. Sie sind schlichtweg eine rechtliche Pflicht. So hat sich Deutschland in der Berner Konvention aus dem Jahre 1979 sogar völkerrechtlich zum Schutz des hier lebenden Rotwildes verpflichtet. Art. 7 dieser Konvention verpflichtet die Konventionsstaaten, *„die geeigneten und erforderlichen gesetzgeberischen und Verwaltungsmaßnahmen (zu ergreifen), um den Schutz der in Anhang III aufgeführten wild lebenden Tierarten sicherzustellen*", und zugleich jegliche Nutzung so zu regeln, *„dass die Populationen in ihrem Bestand nicht gefährdet werden*". Das gilt übrigens auch mit Blick auf die anwachsenden Wolfsbestände.

Und auch dem allerdings wohl ungefährdeten Rehwild darf ein Existenzrecht in unseren Wäldern und Feldern nicht abgesprochen werden. Auch nach nationalem Recht besteht kein Zweifel, dass ein hektischer „Durchmarsch" waldbaulicher Interessen ohne Rücksichtnahme auf die Interessen der Wildtiere dem expliziten Wilderhaltungsgebot des Bundesjagdgesetzes bzw. seiner landesrechtlichen Parallelregelungen zuwiderliefe.

Warum eigentlich scheint es geradezu ein Tabu zu sein, darüber nachzudenken, ob zum Schutz gefährdeter Rotwildpopulationen auch einmal höhere Fraßeinwirkungen in Kauf genommen werden könnten, anstatt fiskalischen Interessen steten Vorrang einzuräumen? Gerade die dem Gemeinwohl dienenden staatlichen Forste könnten, soweit zentrale Waldfunktionen nicht gefährdet werden, durchaus mit solchen artenschutzrechtlichen Aufgaben betraut werden.

Es ist schon bemerkenswert, dass jenes Segment des Natur- und Artenschutzes in der sonst so sensiblen öffentlichen Debatte auf ein bemerkenswertes Desinteresse stößt. Nicht einmal die Protagonisten der Formel von der „Selbstregulierung der Natur" kämen auch nur im Ansatz auf die Idee, den Verbiss durch das Rotwild an den Jungtrieben im Wald als Teil eben dieser Selbstregulierung zu akzeptieren – ganz anders übrigens, als sie dies für Attacken des Wolfes auf die tierischen Bewohner des Waldes zu tun pflegen. Dabei folgen beide

Tierarten doch ein und demselben inneren Trieb, nämlich dem, sich selbst am Leben zu halten. Ist unser Artenschutz, wie H. Kalchreuter schon früh vermutet hat,[276] vielleicht doch eine Art Zweiklassengesellschaft, in der Fleischfresser von vornherein eine höhere Akzeptanz genießen als Pflanzenfresser? Es hat mitunter den Anschein.

Anstatt immer wieder auf missverständliche Großformeln wie „Wald vor Wild" zu rekurrieren, wäre es daher allemal an der Zeit, neue und kreativere Modelle zu entwickeln, die beiden Seiten gerecht werden: dem Wald wie auch dem Wild, insbesondere dem Rotwild. Vorschläge hierzu gibt es, wie der Blick auf den Bundesforstbetrieb Grafenwöhr gezeigt hat, genug. Angefangen bei einer stärkeren örtlichen Fokussierung von Waldschutzmaßnahmen bis hin zur Schaffung kompensatorischer, weniger gefährdeter Ruheräume, in denen Fraßeinwirkungen toleriert werden.

Dass selbst im Rahmen von Neuaufforstungen ein Totalabschuss des Wildes auf Verjüngungsflächen keineswegs unausweichlich ist, zeigt die in Finnland schon seit längerem praktizierte „Turbo-Bepflanzung" von Kahlflächen. Die herbei durch eine einzige Pflanzmaschine bewirkten Massenanpflanzungen von rund 1000 Setzlingen pro Tag preist Fraßschäden von vornherein ein und bewirkt damit, dass der Wildverbiss in der Fläche ohne größere Bedeutung bleibt und sich 95 Prozent der Pflanzen normal entwickeln.[277] Warum reden wir nicht z. B. über dynamische Kompensationsmodelle, bei denen womöglich notwendige stärkere Reduktionen an der einen Stelle mit ausgleichenden Maßnahmen an anderer Stelle abgefedert werden?

Dringend notwendig erscheint insbesondere die flächendeckende Beendigung der bisherigen Praxis einer territorial segregierten Existenz des Rotwildes in eng begrenzten Reservoiren, die euphemistisch als Rotwildgebiete oder Rotwildbewirtschaftungsgebiete bezeichnet werden. Gerade einmal vier Prozent der Landesfläche werden dem Rothirsch etwa in Baden-Württemberg dabei als Lebensraum zugestanden. Oder umgekehrt: Auf 96 % der Landesfläche ist die Wildart zum Abschuss freigegeben (s. Abb. Bildtafel VIII). Dass in einer solchen räumlichen Isolation der notwendige genetische Austausch nicht mehr gewährleistet ist, liegt auf der Hand. Wer würde es wagen, ein derartiges Modell für den Wolf vorzuschlagen!

Die unlängst vom zuständigen baden-württembergischen Landesminister angekündigte genetische Auffrischung der inzuchtgefährdeten Rotwildpopulationen durch Wildtiertransporte[278] jedenfalls stellt gewiss keine nachhaltige Lösung des Problems dar.

Zweifellos wird es keine einfache Sache werden, dem Rotwild in einem dichtbesiedelten und von zahllosen Verkehrswegen durchschnittenen Land wie der Bundesrepublik Deutschland die ihm gebührenden weiträumigen Bewegungsmöglichkeiten auch außerhalb enger Waldbereiche zu verschaffen. Aber die Entwicklung von Lösungen, etwa durch die Öffnung großräumiger „Wanderachsen", wie sie z. B. zwischen Dänemark und Mecklenburg-Vorpommern diskutiert werden,[279] ist notwendiger denn je.

Gegenüber solchen zeitgemäßen Überlegungen erscheint die forstpolitische Richtung der zuletzt in Brandenburg vorgelegten Entwürfe für ein neues Jagdgesetz wie ein wildbiologischer Offenbarungseid. Letztlich zielt die Vielzahl der darin angedachten Regelungen, von der Atomisierung der bejagbaren Einheiten bis hin zu der Formel, dass *„im Wald … an jeder Stelle das Aufwachsen der Verjüngung gewährleistet sein (muss)"*[280], einzig auf weitgehende Eliminierung der Rotwildbestände.

Nähme man letztgenannte Entwurfsformulierung beim Wort, so würde dem Rotwild de facto jegliche Nahrungsaufnahme untersagt. Sarkastisch formuliert bliebe ihm mit dieser Null-Verbiss-Strategie nur noch die Wahl der Todesart: Tod durch Verhungern oder Tod durch Abschuss. Es liegt auf der Hand, dass dies kein tragfähiges und damit letztlich auch kein rechtlich zulässiges Modell zur Lösung des

Wald-Wild-Konfliktes sein kann – wenn es denn überhaupt als ein solches gedacht ist. Und selbst wenn einschneidende Maßnahmen vor Ort bisweilen unvermeidlich sein sollten, wäre es dann nicht überzeugender, auf die konkrete Belastungssituation vor Ort abzustellen, anstatt die nahezu unbegrenzten Abschussvorgaben pauschal auf den Lebensraum „Wald" zu beziehen?

Fest steht, dass der Wald der Zukunft als Lebensraum gedacht werden muss, und die waldbaulichen Entscheidungen folgerichtig mit dem Rotwild und nicht ohne oder gar gegen diese Wildart getroffen werden können. Und fest steht auch, dass wir dem Rotwild aus Gründen des Artenschutzes weiträumigere Bewegungsradien eröffnen müssen. Dass ausgerechnet der umstrittene Entwurf für ein neues rheinland-pfälzisches Jagdgesetz hier eine erste Schneise geschlagen hat, gehört sicher zu den überraschenden Volten der jagdlichen Diskussionen in Deutschland. Weniger überraschend ist immerhin, dass der primär auf Erhöhung der Abschusszahlen ausgerichtete Entwurf die andere Seite des notwendigen Schutzes weitgehend ausgeblendet hat, nämlich den Erhalt gesunder Rotwildpopulationen in standortangemessener Größe als schützenswerten Teil der heimischen Fauna. Ganz so, wie es die Berner Konvention vorsieht.

Warum eigentlich, fragt man sich, wird der dringende Handlungsbedarf beim Schutz des Rotwildes entgegen des sonst so breiten Interesses am Artenschutz gesellschaftlich kaum diskutiert?[281] Wo bleibt der Aufschrei des Tierschutzes in Anbetracht des befürchteten Aussterbens des Königs der Wälder? Hat die Wildart als „Wappentier der Jagd" womöglich teil an den vielfältigen Vorbehalten und Vorurteilen, die der Jagd selbst entgegenschlagen? In jedem Falle wäre das vielfältige Engagement um die Rückkehr der großen Beutegreifer und Prädatoren wie Luchs und Wölfe deutlich überzeugender, wenn man dabei auch in Not geratene große Pflanzenfresser wie das Rotwild im Auge behielte. Auch sie sind ja auf ihre Weise eine Art Prädatoren, nur halt in Bezug auf pflanzliche Organismen. Schämen muss sich die Jägerschaft jedenfalls nicht, wenn sie als anscheinend einzig verbliebener Anwalt dieser zu Unrecht diskreditierten Wildart das Wort ergreift.

WILDSCHADENSHAFTUNG – DAS „HEISSE EISEN" DER JAGDLICHEN ORDNUNG

Schon in einem früheren Abschnitt haben wir einen Blick auf die tradierte Konstruktion der Wildschadenshaftung geworfen, deren gedankliches Fundament ebenso ins Wanken geraten ist wie ihre praktische Umsetzbarkeit; zumal sich die Intention, die räumlichen Zufälligkeiten des Eintritts von Wildschäden in einem Gemeindegebiet dadurch aufzufangen, dass die Schadensbewältigung auf die breiten Schultern aller landwirtschaftlichen Betriebe vor Ort verlagert wird, mit der Konzentration der Landwirtschaft auf wenige Betriebe vielfach erledigt hat. Zugleich haben jahrzehntelange Konzentrationsprozesse dazu geführt, dass Wildschäden für die wenigen verbliebenen Großbetriebe eben nicht mehr „zufällig", sondern betriebswirtschaftlich kalkulierbar sind und damit durchaus in den Pachtpreis für die Jagd einberechnet werden können.

Mit dem tradierten Konzept der Wildschadenshaftung sind überdies zahlreiche handfeste Nachteile verbunden: So fehlen wirtschaftliche Anreize für eine effektive Wildschadensprävention durch die betroffenen Landwirte. Es fehlen Anreize, von dem Jagdpächter eine ordnungsgemäße Wildbewirtschaftung einzufordern, was über Zielvereinbarungen in den Pachtverträgen und außerordentliche Kündigungsmöglichkeiten durchaus realisierbar wäre. Schließlich werden unkalkulierbare Haftungssummen vermehrt zum Hindernis für die Vermarktung von Revieren, was nicht nur die Jagdscheininhaber als Pächter trifft, sondern ebenso die Jagdgenossen und Grundeigentümer als Verpächter. Die subsidiäre Einstandspflicht der Genossenschaft bzw. der Jagdgenossen im Falle des Scheiterns der Haftungsüberwälzung auf den Jagdpächter birgt für sie erhebliche finanzielle Risiken. Nicht von ungefähr ist in den Forstwissenschaften die Forderung erhoben worden, die tradierte Wildschadenshaftung von Grund auf zu überdenken.[282]

Wirkliche Realisierungschancen dürften die weitreichenden Reformvorschläge nicht haben. Aber möglicherweise bedarf es solcher grundlegender Änderungen auch gar nicht. Dann nämlich nicht, wenn es gelänge, die dargestellten Probleme durch ein moderates Umsteuern zu lösen. Drei Dinge gilt es dabei im Auge zu behalten:

› Die (subsidiäre) gesetzliche Wildschadenshaftung der Jagdgenossenschaft darf keine existenzbedrohenden Ausmaße für einzelne Betriebe annehmen;
› eine Motivation der Grundeigentümer, vom jeweiligen Pächter eine ordnungsgemäße Wildbewirtschaftung einzufordern und dabei auch selbst auf die Vermeidung von Wildschäden zu achten, muss erhalten bleiben; und schließlich
› darf die Verpachtbarkeit von Jagdbezirken nicht an einer für potenzielle Pächter unkalkulierbaren Wildschadenshaftung scheitern.

Eine mögliche Lösung: Stärkung der Jagdgenossenschaften

Ein Lösungsmodell könnte in der Stärkung des Selbstverwaltungsrechts der Jagdgenossenschaften liegen. Warum etwa sollte nicht die Jagdgenossenschaft selbst frei darüber entscheiden, in welcher Höhe bzw. zu welchem Prozentsatz die gesetzliche Wildschadenshaftung für Flächen innerhalb des gemeinschaftlichen Jagdbezirkes greifen bzw. die Haftung pauschal über den Pachtpreis abgegolten werden soll? Ggf. könnte hierzu ein gesetzlicher Rahmen vorgegeben werden, wonach dieser Prozentsatz eine gewisse Mindesthöhe nicht unterschreiten und ebenso über eine gewisse Maximalhöhe nicht hinausgehen darf.

Soweit Einstimmigkeit erzielt werden kann, entspräche es dabei der Idee der Selbstverwaltung, eine gesetzliche Haftung der Jagdgenossenschaft auch vollständig ausschließen zu können. Die Jagdgenossenschaft könnte dann in eigener Verantwortung entscheiden, wie sie die Risiken gewichten und verteilen will, wobei den einzelnen Grundeigentümern im Rahmen kleiner gehaltener Genossenschaften ein maßgebliches Stimmgewicht zukäme. Würden Wildschäden nicht durch die Jagdgenossenschaft aufgefangen, könnte dies durch eine entsprechende Erhöhung des Pachtpreises sowie schadensmindernde Bejagungsvorgaben im Jagdpachtvertrag kompensiert werden.

Der Vorteil für die Jagdgenossenschaft bestünde vor allem darin, dass das Damoklesschwert eines internen Haftungsregresses über den Häuptern der einzelnen Grundeigentümer verschwindet. Derzeit schlägt dieses Schwert immer dann zu, wenn die Abwälzung der – bislang unbegrenzten – genossenschaftlichen Haftung auf den Jagdpächter rechtlich oder faktisch misslingt.

Mit der Beseitigung bzw. Entschärfung der Eigenhaftung der Jagdgenossenschaft entfiele zugleich der bisherige Druck der Genossenschaften, zur Vermeidung eines internen Regresses eine Haftungsübernahme durch den Jagdpächter durchsetzen zu müssen. Manche derzeit oder künftig nur schwer verpachtbare Reviere könnten dadurch für den Markt wieder attraktiv werden. Damit freilich ein solchermaßen nachjustiertes System auch bei den Pächtern „ankommt", wäre gesetzlich klarzustellen, dass eine Haftungsübernahme durch die Jagdpächter jeweils nur für denjenigen Schadensanteil zulässig ist, den die Jagdgenossenschaft nach ihrer eigenen Festlegung zu tragen verpflichtet ist.

Natürlich würde rasch die Frage laut werden, wer denn die ausfallenden Restbeträge bezahlen soll. Denn ohne Zweifel impliziert das hier skizzierte Modell die Entstehung von Haftungslücken zulasten einzelner geschädigter Grundeigentümer. Nun, die Antwort hierauf wurde bereits oben gegeben: Wildschäden lassen sich in den heutigen großräumigen Anbaustrukturen durchaus betriebswirtschaftlich kalkulieren und müssen damit über den Pachtpreis „aufgefangen" werden. Soweit dies zuverlässig möglich ist, kann die Genossenschaft sogar ohne wirtschaftliche Nachteile die Option einer 25 %- oder gar 0 %-Haftung wählen, was die Attraktivität des Pachtangebots und damit die Nachfrage nach dem Revier deutlich erhöhte, ohne die Risiken eines eigenen Haftungsregresses einzugehen. Da potenzielle Pächter heute wohl eher vor den für sie nicht kalkulierbaren Wildschadensforderungen zurückschrecken als vor einer höheren Grundpacht, könnte dieses Modell für die Jagdgenossenschaften am Ende sogar wirtschaftlich deutlich vorteilhafter sein als das bisherige, mit hohen Streitrisiken behaftete Kompensationsmodell.

Soweit das zu erwartende Schadensausmaß in einem Revier dagegen vorab schwerer zu kalkulieren sein sollte, würde die Jagdgenossenschaft im Zweifel eine höhere Ausgleichsoption wählen. Ähnlich dem bisherigen „Vollkasko-Modell" beinhaltete diese Variante dann aber auch das Risiko, dass die Genossenschaft bzw. jeder einzelne Grundeigentümer – ebenso wie nach dem derzeit geltenden System – als Ausfallbürge eintreten muss, falls der Pächter nach der Entstehung höherer Wildschäden zahlungsunfähig wird oder aus anderen Gründen nicht mehr greifbar ist.

Natürlich ließe sich die Attraktivität einer genossenschaftlich festzulegenden Haftungsquote zusätzlich dadurch steigern, dass den Grundeigentümern für die ihnen auferlegte Pflicht zur Duldung der sogenannten „tragbaren Wildschäden" – ähnlich einer Agrarsubvention – eine flächenbezogene Grundentschädigung aus staatlichen Mitteln zugebilligt wird, die den Verlust des derzeitigen „Vollkasko"-Schutzes zusätzlich schmackhaft macht. In Anbetracht des Umstandes, dass das auf den Grundflächen zu Schaden gehende Wild „herrenlos“ ist, wäre ein solches Kompensationsmodell, das über die Idee bloßer „Wildschadensausgleichskassen“ deutlich hinausginge, rechtlich durchaus begründbar. Eine solche Subvention müsste allerdings so bemessen bleiben, dass ein relevantes Eigeninteresse der Jagdgenossenschaft und Jagdgenossen erhalten bleibt, die Jagdausübung nur solchen Pächtern zu überantworten, die eine ordnungsgemäße Wildbestandregulierung gewährleisten. Die Diskussion dieser Fragen steht allerdings sicher erst an ihrem Anfang.

DIE JAGD AUF ÖFFENTLICHEM GRUND

Anders als etwa in den Vereinigten Staaten, wo die Jagd auf öffentlichen Flächen (public lands) grundsätzlich jedermann offensteht, unterscheidet das deutsche Recht nicht wesentlich zwischen der Jagd auf privatem und auf öffentlichem Grund. Dies bedeutet, dass wir es bei größeren Flächeneinheiten von Bund, Ländern und Kommunen regelmäßig mit Eigenjagden zu tun haben, die grundsätzlich wie alle anderen Eigenjagden behandelt werden.

Für die Staatsforste des Bundes und der Länder jedoch findet sich in § 21 Abs. 4 BJagdG eine begrenzte Sonderregelung dahingehend, dass diese von der staatlichen Abschussplanung ausgenommen sind und ihren Abschuss in eigener Kompetenz regeln. Und so hat sich in den Staatsforsten weithin ein autonomes Regime der staatlichen Regiejagd erhalten, das von privaten revierlosen Jagdscheininhabern bisweilen als Jagdgelegenheit genutzt, von privaten Revierinhabern aber auch oft sehr kritisch gesehen wird.

Staatliche Förster: Feinde des Wildes?

In der Wahrnehmung so mancher privater Revierinhaber gelten staatliche Förster als Feinde des Reh- und Rotwildes, die in diesen

Wildarten nicht mehr als „Waldschädlinge" sehen. Freilich beruht die vorurteilsbehaftete Sicht auf die jagdliche Nachbarschaft mitunter auf Gegenseitigkeit. Bereits erwähnt wurde die Stellungnahme des (Forst-)Wissenschaftlichen Beirats Waldpolitik beim Bundesministerium für Ernährung und Landwirtschaft (BMEL), der die „Entspannung vom beruflichen Alltagsstress" suchenden privaten Jäger unlängst als „ein zentrales Hindernis für ein effizientes Wildtiermanagement" bezeichnet.[283]

In der Sache erscheinen die gegenseitigen Vorwürfe und Vorurteile weder berechtigt noch zielführend. In Bezug auf die von der privaten Jägerschaft erbrachten Leistungen hatten wir dies schon herausgestellt. Nicht weniger Anerkennung verdient die Arbeit der staatlichen Förster. Oft haben gerade sie die Herausforderungen des Klimawandels schon früh erkannt und seit den großen Stürmen der 1990er Jahre Beachtliches beim Umbau der Wälder geleistet. Und dass ihnen das Schicksal des Wildes am Herzen liegt, dokumentieren vielfältige Standardwerke über das Wild aus der Feder engagierter Forstbeamter. Genannt werden soll an dieser Stelle der Jagdklassiker „Hege und Bejagung des Schwarzwildes" des im Jahre 2018 verstorbenen großen Forst- und Waidmannes Norbert Happ.

Vor allem aber ist herauszustellen, dass die Jagd in den staatlichen Forsten letztlich nach denselben rechtlichen Maßstäben erfolgt wie die Jagd in privaten Revieren. Insbesondere ergibt sich aus dem Recht zur autonomen Abschussplanung durch die Staatsforste keine Änderung der sachlichen Leitlinien für die Abschussplanung. Vielmehr geht es hierbei lediglich um eine nachvollziehbare Verfahrenserleichterung: Dort, wo die Forstbehörden eines Landes tätig sind, sollen sie und nicht die unteren Jagdbehörden die Abschussplanung verwalten. In der Sache bleiben auch die Staatsforste einer nachhaltigen, an den Schutzzielen der einschlägigen Jagdgesetze ausgerichteten Jagdausübung verpflichtet.

Dass die Forstpartie die hiermit zugleich vorgegebenen Nachhaltigkeitsgrenzen der Wildbewirtschaftung unbeachtet ließe oder gar systematisch überschreiten würde, dürfte sich kaum belegen lassen. Schaut man auf die Prüfungsberichte der Landesrechnungshöfe, scheint mitunter sogar das Gegenteil der Fall zu sein. So bemängelte etwa der Rechnungshof des Landes Sachsen-Anhalt Ende des Jahres 2020 einen über Jahre hinweg unzureichenden Abschuss schadensträchtiger Wildarten auch in den dortigen Landesforsten. Den hierdurch entstandenen Schaden bezifferte der Rechnungshof allein für die staatlichen Jagdflächen auf 74 Mio. Euro.[284]

Eine ähnliche Kritik traf erst im Jahre 2023 die Nationalparkverwaltung des Nationalparks Berchtesgaden, eine Sonderbehörde des Bayerischen Staatsministeriums für Umwelt und Verbraucherschutz. Auch ihr warf der Bayerische Oberste Rechnungshof die Verschwendung von Steuergeldern aufgrund unzureichender Reduktion der zu hohen Wildbestände vor. Angesichts der hohen Wildbestände kritisierte der Rechnungshof zudem die dortigen Rotwildfütterungen, für die in fünf Jahren rund 700 000 Euro verausgabt worden seien.[285]

Gewiss wird man darüber diskutieren können, ob die staatlichen Forste rechtlich zuvorderst als Betriebsvermögen behandelt werden oder nicht vielmehr die Funktion eines geschützten Lebensraums gerade für gefährdete Arten wie das Rotwild übernehmen sollten. Wenn aber die zuständigen Rechnungshöfe entsprechende Feststellungen im Umgang mit öffentlichen Gütern treffen, wird es für die Forstverwaltungen schwierig, hier ihre eigenen Vorstellungen entgegenzusetzen.

Staatsforste und der demokratische Zugang zur Jagd

Es ist denn auch ein anderer Aspekt, unter dem hier das Augenmerk auf die Staatsforste gelenkt werden soll: nämlich jener der Öffnung der Staatsforste für revierlose Jäger. Durchaus spektakulär waren die

Feststellungen im Bericht des Landesrechnungshofs NRW aus dem Jahre 2002. Dort hieß es in Rn. 24 unter anderem:

> „*Die Nutzung der staatlichen Eigenjagdbezirke des Landes Nordrhein-Westfalen stellt eine nicht unerhebliche Einnahmenquelle für den Landeshaushalt dar. Aus Sicht des Landesrechnungshofs ist das Gesamtpotenzial an möglichen Einnahmen bislang bei Weitem nicht ausgeschöpft*".

Mit anderen Worten verlangte der Rechnungshof also von den Forstämtern, „offensiv" private Jagdscheininhaber für die entgeltliche Mitwirkung an der Jagd in den staatlichen Forsten zu akquirieren, anstatt die Jagd über eigene Beamte auszuüben. Akribisch legte der Rechnungshof dar, dass die Forstbehörden bis dahin nicht einmal eine Kalkulation der möglichen Erträge aufgestellt und nicht einmal die Hälfte der betreuten Jagdflächen zur entgeltlichen Nutzung durch Dritte, sei es als Pirschbezirke oder im Wege der Verpachtung, geöffnet hatten.[286] Und so führt der Bericht unter Rn. 24 weiter aus:

> „*Nach dem Eindruck des LRH bedarf es noch immer eines gewissen Umdenkens bei örtlichen Amtsträgern, die heute das Jagdrecht verwalten und Einnahmepotenzial bei der Vermarktung des Jagdrechts im Staatswald im Rahmen des ökologisch Vertretbaren bestmöglich nutzen sollten.*"

Gewiss etwas peinlich für die nordrhein-westfälische Forstverwaltung, die mit ihrem speziellen Auftrag doch gerade das Gegenmodell zu der vielkritisierten Trophäenjagd verkörpert, war die Rüge des Rechnungshofes unter Rn. 24.3, dass insbesondere der Abschuss sogenannter „Trophäenträger"

„zu einem nicht unerheblichen Anteil durch Landesbedienstete ohne Einnahmefolge für den Landeshaushalt vorgenommen worden sind.“

Der Rechnungshof erwähnte hierbei Abschüsse, die gegen ein Abschussentgelt von rund 5000 bis 8000 DM (Rothirsch) bzw. rund 1500 bis 5000 DM (Muffelwidder) kommerziell genutzt werden können. Gleichsam als entgeltliche Einladung zur Trophäenjagd im Auftrag der Bürger. Haushaltsrechtlich war die Rüge durchaus nachvollziehbar.

Gewiss kann es im Einzelfall Gründe dafür geben, bestimmte sensible Biotope ausschließlich durch staatliche Bedienstete zu bejagen. Und natürlich wird niemand mit der Apothekerwaage hinter Forstbeamten herlaufen wollen, um die Notwendigkeit eines hoheitlichen Einzelabschusses zu hinterfragen. Doch umgekehrt gilt genauso, dass die Forstverwaltungen Ressourcen der Gemeinschaft betreuen und diese unter Beachtung haushaltsrechtlicher Vorgaben zum Nutzen der Allgemeinheit zu bewirtschaften haben. Begründungsbedürftig ist daher nicht die Öffnung der Jagdausübung in den Staatsforsten für Private, sondern umgekehrt der Verzicht auf eine entsprechende Öffnung.

Genau an dieser Stelle bestünde aber durchaus die Möglichkeit, dem Gedanken einer „Demokratisierung der Jagd“ bzw. einer Öffnung der Jagd für breitere Bevölkerungsschichten einen gewissen Raum zu eröffnen. Und es gehört wohl zu den positiven Entwicklungen, dass genau dies mittlerweile in erheblichem Umfange geschieht. Bereits oben wurde die Entscheidung des Landes Baden-Württemberg erwähnt, ab dem 1.4.2023 zusätzliche 11 000 Hektar Waldfläche an private Jäger zu verpachten, was durchaus als großer Schritt in die richtige Richtung gewertet werden kann. Angesichts der von dem Landesforst bewirtschafteten Gesamtfläche von über 300 000 Hektar

Staatswald dürfte allerdings auch in Baden-Württemberg noch „Luft nach oben“ bestehen.

Sicher sind hierbei nicht unbedingt alle Formate gleichermaßen für eine Beteiligung privater Jäger geeignet. Insbesondere die in jüngster Zeit üblich gewordenen entgeltlichen Teilnahmemöglichkeiten an herbstlichen Bewegungsjagden werden zurecht vielfach kritisch bewertet, insbesondere, soweit hierbei Personen zur Jagd herangezogen werden, über deren jagdliche Qualität und Zuverlässigkeit den Verwaltungen keine Informationen vorliegen.

Umgekehrt bieten längerfristige Pachtmodelle oder die Vergabe sogenannter Pirschbezirke durchaus die Möglichkeit für eine nachhaltige und von wechselseitigem Vertrauen getragene Einbindung privater Jagdscheininhaber. Wenn derartige Modelle vonseiten der privaten Revierinhaber gleichwohl skeptisch beäugt wurden, so lag dies nicht selten an dem flächenmäßig knappen Zuschnitt derartiger Bejagungseinheiten. In der Tat ergeben sich gegenüber einer übermäßigen territorialen Zersplitterung staatlicher Eigenjagden ähnliche Bedenken, wie sie in Bezug auf die an anderer Stelle erörterte Fehlkonstruktion der „Eigentümer-Begehungsscheine“ dargestellt wurden. Ohnehin dürften in der Regel keine gravierenderen Probleme bestehen, gerade auch Pirschbezirke an die (Mindest-)Größe von Eigenjagden anzupassen.

DIE JAGD UND IHRE BELASTUNG MIT ÖFFENTLICHEN ABGABEN

Wer über die jagdliche Ordnung in unserem Lande nachdenkt, darf auch die abgabenrechtlichen Facetten dieses Themas nicht ausblenden. Auch hier zeigen sich zahlreiche historisch bedingte Ungereimtheiten, die eine Reform der einschlägigen Regelungen erforderlich machen. Angefangen bei der Jagdsteuer, über die sogenannte Jagdabgabe bis hin zur Hundesteuer für Jagdhunde.

Sinn und Unsinn der Jagdsteuer

Ein besonders nachdrückliches Beispiel für den ungesteuerten Wildwuchs des öffentlichen Abgabenrechts im Bereich des Jagdwesens bildet die Jagdsteuer. Bei ihr handelt es sich um eine in den meisten Bundesländern optional vorgesehene Steuer, die – ebenso wie die Hundesteuer – zu den kommunalen Aufwandsteuern zählt. Mit dieser Art der Steuer wird eine sich im kommunalen Wirkungskreis manifestierende Leistungsfähigkeit besteuert, die über den für Lebensbedarf erforderlichen Aufwand hinausgeht. Kurzum: Wer zeigt, dass er mehr hat, als er zum Leben benötigt, soll davon etwas abgeben.

So zeigt ein Hundehalter nach der nicht unbedingt lebensnahen Vorstellung des Gesetzgebers, dass er mehr Geld in der Tasche hat, als er zum Leben benötigt. Nach der Logik unserer Steuergesetzgebung ist es daher angemessen, von dieser Leistungskraft etwas für den Staat abzuschöpfen. Und ebenso unterstellt das Gesetz, dass ein Jagdpächter mit der Anpachtung einer Jagd eine über den notwendigen Lebensbedarf hinausgehende Leistungskraft dokumentiere, die über eine kommunale Aufwandsteuer partiell abgeschöpft wird. Hierbei liegt die Steuer oft bei satten 25 % des Aufwandes für die Jagd, deren Ertrag regelmäßig den Landkreisen zukommt.

Nun ist die Idee des Anknüpfens an eine besondere Leistungskraft für sich genommen nichts Neues und in der Sache gewiss gar nicht so falsch. Das Problem der kommunalen Aufwandsteuern liegt deshalb auch eher darin, dass diese in Deutschland zu einem nahezu undurchdringbaren Wildwuchs von mehr oder weniger nachvollziehbaren Besteuerungen geworden sind , angefangen bei der Hundesteuer über die Zweitwohnungssteuer, die Spielautomatensteuer bis hin zu den jüngsten Auswüchsen der sogenannten Bettensteuer. Nicht einmal vor einer „Sex-Steuer“ für die Inanspruchnahme sexueller Dienstleistungen schrecken manche Gemeinden zurück.

Wen es trifft, der hat Pech gehabt. Und so verwundert es nicht, dass die kommunalen Steuern am Ende oft nur noch als willkürlich empfunden werden. Aus welchen Gründen etwa gibt es eine Zweitwohnungssteuer, aber keine Yachtsteuer für den Unterhalt einer Luxusyacht? Und wieso gibt es eine Hundesteuer, aber keine Katzensteuer? Und dies, obwohl die Stubentiger über Katzenklappen oft unreglementierten „Freigang“ erhalten und als geschickte Räuber eine schwere Belastung insbesondere für den Kosmos der Singvögel darstellen?

Und: Wieso überhaupt dokumentiert der von einsamen alten Menschen in ihrem Zweizimmer-Appartement gehaltene Zwergdackel besondere Leistungsfähigkeit, nicht aber die mit zigfach höheren Unterhaltskosten verbundene Haltung eines Reitpferdes? Fragen, auf die es keine plausible Antwort gibt – außer der vielleicht, dass es halt immer so war.

„Immer so“ war es eben auch mit der Jagdsteuer, die ihren Ursprung im „Blutzehnt“ für Kirche und Lehnsherrn fand, später dann in den örtlichen Wildbret-Steuern des 18. Jahrhunderts. Natürlich ist das keine sachliche Begründung. Und auch die Annahme einer über den notwendigen Lebensbedarf hinausgehende Leistungskraft überzeugt nicht wirklich: Nach der Gesetzeslage ist die Ausübung der Jagd keine Konsumentscheidung, sondern eine Rechtspflicht zur Verwirklichung von Gemeinwohlzielen, nämlich vor allem der Erhaltung standortangemessener Wildbestände und der Vermeidung übermäßiger Wildschäden.

Nun mag man den deutschen Gerichten zubilligen, dass jedenfalls ein Jagdpächter ja nicht originär in der Pflicht steht, sondern diese Pflicht freiwillig und unter Aufwendung hoher Kosten von den Jagdgenossen übernimmt. Insofern zeige er sich eben doch als besonders leistungsfähig. Das allerdings ändert nichts an dem Umstand, dass letztlich die Wahrnehmung einer Gemeinwohlverpflichtung besteuert wird.

Besteuerung der Eigenbewirtschaftung?

Und selbst wenn man der Rechtsprechung bis hierher folgen wollte: Was ist, wenn die Jagdgenossenschaft von einer Verpachtung absieht – etwa, weil sie aufgrund konkreter Erfahrungen eine unzureichende Bejagung mit unverhältnismäßig hohen Waldschäden befürchtet – und die Aufgabe durch angestellte Jäger in eigener Regie erfüllen will?

Die Gerichte halten eine Jagdsteuer auch in diesem Falle für gerechtfertigt. Trotz der gesetzlichen Zuordnung des Jagdausübungsrechts zu den öffentlich-rechtlichen Jagdgenossenschaften sieht etwa das Bundesverwaltungsgericht kein Problem darin, die genossenschaftliche Regiejagd als privaten Aufwand zur persönlichen Lebensführung der einzelnen Grundeigentümer einzuordnen. So sollen es nach der butterweichen Formulierung des Gerichts „*die Jagdgenossen*" sein – also nicht die Genossenschaft –, die „*beschließen ..., ... das Jagdrecht selbst auszuüben*". Und weiter: „*Als Eigentümer der im gemeinschaftlichen Jagdbezirk zusammengefassten Grundflächen haben sie einen engen Bezug zur Ausübung des Jagdrechts*". Im Ergebnis sei denn auch „*kein erheblicher Unterschied zwischen einer Jagdgenossenschaft und einer Mehrheit privater Eigentümer erkennbar, die einen Eigenjagdbezirk innehat.*"

Kein erheblicher Unterschied? Die in der Jagdgenossenschaft zwangsweise zusammengeschlossenen Grundeigentümer dürften das vermutlich anders sehen – und sie haben dafür gute Gründe: Denn tatsächlich haben „*die Jagdgenossen*" entgegen der Darstellung des Gerichts gar keine rechtliche Möglichkeit, in eigener Person auf das Jagdausübungsrecht zuzugreifen bzw. „*das Jagdrecht selbst auszuüben*". Auch nicht im Falle der genossenschaftlichen Regiejagd. Vielmehr lassen die Jagdgesetze eine Eigenbewirtschaftung gemeinschaftlicher Jagdbezirke allein über die Konstruktion eines „angestellten Jägers" zu, wohingegen eine eigene Jagdausübung den Jagdgenossen nicht möglich ist. Genau damit aber wird das Jagdausübungsrecht der Jagdgenossenschaft, anders als das Bundesverwaltungsgericht unterstellt, explizit von der persönlichen Lebenssphäre des einzelnen Grundeigentümers abgetrennt.

Dies unterscheidet die Situation eben doch grundlegend von der des Eigenjagdinhabers, der unmittelbar in eigener Person Zugriff auf das Jagdausübungsrecht hat. Ohne den Bezug zur persönlichen Lebenssphäre, den es bei dem Eigenjagdinhaber gibt, nicht aber bei dem einzelnen Jagdgenossen, kann es eine Besteuerung des persönlichen Lebensaufwandes richtigerweise nicht geben. Die Argumentation des Bundesverwaltungsgerichts erweist sich damit als nicht stichhaltig.

Ist es dann vielleicht der Verzicht auf Einnahmen, der als Aufwand persönlicher Lebensführung gedeutet werden könnte? Auch diesen Ansatz versucht das Bundesverwaltungsgericht fruchtbar zu machen:

> *„Beschließen die Jagdgenossen, auf Pachteinnahmen zu verzichten und das Jagdrecht selbst auszuüben, wird wirtschaftlich betrachtet Einkommen der Jagdgenossen für deren persönlichen Lebensbedarf verwendet. Denn diese hätten ansonsten einen unentziehbaren Anspruch auf Auskehrung des Ertrags aus der Verpachtung des Jagdbezirks (vgl. § 10 Abs. 3 Satz 2 BJagdG …)."*[287]

Aber auch diese Konstruktion erweist sich bei näherem Hinsehen als nicht stichhaltig. Schon der Grundansatz des Gerichts wirft erhebliche Fragen auf: Der Verzicht auf die kommerzielle Verwertung eines marktfähigen Gutes als Einkommensverwendung für den persönlichen Lebensbedarf? Dies selbst dann, wenn ein solcher Verzicht betriebswirtschaftlich gut begründbar und nachvollziehbar ist?

Man übertrage diesen Gedanken einmal auf die Welt außerhalb der Jagd: Das Gästezimmer in der eigenen Wohnung, das nicht fremdvermietet wird, als besteuerbarer persönlicher Mehraufwand? Und dies selbst dann, wenn jemand wegen Homeoffice oder kleiner Kinder keine unbekannten Dritten in seiner Wohnung haben möchte? Das eigene Auto, das an arbeitsfreien Tagen in der Garage stehen bleibt, anstatt es Dritten entgeltlich zu überlassen, das leider viel zu oft ungenutzte Fahrrad, die vielleicht leerstehende Garage, der ungenutzte Garten, alles zu besteuernder Mehraufwand? Vielleicht sogar das Sparbuch, das an anderer Stelle mit günstigeren Konditionen geführt werden könnte? Und wieso nicht auch die eigene Freizeit, in der ich es unterlasse, meine Arbeitskraft kommerziell zu verwerten? Oder gar der Verzicht auf den Wechsel in eine andere, besser bezahlte berufliche Tätigkeit – eine Idee, die meiner Zunft der überwiegend intrinsisch motivierten Hochschullehrer womöglich teuer zu stehen käme.

Vor allem aber übergeht das Bundesverwaltungsgericht, dass der Verzicht auf die Verpachtung eines gemeinschaftlichen Jagdbezirks, soweit er nicht ohnehin auf fehlende Nachfrage zurückgeht, zumeist eben gerade der Verhinderung übermäßiger Wildschäden an den land- und forstwirtschaftlichen Grundflächen dienen wird. Ist der Selbstschutz vor drohenden Eigentumsschäden wirklich ein „Luxusaufwand"? Die wohlfeile Formulierung vom „Verzicht auf Einnahmen" greift hier jedenfalls zu kurz. Denn unter dem Strich wird weder auf Pachteinnahmen noch auf einen Anspruch auf Auskehrung des Ertrags aus der Verpachtung des Jagdbezirks verzichtet, wenn die theoretisch denkbaren Einnahmen aus einer Jagdverpachtung am Ende durch die im Falle der Verpachtung eintretenden Schäden aufgezehrt oder gar noch übertroffen würden. Wirtschaftlich gesehen läge ein unnötiger Mehraufwand hier in Wahrheit bei der Verpachtung und nicht bei der Eigenbewirtschaftung.

Revolutionär ist dieser Gedanke keineswegs. So wurde den Gemeinden, bevor das Bundesverwaltungsgericht sie im Jahre 2012 generell von der Jagdsteuer freistellte,[288] in der Vergangenheit eine Befreiung von dieser Steuer gewährt, wenn sie von der Verpachtung eines kommunalen Eigenjagdbezirks Abstand nahmen, weil sie hierdurch einen effektiveren Schutz des Waldes vor Wildschäden gewährleisten wollten.[289]

Wie kann es sein, dass die Jagd auf öffentlichem und auf privatem Grund so unterschiedlich bewertet wurde? Wirken die Bilder der Vergangenheit in den Köpfen der Menschen auch hier weiter fort? Bilder, in denen die private Jagdausübung nach wie vor als quasifeudales Privileg erscheint und nicht als das, was sie in Wahrheit ist: als gesetzlicher Auftrag, als Voraussetzung für die Erhaltung gesunder Wildbestände und als zentrale Säule einer funktionierenden Land-, Forst- und Fischereiwirtschaft.

Glücklicherweise haben erste Länder den naheliegenden Schritt in die Zukunft gemacht und die Jagdsteuer aus ihren Landesgesetzen gestrichen, so etwa der Freistaat Bayern oder auch die Länder Brandenburg und Nordrhein-Westfalen. Ganz freiwillig erfolgte dies freilich nicht überall. In Nordrhein-Westfalen z. B. mussten die Jäger erst damit drohen, die von ihnen freiwillig wahrgenommene Bergung verunfallten Wildes zu beenden. Immerhin half dieser etwas ungewöhnliche Protest, die Gemeinwohlausrichtung der Jagd etwas greifbarer zu machen.

Streitthema Jagdabgabe

Als weitere umstrittene öffentliche Abgabe im Bereich der Jagd ist die sogenannte Jagdabgabe zu nennen. Sie wird in zahlreichen Bundesländern von den Jagdscheininhabern mit der Verlängerung der Jahresjagdscheine erhoben und soll gemeinhin der Förderung jagdlicher Zwecke dienen. Rechtlich handelt es sich um eine sogenannte

„Sonderabgabe“ – eine Abgabe, die damit schon ihrem Namen nach unter dem Verdacht einer unzulässigen Ungleichbehandlung der Bürger steht. Denn ihr fehlt, was insbesondere die Steuer aus Sicht der meisten Menschen einigermaßen erträglich macht: nämlich, dass auch der Nachbar und der Arbeitskollege dazu herangezogen werden. Demgegenüber legt die Sonderabgabe eben nur einer bestimmten Bevölkerungsgruppe eine Sonderlast auf, was notwendigerweise begründungsbedürftig ist.

Speziell das Bundesverfassungsgericht hat an dieser Stelle detaillierte Vorgaben gemacht. Als Finanzierungsinstrument ist eine Sonderabgabe danach nur zulässig, soweit sie der Finanzierung einer Sachaufgabe dient, zu der die Gruppe der Abgabenpflichtigen eine spezifische Aufgabennähe aufweist, aus der sich wiederum eine Finanzierungsverantwortung dieser Gruppe ableiten lässt. Werden die eingenommenen Mittel dann auf diese Weise spezifisch gruppennützig verwendet, so hebt sich der Nachteil letztlich wieder auf, die Belastungsgleichheit ist wiederhergestellt. Vor diesem Hintergrund erscheint eine Abgabepflicht der Jagdscheininhaber zur Förderung der Jagd zunächst keineswegs völlig widersinnig.

Erst wer näher hinschaut, wird feststellen, dass die Dinge möglicherweise doch wieder einmal nicht so eindeutig sind. Nach den gesetzlichen Regelungen in unserem Land ist „die Jagd“ bzw. die Jagdausübung keineswegs das Hobby von Freizeitjägern, sondern ein aus dem Grundeigentum abgeleitetes Nutzungsrecht. Die Jagd und deren Förderung sind damit aber zunächst einmal dem Rechtskreis der Grundeigentümer zuzuordnen. Dies ist unmittelbar einsichtig, soweit es etwa um biotopverbessernde Maßnahmen geht, die unmittelbar grundstücksbezogener Art sind.

Diese Aufgabe den Jagdscheininhabern als potenziellen Jagdpächter zuzuordnen, wäre so, als würde man mögliche Mieter eines Hauses per Sonderabgabe zur Modernisierung von Mietshäusern heranziehen. Verständlicherweise würde die Gruppe der Mieter einer solchen Abgabe entgegenhalten, dass sie doch dem Vermieter für die Nutzung der Mietwohnung schon Miete bezahlten und daher nicht nochmals für den Bau der Wohnung zur Kasse gebeten werden könnten. Insofern bedarf die Prüfung der Rechtmäßigkeit einer Jagdabgabe einer genauen Klärung der Frage, welche Aufgabe genau denn hier einen besonderen Bezug speziell zu der Gruppe der Jagdscheininhaber aufweisen sollte.

Exakt an dieser Stelle aber geben sich die einschlägigen Landesregelungen oft wortkarg. Das Land Nordrhein-Westfalen etwa begnügte sich – ähnlich wie manch andere Länder – viele Jahre mit der floskelhaften Zielvorgabe der „Förderung und Weiterentwicklung des Jagdwesens" – um am Ende nach Gutsherrenart über die Verwendung der Gelder entscheiden zu können. Dabei schreckte das Land nicht einmal vor der vom Bundesverfassungsgericht sogar explizit untersagten Behördenfinanzierung durch Sonderabgaben zurück.[290] Erst unter dem Druck massiver verfassungsrechtlicher Bedenken seitens des Oberverwaltungsgerichts in Münster verzichtet das Land seit Beginn des Jahres 2021 rechtsförmlich auf die Erhebung dieser Abgabe.

Von einer einheitlichen Sichtweise aber sind die Gerichte bis heute weit entfernt. In den meisten Ländern wird die Jagdabgabe mit Billigung der Gerichte weiter erhoben. Das OVG Rheinland-Pfalz etwa sah den spezifischen Abgabenbezug noch im Jahre 2017 für gegeben an, obgleich es in § 22 Satz 2 des dortigen LJG lapidar heißt, dass das Aufkommen aus der Jagdabgabe „zur Förderung des Jagdwesens nach den Zielen dieses Gesetzes" verwendet wird. Der Verwendungszweck werde „nachfolgend dadurch konkretisiert, dass – beispielhaft und nicht abschließend – als Förderungsobjekte die ‚jagdbezogene wissenschaftliche Forschung', die ‚Öffentlichkeitsarbeit' und die ‚Verhütung von Wildschäden' aufgezählt werden".[291]

Wirklich plausibel ist diese Argumentation nicht. Schon die Grundüberlegung, dass einzelne Regelbeispiele zu einer Konkretisierung des bewusst offengehaltenen Förderziels taugten, erscheint kühn. Auch die Frage, wie denn der umlagefähige Finanzierungsbedarf ermittelt werden soll, wenn Inhalt und Umfang der zu finanzierenden Aufgabe offengehalten werden, bleibt unklar. Hierzu kommt, dass selbst die wenigen in der Norm genannten Regelbeispiele mehr Fragen aufwerfen, als sie Antworten geben.

So ist beispielsweise das Ziel der Verhütung von Wildschäden gewiss primär dem Rechtskreis der Jagdgenossenschaften und Eigenjagdinhaber als Inhaber des Jagdausübungsrechts zuzuordnen. Insbesondere die Wildschadenshaftung ist nach der eindeutigen Gesetzeslage allein an die Jagdgenossenschaft adressiert, wohingegen eine Ersatzpflicht des Pächters auf frei vereinbarter Grundlage erfolgt und gesetzlich nicht vorgesehen ist. Und selbst wenn man ungeachtet dieser Rechtslage auf die faktische Situation der vielfachen Haftungsübernahme durch Jagdpächter abstellen wollte, wäre die Gruppe der Jagdpächter immer noch eine andere als die Gruppe der Jagdscheininhaber.

Nicht zuletzt scheren sich die landesrechtlichen Abgaberegelungen regelmäßig wenig darum, dass Sonderabgaben mit dem Ziel einer aktiven Förderung der Abgabepflichtigen nach der neueren Rechtsprechung des Bundesverfassungsgerichts nur zulässig sind, wenn und soweit die Fördermaßnahmen mit einem „evidenten Gruppennutzen" einhergehen.[292] Gerade auch für Maßnahmen zur Förderung von Wildschadensverhütungsmaßnahmen dürfte ein solcher evidenter Nutzen für die Gruppe der Jagdscheininhaber nur schwer nachweisbar sein.

Hinsichtlich weiterer Regelziele wie der wissenschaftlichen Forschung und der Öffentlichkeitsarbeit stellt sich ganz grundsätzlich die Frage, wieso ausgerechnet der einzelne Jagdscheininhaber eine diesbezügliche Sonderverantwortung haben sollte. Mit derselben Argumentation ließe sich niedergelassenen Ärzten die Finanzierung medizinischer Fakultäten oder Hobby-Seglern die Finanzierung meteorologischer Stationen auferlegen. Nein: Die Erforschung der heimischen Flora und Fauna ist kein Sonderinteresse der Jagdscheininhaber, sondern ein gesamtgesellschaftliches Interesse, das dementsprechend von der Gemeinschaft der Steuerzahler bezahlt werden muss. Das Ausmaß der Rückständigkeit der tradierten Abgaberegelungen erstaunt ebenso wie die Gleichgültigkeit der Gerichte.

Natürlich gäbe es Ziele, die eine Jagdabgabe rechtfertigen könnten und sogar sinnvoll erscheinen ließen. Entscheidend ist dabei aber, diese Ziele tatsächlich passgenau für die spezifischen Sonderbedarfe der Jagdscheininhaber zu formulieren. In Betracht kämen hierbei Ziele wie die Finanzierung von Schießständen zum Schießtraining für Jagdscheininhaber oder die Finanzierung überregional zur Verfügung stehender Schweißhundestationen. Mit einer solchen zielgenauen Ausrichtung der Jagdabgabe ließe sich schließlich auch verhindern, was in den Ländern in (un-)schöner Regelmäßigkeit zu registrieren ist: dass nämlich die über die Jagdabgabe vereinnahmten Jägergelder zum Spielball politischen Geschachers werden.[293]

Besteuerung der Jagdhunde: gesetzgeberische Fehlleistung

Als recht deutliche Fehlleistung der Gesetzgebung ist schlussendlich die weithin übliche Besteuerung der Jagdhundehaltung durch kommunale Hundesteuern zu sehen – auch hier mit dem Argument, dass die Haltung des Hundes Ausdruck einer besonderen Leistungskraft sei.

Der rechtliche Haken an dieser Argumentation liegt darin, dass die kommunale Hundesteuer traditionell von dem Lenkungsziel getragen wird, die Anzahl der Hunde in einer Gemeinde zu begrenzen. Dieses Lenkungsziel aber passt erkennbar nicht zu den sachgesetzlichen Zielvorgaben der deutschen Jagdgesetze, die die Jagdausübung an das Vorhalten von Jagdhunden zur Sicherung des jagdlichen Tierschutzes knüpfen. Angesichts des verfassungsrechtlich normierten Staatsziels Tierschutz in Art. 20a des Grundgesetzes müsste die Devise daher eigentlich lauten: „Nicht weniger, sondern mehr brauchbare Jagdhunde braucht das Land."

Es ist erstaunlich, dass dieser Widerspruch bislang gerichtlich nicht aufgegriffen wurde. Immerhin hat das Bundesverfassungsgericht schon vor vielen Jahren zutreffend ausgeführt, dass die Lenkungswirkung von Kommunalsteuern nie im Widerspruch zu den Zielen spezieller Fachgesetze oder gar Zielen der Verfassung stehen darf. Fastfood-Anbieter haben diesen Gedanken früh erfolgreich genutzt, um kommunale Verpackungssteuern zu Fall zu bringen, die dem Ziel der Müllvermeidung dienen sollten.[294] Und zwar mit dem verwinkelten Argument, dass das seinerzeitige Kreislaufwirtschafts- und Abfallgesetz die abfallwirtschaftlichen Ziele der Vermeidung und Verwertung von Einwegverpackungen nach dem Kooperationsprinzip verfolge und diese Zielsetzung durch eine einseitige abgabenrechtliche Lenkungsstrategie unterlaufen werde. Um wieviel simpler und nachvollziehbarer erscheint da der Gedanke, dass eine kommunale Hundesteuer, die explizit auf eine Verminderung auch der Jagdhundehaltung zielt, geradezu als Frontalangriff auf die gesetzlichen Bemühungen um einen effektiven jagdlichen Tierschutz anzusehen ist.

Dagegen wirken die Bemühungen der deutschen Gerichte, die Hundesteuer für Jagdhunde zu rechtfertigen, eher sophistisch. So erklärte etwa das Oberverwaltungsgericht Lüneburg einem klagenden Jagdhundehalter zuletzt, dass das niedersächsische Jagdgesetz gerade nicht die „Haltung" eines Jagdhundes verlange, sondern lediglich dessen „Einsatz". Die Haltung sei daher eben doch als zusätzlicher Lebensaufwand einzuordnen, der besteuert werden könne.[295] Das klingt fast so, als fielen brauchbare Jagdhunde im Ernstfall vom Himmel.

Das kommunale Abgabenrecht ist aber nun einmal von Wildwuchs geprägt, in dem die Ideen der systematischen Stimmigkeit und der Gleichbehandlung der Bürger weitgehend auf der Strecke geblieben sind.

ZU GUTER LETZT: DER WOLF UND DIE JAGD

Eine emotional geführte Debatte betrifft die Rückkehr des Wolfes, genauer gesagt: die Frage des Umgangs mit den rasant steigenden Wolfszahlen in unserem Land. Noch handelt es sich nicht um ein genuin jagdliches Thema. Aber es gehört wenig Fantasie dazu vorauszusehen, dass es auf mittlere Sicht zu einem solchen werden wird. Zwei Szenarien sind denkbar. Entweder werden unreguliert anwachsende Wolfsbestände die Regulierung der heimischen Wildarten übernehmen und damit die Jagd, wie wir sie kennen, weitgehend beenden. Oder der Wolf wird seinerseits eine jagdlich regulierte Art in Deutschland werden.

Noch zeichnet sich die Wolfspolitik in Deutschland vor allem durch ihre Konzeptlosigkeit aus. Weder findet die dringend erforderliche Debatte über sozialverträgliche und allgemein akzeptierte Zielgrößen für den Wolfsbestand in Deutschland statt, noch gibt es angemessene Reaktionen darauf, dass die zugewanderten Wölfe vermehrt ihre Scheu vor Haus und Hof des Menschen verlieren. Außer Diskussion steht allein, dass der Wolf in Deutschland Heimat finden soll.

In der Wissenschaft gab und gibt es dabei durchaus auch warnende Stimmen. Etwa jene des 2021 verstorbenen kanadischen Umweltwissenschaftlers Valerius Geist. Eindringlich warnte er vor der gerade in dichtbesiedelten Ländern wie der Bundesrepublik Deutschland drohenden Vermischung des Wolfes mit Hunden, die letztlich zum Aussterben des Wolfs führen werde.[296] Dass seine Warnungen einen realen Hintergrund haben, bestätigt eine im Jahr 2018 erschienene Studie[297] zur Vermischung von Grauwölfen und Haushunden in Eurasien. So fanden Forscher bei 62 % der untersuchten Wölfe der eurasischen Population kleinere Blöcke einer Hundeabstammung in den Genomen – und dies trotz der bislang eher zivilisationsfernen Lebensweise der Tiere. Ausdrücklich warnt die Studie vor den nachteiligen Auswirkungen einer erhöhten Hybridisierungshäufigkeit und mahnt eine genetische Überwachung der Wölfe an. In einem merkwürdigen Kontrast hierzu steht die Rechtsprechung des Europäischen Gerichtshofs, der noch im Jahre 2020 die zwangsweise Rückführung eines Wolfs in ein Naturreservat für unzulässig erachtete, nachdem sich dieser über mehrere Tage in einem rumänischen Ort aufgehalten und dort gemeinsam mit Hunden gespielt hatte.[297a] Menschliche Siedlungen als natürliches Verbreitungsgebiet des Wolfs? Keine gute Idee!

Dass es erste Hybridisierungsereignisse mittlerweile auch in Deutschland gegeben hat, dokumentiert das Senckenberg Zentrum für Wildtiergenetik, wobei dort von einem bislang vergleichsweise niedrigen Wert gesprochen wird.[298] Für die Zukunft des Wolfes in unserem dichtbesiedelten Land dürften das gleichwohl keine guten Vorzeichen sein. Schützen wir den Wolf zu Tode?

Aus fachlicher Sicht kann es im Grunde keinen ernstlichen Zweifel daran geben, dass eine geordnete Regulierung der Wolfsbestände unausweichlich sein wird. Und zwar genau so, wie wir das in unserem Land seit jeher mit (fast) allen Tierarten halten, deren ungebremste Ausbreitung zu schwerwiegenden Konflikten mit anderen berechtigten Interessen führen würde.

Eine Gewähr dafür, dass sich diese fachliche Bewertung zeitnah politisch durchsetzen wird, gibt es freilich nicht. Erinnert sei insoweit nur an den schon lange nicht mehr zu rechtfertigenden[299] europarechtlichen Schutzstatus des Kormorans, der sich ungeachtet des gesicherten Bestandes weiterhin unreguliert auf Kosten anderer

Arten ausbreiten kann – sei es zulasten des gefährdeten Dorschs in der Ostsee oder des durch verschiedene Faktoren, zumal das Ansteigen der dortigen Stichlingsbestände, ohnehin dezimierten Blaufelchens im Bodensee. Es wäre bedauerlich, wenn die Wolfspolitik in Deutschland derselben ideologischen Vorfestlegung folgen würde, wie dies in der Debatte um den Kormoran der Fall ist.

Warum der Wolf bei uns verschwand

Natürlich ist es aber zunächst einmal tatsächlich ein emotionales Thema, wenn eine Tierart zurückkehrt, die seit der Eisen- und Bronzezeit systematisch verfolgt und später mit beispielloser Härte aus unseren Breiten verdrängt wurde. Begonnen hatte die Zurückdrängung des Wolfs spätestens mit dem 14. Jahrhundert, als im kurkölnischen und kurtrierischen Bereich Prämien ausgelobt wurden, die die Landesherren für die erfolgreiche Tötung von Wölfen zahlten. Mit Jagd nach unserem Verständnis hatte dies freilich wenig gemein. Nachgestellt wurde dem Wolf anfänglich vor allem durch Wolfsgruben und Wolfsnetze, plastisch dokumentiert durch Johann Elias Ridingers Kupferstich „Wie man den Wolf mit Netzen fängt" aus dem Jahre 1729.[300]

Systematischer und in ihrem Sinne effizienter machten sich die Preußen ans Werk, nachdem ihnen der Wiener Kongress die vorgenannten Territorien – von der vorangegangenen französischen Besatzung nur als „*Departement des loups*" bezeichnet[301] – 1815 zugeschlagen hatte. Mit Ministerialerlass vom 14. Januar 1817 schufen sie ein ausgeklügeltes Prämiensystem, das seine Wirkung nicht verfehlte: Zwölf Taler wurden für eine alte Wölfin ausbezahlt, zehn für einen Altwolf, für Jung- und sogenannte Nestwölfe sah der Erlass eine Prämie von acht bzw. vier Talern vor. Und sogar für ungeborene Tiere in der Tracht einer erlegten Wölfin wurde eine Prämie von einem Taler bezahlt.[302] Der (angeblich) letzte Eifelwolf wurde denn auch 1860 erlegt. Als letztes erhaltenes Wolfspräparat kann er heute noch im Zoologischen Forschungsmuseum Alexander König in Bonn besichtigt werden.

Vor diesem historischen Hintergrund mag die Rückkehr der Wölfe für manch einen erscheinen, als würde die Natur vormaliges Unrecht verzeihen. Unrecht, das sich eingemeißelt findet in zahllosen Gedenksteinen zur Erinnerung an die Erlegung letzter regionaler Einzelexemplare. Unrecht, das schon in die Köpfe der Kleinsten eingeflüstert wurde, etwa mit dem berühmten Märchen von Rotkäppchen und dem bösen Wolf. Doch passt das Wort Unrecht?

Es ist immer einfach, sich im Rückblick über das Verhalten der Menschen in früheren Zeiten zu erheben. Schwieriger ist es, zu benennen, an welcher Stelle und in welcher Weise die Menschen hätten anders handeln können und müssen. Wir kennen das Thema von hitzigen Klimadebatten und dem oft herablassenden Blick auf das Handeln früherer Generationen. Die Wahrheit ist, dass die Menschen über viele Jahrzehnte und Jahrhunderte gar keine andere Möglichkeit hatten, als ihre im Vergleich zu heutigen Verhältnissen ohnehin extrem bescheidenen Wohnstuben mit Holz und Kohle zu beheizen.

In Sachen Wolf sahen die Menschen des ländlichen Raumes im 19. Jahrhundert eben auch viele Dinge anders als wir. Und von ihrer Warte aus hatten sie allen Grund dazu, und erst recht die Menschen vor ihnen. Wir brauchen uns nur zu vergegenwärtigen, wie viel Aufwand und Mühen noch heute die Errichtung brauchbarer Sicherungszäunungen etwa für Schafsherden bereitet, die von den lernfähigen Wölfen am Ende dann doch noch überwunden werden. Allein zum Schutz der rund 400 Dülmener Wildpferde vor Wolfsangriffen wurde unlängst ein rund zehn Kilometer langer und zwei Meter hoher Zaun errichtet – mit einem Kostenaufwand von geschätzt 750 000 Euro.[303] Um wie vieles schwieriger dürfte es für die Menschen in früheren Jahrhunderten gewesen sein, die keinerlei effektive Schutzmöglichkeiten gegen die ansässigen Wolfsrudel besaßen.

Gewiss dürften tödliche Wolfsattacken auf Menschen, die es durchaus bis in unsere Zeit hinein gibt[304], immer schon die große Ausnahme gewesen sein. Für die Jahre 2002 bis 2020 etwa ermittelte eine Forschungsgruppe des Norwegischen Instituts für Naturforschung (NINA) für Europa und Nordamerika gerade einmal zwei tödliche Attacken von Wölfen auf Menschen, die beide in Nordamerika erfolgten – und das bei einem geschätzten Gesamtbestand von rund 15 000 in Europa und 60 000 Wölfen in Nordamerika.[305]

In vergangenen Zeiten kam aber den wenigen Nutztieren der eigenen Hauswirtschaft natürlich eine viel größere Bedeutung für das Wohlergehen der Menschen zu, als dies heute der Fall ist. Der Verlust schon des Rindes oder der zwei, drei Schafe oder Ziegen konnte erhebliche, womöglich existenzbedrohende Folgen haben. Bedenkt man zudem, dass Wolfsangriffe gegen Nutztiere mit beispielloser Grausamkeit erfolgen und nicht selten mehrere Tiere gleichzeitig das Leben kosten, wird verständlich, weshalb die Menschen damals den Wolf keineswegs als ökologische Bereicherung ihres Lebensraumes empfanden, sondern als vitale Bedrohung. Seine Verdrängung aus unseren Breiten im Laufe des 19. Jahrhunderts wurde folgerichtig nicht als Verlust empfunden, sondern als Befreiung.

Rückkehr des Wolfes – wirklich eine „Rückkehr“?

Tatsächlich ausgerottet war der Wolf ohnehin nie: Selbst auf dem europäischen Kontinent hielten sich zahlreiche Populationen insbesondere in Ost- und Nordeuropa. Insofern war seine nur scheinbar überraschende Rückkehr keineswegs ein artenschutzrechtliches Projekt, sondern vor allem das Ergebnis des Falls des eisernen Vorhangs. Der Abbau der Grenzanlagen sowie das Ende der scharfen Wolfsbejagung in der ehemaligen DDR ermöglichten nach 1990 wieder weiträumige Wanderbewegungen der Art.

Passt denn der geläufige Begriff der „Rückkehr“ überhaupt? Oder handelt es sich nicht doch um eine Suggestivformel, die die Rückkehr des Wolfes als bloße Korrektur seiner vormaligen Verdrängung und damit die Wiederherstellung des ursprünglichen „natürlichen" Zustandes unterstellt? Geografisch gesehen wird man ohne Zweifel von einer Rückkehr sprechen können. Schauen wir aber auf den Lebensraum, den der Wolf in der ersten Hälfte des 19. Jahrhunderts hat räumen müssen, so ergibt sich ein ganz anderes Bild.

Die Besiedelung seines damaligen Lebensraumes war verglichen mit heute spärlich. Schätzungsweise 25 Millionen Menschen lebten im Jahre 1816 auf der Fläche des 55 Jahre später gegründeten Kaiserreichs. Und dieses Reich war mit 540 860 km² immerhin mehr als 50 % größer als die heutige Bundesrepublik Deutschland mit ihren heute über 84 Millionen Einwohnern. Autostraßen und Autobahnen gab es Anfang des 19. Jahrhunderts ebenso wenig wie ein Schienennetz. Die erste Bahnstrecke wurde 1835 eröffnet. Sie führte gerade einmal sieben Kilometer von Nürnberg nach Fürth.

Das heutige Schienennetz mit seinen Hochgeschwindigkeitszügen weist nahezu 40 000 km auf, das unserer hochfrequentierten Autobahnen über 13 000 Kilometer. Ballungsgebiete und Industriezentren prägen weite Teile des Landes. Mit den Lebensverhältnissen des frühen 19. Jahrhunderts hat dies kaum noch etwas gemein. „Niemand steigt zweimal in denselben Fluss", lautet eine griechische Weisheit. Auch nicht der Wolf. Sicher wird man den Wolf nicht ein zweites Mal mit quasi-polizeilicher Gewalt aus dem Lande vertreiben. Aber es ist ein anderes Land, in das er zurückkehrt. Und es ist unsere Aufgabe, darüber nachzudenken, wie der Wolf in diesem anderen Land leben kann, und wir mit ihm.

Der Wolf als Jäger der Zukunft?

Noch nicht geklärt sind die Auswirkungen des Wolfs auf die Jagd in Deutschland. „Wo der Wolf jagt, wächst der Wald", lautet ein russisches Sprichwort. Dahinter steht die Erwartung, dass mit einer Reduktion der Wildbestände auch der Wildverbiss abnehmen werde und damit mehr Bäume die für sie gefährliche Jugendphase überstehen. Schon träumen manche Gegner der Jagd davon, die Regulierung der schadensträchtigen Wildarten in Zukunft ganz dem Wolf zu überlassen.[306]

Ob sich diese Menschen klarmachen, was sie dem heimischen Wild damit zumuten? Es spricht für sich, wenn Fotos von Wolfsrissen nicht selten in verpixelter Form veröffentlicht werden. Sicherlich wird die Existenz des Wolfes immer mit dem Leid seiner Beutetiere verbunden sein. Idylle ist die Natur nur in unserer Vorstellung. Aber soll das Leid der Beutetiere in Zukunft wirklich Mittel der Wahl zur flächendeckenden Regulierung unserer heimischen Wildbestände werden?

Dies wäre ein merkwürdiger Paradigmenwechsel für ein Land, das dem Tierschutz, insbesondere auch dem jagdlichen Tierschutz, über Jahrzehnte hinweg eine immer höhere Bedeutung beigemessen hat. Und ob uns die Formel von der „natürlichen Selbstregulierung“ tatsächlich entlastet, bleibt fraglich. Denn was heißt hier überhaupt „Natur“? Am Ende ist es doch wieder die Entscheidung des Menschen, wieviel Raum er dem Wolf gibt oder eben nicht gibt.

Sicher bestehen Zweifel, ob derartige Visionen bzw. Horrorvisionen vom Wolf als dem künftigen Regulierer der Wildbestände zur neuen Wirklichkeit in Deutschland werden. Am Ende könnte der Regulierungsbedarf möglicherweise für eine einzige Raubtierart doch einige Nummern zu groß sein. Immerhin wäre die erforderliche Anzahl von Wolfsrudeln außerordentlich hoch. Und auch die zu erwartenden Kollateralschäden wären angesichts der bislang jedenfalls deutlich einfacher zu überwältigenden Weidetiere massiv, von den bereits erwähnten Hybridisierungsrisiken ganz abgesehen.

Torsten Reinwald, stellvertretender Geschäftsführer des Deutschen Jagdverbands, schätzt die für eine Regulierung der Wildbestände in

Deutschland erforderliche Anzahl von Wölfen auf sagenhafte 3500 – nein, nicht Einzeltiere, sondern Rudel.[307] Notwendig wären also Bestandszahlen im fünfstelligen Bereich. Zum Vergleich: Erst vor kurzem hat Schweden, ebenso wie Deutschland EU-Mitgliedstaat und damit der FFH-Richtlinie unterworfen, zum Schutz der naturnahen Weidehaltung die Reißleine gezogen und eine massive Reduktion des dortigen Wolfsbestandes angekündigt – und das, nachdem dort seit 2010 ohnehin bereits mehr als 200 Wölfe auf der Basis staatlicher Lizenzen erlegt wurden. Dabei lag der Wolfsbestand in Schweden zu Beginn der neuerlichen Bejagungswelle Anfang 2023 bei gerade einmal rund 460 Tieren auf gerundet 450 000 km².

Und in Deutschland? Auf unserer Fläche von 357 588 km² wurden für das Monitoringjahr 2023/24 insgesamt 1339 Wolfsindividuen nachgewiesen,[308] also mehr als das Doppelte des von Schweden für nicht mehr tragbar erachteten Wolfsbestands – von der ungleich höheren Bevölkerungsdichte unseres Landes ganz zu schweigen. Dabei bleibt noch unberücksichtigt, dass die Zahl der zwischenzeitlich nachgeborenen Tiere sowie die der unentdeckt hier lebenden und daher vom Monitoring nicht erfassten Tiere vermutlich nicht viel geringer ausfällt. So hat der Deutsche Bauernverband kritisiert, dass bei der vorgelegten Berechnung mindestens 1000 Wolfswelpen fehlten.[309] Real dürfte die Zahl der aktuell in Deutschland lebenden Wölfe denn auch mittlerweile die stattliche Anzahl von 2000 Exemplaren deutlich überschritten haben.

Drohende Entwertung der deutschen Jagdreviere

Ob in der Folge nicht nur in Russland, sondern auch in Deutschland tatsächlich der Wald dort wächst, wo der Wolf jagt, bleibt abzuwarten. Sicher ist allein, dass sich Flora und Fauna mit der Rückkehr der Wölfe verändern werden. Erste Rückwirkungen der Wolfsrückkehr auf die Jagd sind bereits erkennbar. So etwa in Brandenburg, wo mittlerweile ein Rückgang der Jagdstrecken zu verzeichnen ist, der – zumindest auch – mit dem Anwachsen der Wolfsbestände in Zusammenhang stehen dürfte.[310]

Ob allerdings die Ausbreitung des Wolfes in Deutschland am Ende wirklich dem geschundenen Wald zugutekommt, erscheint keineswegs ausgemacht. Schon lange gibt es warnende Stimmen, die angesichts des Anwachsens der Wolfspopulation problematische Verhaltensänderungen der heimischen Wildarten erwarten; etwa ein zunehmendes Heimlich-Werden oder gar einen „Wagenburg-Effekt" beim Rotwild, das sich zum Schutz vor Wolfsangriffen in immer größeren Rudeln vereint.[311] Aber auch für das Schwarzwild befürchtete der im Jahre 2018 verstorbene Experte Norbert Happ in der letzten Auflage seines Standardwerks über das Schwarzwild schwerwiegende Verhaltensänderungen insbesondere dahin, dass sich viele Tiere in einer Art Landflucht „unter den Bann unserer Städte und Dörfer begeben (werden)".[312] Erste Rückgänge der Jagdstrecken könnten insoweit nicht allein durch Wolfsrisse, sondern durchaus auch mit wolfsbedingten Erschwernissen der jagdlichen Bestandsregulierung zusammenhängen.

Gerade für unseren geschundenen Wald wäre es aber einigermaßen fatal, wenn Maßnahmen der Bestandsregulierung des Schalenwilds durch das Umherstreifen von Wolfsrudeln künftig erschwert und schadensträchtige Arten infolge der Beunruhigung durch Wölfe lokal womöglich noch höhere Schäden anrichteten.

Welche überraschenden Wendungen die Diskussion um den Wolf womöglich für die Zukunft noch bereithalten könnte, zeigte die Äußerung des ehrenamtlichen Wolfsberaters Michael Ohlhoff. Mit Blick auf die Zahl der Wolfsübergriffe auf Weidetiere deutete er an, dass die gerade von Waldbesitzern angemahnte intensive Rehwildbejagung in Deutschland zu Problemen mit Wolfsrissen führen könne, da sie zu wenig Rücksicht auf den Beutebedarf des Wolfes nehme. „Der Wolf gehört nach Deutschland", so das Credo des Wolfsberaters, „aber er braucht in seinem Biotop auch genügend zu fressen."[313]

„Kalte Enteignung" der Jagdrechtsinhaber?

Dass ein Mehr an Wölfen zwangsläufig ein Weniger an Wild und Wildschäden zur Folge hätte, ist insofern zunächst nicht mehr als ein frommer Wunsch. Und selbst die These, dass weniger Wild weniger Wildschaden bedeute, ist in dieser Allgemeinheit zu einfach gedacht. Am Ende ist nämlich entscheidend, an welchen Stellen sich Wild aufhält und welche Folgen Fraßeinwirkungen an eben diesen Orten haben. Für die Entwicklung lenkender Systeme wäre ein weiteres unkontrolliertes Anwachsen der Wolfsbestände gewiss keine gute Voraussetzung.

Was aber die Funktionsfähigkeit des deutschen Revierprinzips und seiner eigentumsrechtlichen Fundierung angeht, so gilt der Grundsatz, dass der jagdliche Ertrag und die zu erwartenden Wildschäden in einem vernünftigen Verhältnis zueinander stehen müssen. Verlieren Jagdreviere aufgrund einer zu hohen Wolfspräsenz ihre Attraktivität, kommt dies einer „kalten Enteignung" der Inhaber des Jagdrechts gleich. Und ohne Verpachtung schlägt bei Wildschäden, die selbst bei vom Wolf reduzierten, aber von ihm gestressten Schalenwildbeständen zu erwarten sind, die bereits beschriebene Haftungsfalle zulasten der Grundeigentümer zu.

Der Wolf als der bessere Jäger? In all ihren Konsequenzen durchdacht ist diese These sicherlich nicht. Und gerade dem Gesetzgeber sollte klar sein, dass ein Staat, der das Jagdrecht als Eigentumsrecht verfassungsrechtlich unter Schutz gestellt hat, dieses Recht auch in der Praxis sichern muss. Insofern gilt es auch hier, einen angemessenen Ausgleich zu suchen zwischen den eigentumsrechtlichen und den artenschutzrechtlichen Interessen. Und nicht zuletzt muss die Frage erlaubt sein, ob wir das hochwertige Nahrungsmittel Wildbret in Zukunft wirklich ungebremst anwachsenden Wolfsbeständen zum Fraße überlassen wollen.

Der Wolf und der Schutz der Landwirtschaft

Realistischerweise ist davon auszugehen, dass die Wolfsproblematik nicht in ihrem wildbiologischen und jagdlichen Bezugsrahmen gelöst werden wird, sondern im landwirtschaftlichen Kontext: Es wird immer deutlicher, dass die segensreiche Freilandhaltung unserer Nutztiere, aber auch der Schutz von Deichen und die Almwirtschaft auf dem Spiel stehen, wenn die Zahl der Großräuber im Lande ungebremst weiter ansteigt. Kilometerlange hohe und wilddichte Zäune, wie sie seit 2022 die nunmehr gar nicht mehr so wilden Dülmener „Wildpferde" umhegen,[314] können nicht die Lösung sein. Dass es neuer Konzepte bedarf, ist nicht zu übersehen.

Immerhin ist die Zahl der nachweislich von Wölfen angegriffenen Nutztiere von ca. 750 im Jahre 2015 auf nahezu 4000 im Jahre 2020 hochgeschnellt.[315] Eine nur scheinbare Entspannung lieferten die Zahlen des Jahres 2021 mit 3374 nach Wolfsangriffen verletzten, vermissten oder getöteten Nutztieren – darunter nunmehr zunehmend auch größere Huftiere wie Rinder, Pferde und Ponys.[316] Auch die Zahlen für das Jahr 2022 lieferten wieder einmal einen Negativ-Rekordwert von 4366 vermissten, durch den Wolf verletzten oder getöteten Weidetieren (Grafik 2).

Aber selbst Rekordwerte spiegeln die Realität nur bedingt wider, wenn man berücksichtigt, dass eine Klärung des Verursachers eines Risses bei über 25 % der untersuchten Proben nicht gelingt. Das Ende der Fahnenstange dürfte jedenfalls noch nicht erreicht sein. Einzelne Schätzungen befürchten gar eine Verdreifachung der Wolfsrisse bis zum Jahr 2030.[317]

Wie lange die Politik sich ein Laufenlassen der Problematik leisten kann, wird nicht zuletzt von der weiteren Populationsdynamik ab-

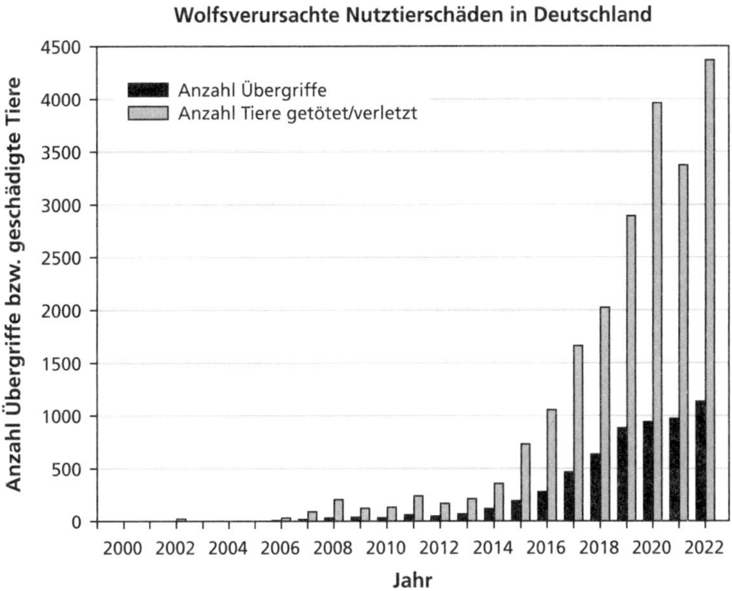

Grafik 2: Entwicklung des Wolfsbestandes und vom Wolf verursachter Schäden in Deutschland (nach Statistikdaten der Dokumentations- und Beratungsstelle des Bundes zum Thema Wolf)

hängen, über deren genauen Verlauf man im Moment gewiss keine abschließenden Aussagen machen kann. Immerhin ist die Richtung eindeutig. Geht man von einem Ist-Bestand von mindestens 2000 Wölfen aus und unterstellt eine gegenüber der bislang gemessenen Reproduktionsrate von 30 % eine eher zurückhaltend bemessene[318] Rate von 25 %, ergäbe sich in vier Jahren immer noch mehr als eine Verdoppelung des Bestandes. Dauerte diese rasante Dynamik an, so könnten also aus den derzeit wohl um die 2500 Wölfen bis zum Jahre 2030 rund 12000 Wölfe, vermutlich aber deutlich mehr werden.

Auf dieser Linie liegt es wohl auch, wenn der niedersächsische Landesumweltminister in den nächsten acht Jahren einen Anstieg der Wolfspopulation allein in seinem Bundesland auf bis zu 1200 Tieren[319] und damit mehr als dem 7-Fachen des Referenzwertes erwartet, den der schwedische Umwelt- und Landwirtschaftsausschuss für das gesamte Land Schweden für tragbar erachtet.[320] Bei einem weiteren Zuwarten ist zu befürchten, dass die drohende weitere Vervielfachung der Wolfsattacken eine offene Weidehaltung von Rindern, Pferden und Schafen vor unlösbare Probleme stellen wird.

Eine weitere „Aufrüstung" unserer Schäfer und Landwirte mit immer aufwändigeren Zäunen und ebenso wehrhaften wie eigensinnigen Herdenschutzhunden wird das Problem jedenfalls nicht lösen. Längst liegen die Kosten für die Installation und die notwendige Kontrolle von Herdenschutzmaßnahmen trotz staatlicher Förderungen über dem erträglichen Umfange.[321] Zudem bringt etwa die Haltung teurer Herdenschutzhunde, die ein angreifendes Wolfsrudel ohnehin nur im Kollektiv aufhalten können, neben immensen finanziellen Kosten auch große persönliche Herausforderungen mit sich, nicht zuletzt während der langen weidefreien Zeiten.[322]

Vollends ins Leere geht der Schutz durch Herdenschutzhunde, wenn diesen – wie in Nordrhein-Westfalen unlängst geschehen[323] – auch in ausgewiesenen Wolfsgebieten der nächtliche Aufenthalt im Freien aus Lärmschutzgründen gerichtlich untersagt wird. Durchaus nachvollziehbar erscheint jedenfalls die Befürchtung des Vorsitzenden des Fördervereins der Deutschen Schafhaltung, Wendelin Schmücker, wonach in Niedersachsen – immerhin die Heimat der Lüneburger Heidschnucke – künftig an eine Weidetierhaltung nicht mehr zu denken sei.[324]

Ungeachtet der offenkundigen Problemlage und der beginnenden Verunsicherung in der Bevölkerung gegenüber der politischen Lethargie erscheint der mediale und politische Diskurs zur Frage des anstehenden Wolfsmanagements bislang vor allem durch Tabus und Denkverbote geprägt: „Nicht der Wolf ist das Problem, sondern der Mensch", hört man immer wieder. Solche wohlfeilen Parolen mögen medienwirksam sein, zeigen aber einen populistischen Umgang mit der Thematik: Anstelle von „Problembären“ und „Problemwölfen“ nunmehr also der „Problemmensch“.

Noch im Mai 2023 war von der Bundesumweltministerin Lemke der bemerkenswerte Satz zu lesen: „Wenn wir von Ländern mit einem anderen Wohlstandsniveau als Deutschland erwarten, dass sie Elefanten, dass sie Tiger, dass sie andere Raubtiere, die relevante Schäden auch dort verursachen, schützen sollen, sollten wir dann auch unserer eigenen Schutzverantwortung hier für dieses eine Raubtier nachkommen.“[325] Unerwähnt blieb hierbei der entscheidende Unterschied: Der Wolf stellt, anders als Tiger und Elefanten, keine gefährdete und erst recht keine vom Aussterben bedrohte Art dar. Von einer geordneten Regulierung, die dem Wolf zugleich die für sein eigenes genetisches Überleben notwendige Scheu vor den Siedlungen des Menschen zurückgeben würde, ginge ganz sicher keinerlei Bestandsgefährdung aus.

Der Wolf und die deutsche Justiz

In die selektive Wahrnehmung der Realität passt, dass im Jahre 2020 ein Jäger von der Staatsanwaltschaft angeklagt wurde, weil er den potenziell tödlichen Angriff eines Wolfes auf mehrere im Einsatz befindliche Jagdhunde – nach erfolglosem „Warnschuss“ – durch einen gezielten Schuss auf das Tier stoppte. Erst das Amtsgericht Potsdam bereitete dem juristischen Irrflug ein vorläufiges Ende und bestätigte die naheliegende Situation eines rechtfertigenden Notstandes.[326]

Die hiergegen von Seiten der Staatsanwaltschaft eingelegte Berufung blieb zwar in der Sache ohne Erfolg. Allerdings zeigt das Berufungsurteil des Landgerichts Potsdam recht deutlich, dass die zugrundeliegende Problematik keine wirklich befriedigende Klärung gefunden hat. So führt das Landgericht aus:

„Allerdings hätte sich ein – anders als der Angeklagte – vollständig über alle Umstände unterrichteter Jäger in der hier vorliegenden Situation möglicherweise zurückhalten müssen, denn das Risiko, dass ein Jagdhund durch einen Wolf getötet oder schwer verletzt wird, wäre bei einer entgegen den Empfehlungen des DJV durchgeführten Drückjagd durch die Eigentümer der Jagdhunde vorher bewusst in Kauf genommen worden, was es den Eigentümern oder einem in ihrem Sinne handelnden Dritten verwehren könnte, sich im Nachgang auf die entsprechende Rechtfertigung in der jedenfalls nicht gänzlich unerwarteten Situation zu berufen.“[327]

In einfachen Worten formuliert bedeutet dies, dass die Jäger in anerkannten Wolfsgebieten künftig womöglich tatenlos zusehen müssen, wenn jagdlich ausgebildete Hunde – unter Umständen sogar im Rahmen einer tierschutzrechtlich notwendigen Nachsuche auf verletztes Wild – von einem Wolfsrudel angegriffen, getötet und aufgefressen werden. Bedenkt man allein den immensen zeitlichen Aufwand zur Ausbildung entsprechend befähigter Hunde, wird man in dieser Rechtsprechung, von den persönlichen Bindungen zwischen Hund und Hundeführer ganz angesehen, eine ernstzunehmende Gefährdung des jagdlichen Tierschutzes sehen müssen.

Und gewiss werden schon bald Stimmen laut werden, die es als einen Verstoß gegen das Tierschutzgesetz bewerten, unter solchen Bedingungen überhaupt noch Jagdhunde von der Leine bzw. dem Schweißriemen zu lassen. Wem das zu weit hergeholt erscheint, der mag einen Blick in unser Nachbarland Österreich werfen, wo Tierschützer unlängst Landwirte angezeigt haben, da diese ihre im Freiland gehaltenen Weidetiere schutzlos dem Zugriff der Wölfe aussetzten.[328]

Am Ende des Tages könnten auf diese Weise das Ende der Freilandhaltung von Nutzieren sowie für die Jagd das Verbot des Einsatzes von Jagdhunden in Wolfsgebieten stehen. Eine ordnungsgemäße Jagdbewirtschaftung, namentlich eine Regulierung des schadenträchtigen Schwarzwildes, wäre unter Zugrundelegung dieser Maßstäbe in den betreffenden Gebieten kaum mehr möglich. Der nächste Akt einer solchen Entwicklung wäre dann die Unverpachtbarkeit der betroffenen Jagdreviere und – hieran anschließend – das Zurückschlagen der Wildschadenshaftung auf die einzelnen Grundeigentümer. Dass diese Rechtsprechung keine zukunftstaugliche Lösung bietet, liegt auf der Hand. Und natürlich fragt man sich, wie das Landgericht entschieden hätte, wenn anstelle eines Jagdhundes ein Vermisstensuch- oder ein Blindenhund im Einsatz attackiert worden wäre.

Der Kategorie wissenschaftlich kaschierter Schönfärberei gehören insbesondere auch die wohlfeilen Selbstregulierungstheorien an – getreu dem Motto, dass die begrenzte Verfügbarkeit von Beutetieren am Ende auch einen natürlichen Regulierungsprozess der Großraubtiere in Gang setzen wird. „Dies mag in der Theorie stimmen, taugt aber nicht für die Praxis", möchte man in den Worten des Aufklärers *Johann Erich Biesters* (1749–1816) antworten. Selbst wenn möglicherweise ein Absinken regionaler Wildbestände wie etwa in Brandenburg bereits zu verzeichnen ist, so dürfte das Reservoir an möglichen Beutetieren in Wald und Flur, den Koppeln und Weiden jedenfalls auf mittlere Sicht hinreichend hoch sein, um auch die Anzahl der Wölfe in untragbare Höhen zu treiben. Auf der Strecke aber blieben dann vor allem die Freilandhaltung unserer Nutztiere und mit ihr jahrzehntelange Bemühungen um eine Rückführung der industriellen Massentierhaltung.

Nicht zuletzt sollten aber auch die erwähnten Erschwernisse für das Jagdmanagement gerade der schadenträchtigen Schalenwildarten und das Schwarzwild nicht unterschätzt werden. Insofern wird kein Weg daran vorbeiführen, eine geordnete Bestandsregulierung des Wolfes in die Wege zu leiten, und diese nicht länger allein dem Straßenverkehr und illegalen „Wildschützen" zu überlassen.

Verbot der Bestandsregulierung des Wolfes durch EU-Recht?

Anders als vielfach dargestellt, steht das europäische Umweltrecht einer solchen planmäßigen Regulierung nicht grundsätzlich entgegen. Zwar unterliegt der Wolf derzeit dem strengen Schutzregime des Anhangs IV (sowie Anhang II) der FFH-Richtlinie, was weitreichende Zugriffsverbote, insbesondere das in Art. 12 Abs. 1 lit. a FFH-Richtlinie geregelte Tötungsverbot zur Folge hat. Allerdings sind selbst unter diesem rigiden Schutzstandard Einzelinterventionen etwa zur Verhütung ernster Schäden in der Tierhaltung, aber auch im Interesse der Volksgesundheit, der öffentlichen Sicherheit oder aus anderen zwingenden Gründen des überwiegenden öffentlichen Interesses möglich. Dies jedenfalls dann, wenn sie die Wiederherstellung eines günstigen Erhaltungszustandes nicht behindern bzw. einen ungünstigen Erhaltungszustand nicht verschlechtern.[329] Auch das deutsche Bundesnaturschutzgesetz formuliert entsprechende Öffnungsklauseln, die Ausnahmen aus zwingenden Gründen des öffentlichen Interesses (einschließlich solcher wirtschaftlicher Art) ermöglichen.[330]

Wesentlicher aber erscheint, dass die Anforderungen an eine Umstufung des Wolfes von Anhang IV in Anhang V der FFH-Richtlinie mittlerweile vorliegen dürften, was größere Spielräume für ein geordnetes Management eröffnete. Insbesondere wäre im Falle einer solchen Umstufung, ähnlich wie bei den ebenfalls in Anhang V der FFH-Richtlinie aufgeführten Wildarten Gams und Baummarder, auch ein tatsächlich jagdliches Regulierungssystem möglich, soweit dabei flankierende Maßnahmen getroffen werden, die einen weiterhin günstigen Erhaltungszustand sicherzustellen.

Inhaltlich setzt die Umstufung in Anhang V den wissenschaftlichen Nachweis eines „günstigen Erhaltungszustands" auf Grundlage aktueller und gesicherter Daten voraus.[331] Als „günstig" gilt der Erhaltungszustand einer Art nach den Vorgaben der FFH-Richtlinie[332] dann, wenn

- aufgrund der Daten über die Populationsdynamik der Art anzunehmen ist, dass diese Art ein lebensfähiges Element des natürlichen Lebensraumes, dem sie angehört, bildet und langfristig weiterhin bilden wird und
- das natürliche Verbreitungsgebiet dieser Art weder abnimmt noch in absehbarer Zeit vermutlich abnehmen wird und
- ein genügend großer Lebensraum vorhanden ist und wahrscheinlich weiterhin vorhanden sein wird, um langfristig ein Überleben der Populationen dieser Art zu sichern.

Dass ein derartiger Nachweis für den Wolf bei entsprechendem politischem Willen mittlerweile zu erbringen wäre, wird in der Fachwelt zunehmend angenommen. Die Bestandszahlen sowie die Populationsdynamik sprechen eine deutliche Sprache. Überdies gilt auch der genetische Austausch der deutsch-westpolnischen Population mit der in einem gesichert günstigen Erhaltungszustand befindlichen baltisch-osteuropäischen Population heute wissenschaftlich als gewährleistet, sodass von einer einheitlichen Eurasischen Metapopulation gesprochen werden kann.[333]

Der auf politischer Ebene erhobene juristische Gegeneinwand, wonach ein günstiger Erhaltungszustand im Sinne der Gesetze erst dann anzunehmen sei, wenn der Wolf gleichsam bis in die letzten Winkel der Republik vorgedrungen ist, wurde erst jüngst von namhafter Seite als nicht stichhaltig widerlegt.[334] Eine derartige Argumentation erscheint nicht zuletzt in Anbetracht des hiesigen Umgangs mit anderen Wildtieren alles andere als überzeugend; man denke nur an die rigiden Begrenzungen des Lebensraums für den ebenfalls artenschutzrechtlich geschützten Rothirsch, dem z. B. im Land Baden-Württemberg gerade einmal vier Prozent der Landesfläche zugestanden werden. Erneut stoßen wir hier auf das bereits bekannte „Zwei-Klassen-Denken" des Artenschutzes, bei dem Fleischfresser einen größeren „Goodwill" genießen als Pflanzenfresser.

Immerhin sind in jüngster Zeit erste Anzeichen für ein grundsätzliches Umlenken zu erkennen. So hat die Europäische Kommission den EU-Mitgliedsstaaten Ende des Jahres 2023 empfohlen, den Schutzstatus des Wolfes in der Berner Konvention von „streng geschützt" auf „geschützt" herabzustufen. Zwar tangiert diese Initiative zur Änderung der Konvention, einer völkerrechtlichen Vereinbarung, nicht unmittelbar den Schutzstandard des Wolfes nach der unionsrechtlichen FFH-Richtlinie. Gleichwohl kann diese Initiative durchaus als erster Schritt in Richtung einer anstehenden Umlistung des Wolfes auch in der FFH-Richtlinie gedeutet werden. Schließlich entspricht die bisherige Einordnung des Wolfes als streng geschützte Art nach Anhang 2 der Berner Konvention sachlich weitgehend den Kriterien der mittlerweile höchst fraglich gewordenen Einordnung des Wolfes in Anhang IV der FFH-Richtlinie. Sollte also die Umlistung des Wolfes von Anhang 2 in Anhang 3 der Berner Konvention Erfolg haben und damit eine Bejagung völkerrechtlich konventionskonform sein, wäre damit eine Umstufung des Wolfes auch in der FFH-Richtlinie durchaus naheliegend und folgerichtig.

Flankierend hierzu hat die Europäische Union die EU-Mitgliedstaaten unlängst aufgefordert, aktuelle Daten zu den rasant ansteigenden Wolfspopulationen vorzulegen. Gerade Deutschland ist dieser Aufforderung aus Sicht großer Verbände wie des Deutschen Bauernverbandes bislang allerdings nur unzureichend gefolgt.[335]

Fest steht in jedem Fall: Kaum ein anderes Land auf der Welt nennt einen ähnlich hohen Wolfsbestand sein Eigen wie die Bundesrepublik Deutschland. Selbst die in Russland beheimatete stolze Zahl von ca. 40 000 Wölfen[336] verteilt sich dort auf ein Territorium, das rund 48-mal größer ist als die Bundesrepublik Deutschland, sodass dort auf einer Fläche in der Größe Deutschlands letztlich „nur" rund 836 Wölfe leben. Bemisst man den Radius weiter, so wird man in Anbetracht der in Europa geschätzt 20 000 frei lebenden Wölfe ohnehin wenig Zweifel mehr hinsichtlich des günstigen Erhaltungszustands der Art haben können. Vor diesem Hintergrund dürfte hinreichend Raum für eine Neukategorisierung des Wolfes sowohl in der Berner Konvention als auch in Anhang V der FFH-Richtlinie bestehen, was dann, soweit der günstige Erhaltungszustand gewahrt bleibt, eine jagdliche Regulierung des Wolfs zuließe.

Wie soll der Wolf reguliert werden?

Insofern werden die geltenden Regelungen, wie alles Recht, ihrerseits im Lichte der fortschreitenden Entwicklung angepasst und fortentwickelt werden müssen. Eine dann wieder jagdrechtlich relevante Frage dürfte daher sein, auf welche Weise und mit welchen Zielgrößen eine Regulierung der Wolfsbestände erfolgen könnte. Dass das bisherige Prozedere, möglichst zielgenau einzelne auffällige Tiere zu entnehmen bzw. einen engen räumlichen und zeitlichen Zusammenhang mit Rissereignissen zu verlangen, kein probates Instrument ist, liegt auf der Hand.

Schon die bisherige Verwaltungspraxis belegt die weitgehende Untauglichkeit dieses Ansatzes. So listet die Wolfsstatistik für das Monitoringjahr 2022/23 gerade einmal zwei Entnahmen „im Rahmen von Managementmaßnahmen" auf – übrigens neben 125 im Straßenverkehr getöteten Wölfen.[337] Insofern stellen auch die Beschlüsse der Umweltministerkonferenz von Anfang Dezember 2023, demzufolge 21 Tage nach einem Wolfsangriff auf durch Herdenschutzmaßnahmen ordnungsgemäß gesicherte Weidetiere ein Wolfsabschuss im Umkreis von einem Kilometer ohne vorherige DNA-Nachweise möglich sind, allenfalls einen ersten Schritt dar; womöglich sind sie in Ansehung des Umsteuerns der EU auch eine bloße „Flucht nach vorn". Es spricht für sich, dass sich das EU-Parlament bereits Ende des Jahres 2022 mehrheitlich für eine Neubewertung der EU-Wolfsstrategie und eine mögliche Revision des geltenden Schutzregimes ausgesprochen hat.[338]

Und hiermit sind wir dann wieder bei dem Thema Jagd und der Frage, wie denn mögliche Regulierungskonzepte der Zukunft aussehen könnten. Schaut man genauer hin, so gehen die Meinungen hierüber weit auseinander. So wurde in der Rechtswissenschaft die Auffassung vertreten, dass eine Bejagung des Wolfs in Anbetracht seiner weiträumigen Lebensweise „nur revierübergreifend und im Rahmen eines großflächig angelegten Nutzungsmanagements" vorstellbar wäre.[339] Anders hat sich die Organisation der Jägerschaft positioniert. Sie fordert, dass *„eine zukünftige reguläre Bejagung ... unter voller und ausschließlicher Einbindung der Jagdausübungsberechtigten innerhalb des bestehenden deutschen Reviersystems [zu] erfolgen"*[340] habe. Für den letztgenannten Ansatz gibt es in der Tat gute Gründe. Vor allem den, dass es wenig praktikabel scheint, innerhalb des geltenden Reviersystems strukturell abweichende Bejagungssysteme zu realisieren, die dann in Konkurrenz zu den örtlichen Jagdausübungsberechtigten träten.

Um die in der Rechtswissenschaft angemahnte übergreifende Perspektive zu gewährleisten, könnte ein Mittelweg darin liegen, regional differenzierend zwischen Bereichen mit besonderen Schadensrisiken und solchen mit weniger hohen Schadensrisiken zu unterscheiden. Auf diese Weise ließen sich Bereiche, die der Deich- oder Almbewirtschaftung unterliegen, weitgehend wolfsfrei halten, während in weniger sensiblen Bereichen den Wölfen ein breiterer, gleichwohl ebenfalls kontrollierter Raum gewährt werden könnte. Den Jagdbezirken der jeweiligen Regionen wäre danach in ihrer Gesamtheit ein jeweils angepasstes Kontingent an Abschüssen zuzuweisen.

Wie immer man die Dinge am Ende sieht: Es ist an der Zeit, sich Gedanken über praxistaugliche Modelle für ein sachgerechtes Wolfsmanagement zu machen. Speziell die Jägerschaft sollte sich dabei allerdings über eines im Klaren sein: Auch wenn der Gesetzgeber unter fachlichen Aspekten bereits auf mittlere Sicht kaum umhinkommen dürfte, „grünes Licht“ für die Bejagung des Wolfes zu geben, wird das Bestandsmanagement der Wölfe in Anbetracht der fortdauernden emotionalen Debatten in unserem Lande kein „Gewinnerthema“ für Jagd und Jäger sein. Ehrende Gedenksteine, wie wir sie aus dem 19. Jahrhundert kennen, werden den künftigen Erlegern von Wölfen in unserem Land sicherlich nicht mehr aufgestellt werden. Eher zu erwarten sind persönliche Bloßstellungen und Beschimpfungen vor allem in den Sozialen Medien.

Und auch hierin könnte ein bislang kaum wahrgenommenes Problem liegen: Was nämlich ist, wenn sich weite Teile der Jägerschaft wegen befürchteter Bloßstellungen und „Shitstorms“ nicht an den erforderlichen Bestandsregulierungen beteiligen? Wie real dieses Problem werden kann, wurde unlängst im Kreis Wesel offenbar, als sich die dortige Jägerschaft weigerte, den von den Behörden verfügten, später von den Verwaltungsgerichten allerdings wieder gestoppten Abschuss der berüchtigten Wölfin Gloria (GW954f) zu exekutieren.

Mag dies im Falle einer naturschutzbehördlichen Einzelmaßnahme noch zu verkraften sein; echte Bestandsregulierungen, wie wir sie in der Zukunft benötigen, sind ohne die Jägerschaft nicht zu realisieren. Insofern dürfte sich die Politik schon bald der Herausforderung ausgesetzt sehen, neben der Änderung der rechtlichen Grundlagen auch rhetorisch umzusteuern und die Sinnhaftigkeit bestandsregulierender Maßnahmen aktiv zu vermitteln.

Zentrale Aufgabe aller Beteiligten wird es dabei sein, der Bevölkerung den grundlegenden Unterschied zwischen der vor allem im 19. Jahrhundert verfolgten Politik der Ausrottung des Wolfes auf der einen Seite und dem aktuellen Erfordernis bestandsregulierender Maßnahmen auf der anderen Seite deutlich zu machen. Jagd zielt nämlich niemals, wie der schon häufig zitierte § 21 des Bundesjagdgesetzes klarstellt, auf die Ausrottung einer Art ab, sondern darauf, „daß ein gesunder Wildbestand aller heimischen Tierarten in angemessener Zahl erhalten bleibt und insbesondere der Schutz von Tierarten gesichert ist, deren Bestand bedroht erscheint".

Noch scheint es eine kühne These. Doch am Ende dürfte die Jagd der entscheidende Schlüssel sein, um das Zusammenleben mit dem Wolf und zugleich dessen Überleben als Wolf in einem dichtbesiedelten Land wie Deutschland zu gewährleisten.

Rotkäppchen und der böse Wolf: ein Fall für den Index?

Bleibt schließlich noch die Frage, wie wir mit den vielen Märchen, Mythen, Sagen und Gleichnissen umgehen sollen, durch die das Image des Wolfes über die Jahrtausende hinweg nachhaltig getrübt wurde: angefangen bei den unzähligen biblischen Bildern[341] vom „reißenden Wolf im Schafskleid" als Inkarnation „falscher Propheten" (Mt. 7, 15) und Verfolger der Gemeinde Christi (Mt. 10, 16, L. 10, 3; Joh. 10, 12) bis hin zu klassischen Kindermärchen wie jenen vom Rotkäppchen oder auch vom Wolf und den sieben Geißlein. Sind solche Erzählungen eigentlich noch eine zeitgemäße Literatur für unsere Jüngsten? Oder verabreichen wir mit ihnen nicht doch den Seelen junger Menschen ein schleichendes Gift, das sich unmerklich in Geist und Körper verteilt und ihr späteres Handeln beeinflussen wird?

Hier wird es Zeit, ein klares Stoppschild aufzustellen! „Don't even think about it!" Märchen, Sagen, Gleichnisse: Sie alle sind kostbare Schätze der Literatur und der Historie. Sie gewähren uns einen wahrhaft „verdichteten" Einblick in die Lebens- und Gedankenwelt unserer Ahnen. Sie erklären uns, wie die Menschen vor uns gefühlt und gedacht, warum sich die Dinge in eine bestimmte Richtung entwickelt haben. Warum wir etwa bei Ausgrabungen Reliefs finden, die von unglücklich verlaufenen Auseinandersetzungen zwischen Viehhirten und Wölfen berichten[342], und warum wir an vielen Orten triumphalen Gedenksteinen über die Erlegung der „letzten Wölfe“ begegnen. Ebenso wie beim Kampf gegen den Klimawandel gilt es auch hier, sich nicht über vorangegangene Generationen zu erheben, die im Rahmen ihrer Möglichkeiten und Kenntnisse nach Wegen gesucht haben, ihr eigenes physisches und wirtschaftliches Überleben und das Überleben ihrer Familien zu sichern.

Wenn wir diese zeitbedingten Kontexte erkennen und sie unseren Jüngsten gemeinsam mit den überlieferten Geschichten vermitteln, dann wird aus dem Märchenwolf kein todbringendes Monster, kein ewiges Feindbild, sondern ein Mitgeschöpf, das durchaus seinen Platz in unserem Land finden kann und soll. Dies allerdings nicht als unantastbares „Über“-Wesen, dessen Schutz über allem stünde, sondern als Teil eines Ganzen, dessen Bedürfnisse mit den Bedürfnissen auch und gerade des Menschen in Ausgleich zu bringen sind. Also Hände weg von unseren literarischen Schätzen!

Und wem das nicht reicht, der mag sich so mancher Erzählungen bedienen, in denen der Wolf als Held und heiliges Tier auftritt. Etwa in der Sage von den Zwillingen Romulus und Remus, die von einer Wölfin gefunden und gesäugt wurden, bevor sie von Faustulus, einem Hirten im Dienste des König Amulius, gefunden und großgezogen wurden, um – in einem für Remus allerdings tödlichen Streit – die ewige Stadt Rom zu gründen. Oder der germanischen Mythologie mit der mächtigsten Göttergestalt des Odin, der gemeinsam mit seinen beiden Wölfen Geri und Freki vorzugsweise seiner geliebten Freizeitbeschäftigung nachging: der Jagd!

ÜBER DEN AUTOR

PROF. DR. JOHANNES DIETLEIN, geboren 1963 in Köln, ist seit 1999 Rechtsprofessor an der Heinrich-Heine-Universität Düsseldorf und war dort von 2004 bis 2006 Prodekan sowie von 2006 bis 2008 Dekan der Juristischen Fakultät. Er ist Autor zahlreicher jagdrechtlicher Abhandlungen und war in einigen Fachgremien aktiv, u. a. als sachverständiges Mitglied des Rechtsausschusses des Deutschen Jagdverbandes (1999–2003) sowie als Vorsitzender des Ausschusses für Jagd- und Forstrecht der Deutschen Gesellschaft für Agrarrecht (2002–2005). Wiederholt wurde seine Expertise als Sachverständiger in parlamentarischen Anhörungen zum Jagd- und Umweltrecht hinzugezogen, unter anderem im Rahmen der Föderalismusreform des Jahres 2006, in deren Folge das Jagdwesen weitgehend der Länderzuständigkeit überantwortet wurde. Als aktiver Jäger blickt er auf mehr als 30 Jahre praktische Erfahrung zurück.

NACHWEISE/QUELLEN

1 Vgl. Skowronnek, Die Jagd, 1901, S. 24.

2 Skowronnek, aaO., S. 18.

3 Eckpunkte der Waldstrategie 2050, Februar 2020, S. 41 – abrufbar unter https://www.bmel.de/SharedDocs/Downloads/DE/_Ministerium/Beiraete/waldpolitik/stellungnahme-waldstrategie-2050.html.

4 Süddeutsche Zeitung vom 4.1.2024, Jagd-Bilanz: Rekordwerte beim Abschuss von Rehwild, online abrufbar unter https://www.sueddeutsche.de/wissen/tiere-duesseldorf-jagd-bilanz-rekordwerte-beim-abschuss-vonrehwild-dpa.urn-newsml-dpa-com-20090101-240104-99-493434 (zul. abger. 25.1.2024).

5 Vgl. dens., Tiere denken, 4. Aufl. 2018, S. 359.

6 Vgl. FAZ vom 8.9.2023, „Mehr Wölfe und wir sind weg", von Anne Kokenbrink, abrufbar unter: https://zeitung.faz.net/faz/wirtschaft/2023-09-08/ae807c8d3eecc355cf5d0fd4a2e62fe1/?GEPC=s9 (zul. abger. 25.1.2024).

7 Vgl. dens., Tiere denken, 4. Aufl. 2018, S. 355 f.

8 https://www.handelsblatt.com/technik/forschung-innovation/wissenschaft-vorgaenger-des-menschen-warein-beutetier/2617468.html (zul. abger. 25.1.2024).

9 https://www.spektrum.de/news/der-mensch-der-geborene-jaeger/1312935#:~:text=Fr%C3%BChe%20Menschen%20verlegten%20sich%20wesentlich,dem%20Erschaffen%20immer%20effektiverer%20Jagdwaffen (zul. abger. 25.1.2024).

10 https://www.welt.de/wissenschaft/article236813239/Homo-sapiens-lebte-wohl-deutlich-frueher-in-Europaals-bislang-angenommen.html (zul. abger. 25.1.2024).

11 https://www.science.org/content/article/did-neanderthals-and-modern-humans-take-turns-living-frenchcave (zul. abger. 25.1.2024);

hierzu auch: https://www.welt.de/wissenschaft/article236813239/Homo-sapiens-lebte-wohl-deutlich-frueher-in-Europa-als-bislang-angenommen.html (zul. abger. 25.1.2024).

12 Kate Wong, Der Mensch – der geborene Jäger, Spektrum 16.10.2014, abrufbar unter: https://www.spektrum.de/news/der-mensch-der-geborene-jaeger/1312935 (zul. abger. 29.4.2024).

13 https://www.dw.com/de/%C3 %A4lteste-h%C3%B6hlenmalerei-der-welt-in-indonesien-entdeckt/a56224713 (zul. abger. 25.1.2024).

14 https://www.lwl.org/wmfah-download/pdf/Westfalen_in_der_Bronzezeit.pdf (zul. abger. 25.1.2024).

15 https://www.deutschlandfunk.de/evolution-der-religion-gescheiter-scheitern-100.html (zul. abger. 25.1.2024).

16 Dies., Das Herrentier, dtv, 1976, S. 172.

17 Harari, Eine kurze Geschichte der Menschheit, 25. Aufl. Pantheon-Ausgabe 2015, S. 73.

18 Zit. nach Happ, Die Hege und Bejagung des Schwarzwildes, 2017, S. 215 unter Verweis auf ein entsprechendes Zitat in der Jagdzeitung „Der Jäger" von 1840.

19 Hierzu A. Eckert, Ein Platz für Tiere, in: Merkur, Heft 884, Januar 2023, S. 61, abrufbar unter https://www.merkur-zeitschrift.de/artikel/ein-platz-fuer-tiere-a-mr-77-1-61/ (zul. abger. 25.1.2024).

20 Vgl. hierzu Guratzsch (Hrsg.), Baumlos in die Zukunft?, 1984.

21 FAZ vom 18.3.2023, S. 18.

22 Zahlen für das Jahr 2023 nach BMEL, Pro-Kopf-Verzehr sinkt auf unter 52 Kilogramm, abrufbar unter: https://www.bmel-statistik.de/ernaehrung/versorgungsbilanzen/fleisch/ (zul. abger. 30.4.2024); Zahlen für das Jahr 2022 nach D. Krings, „Die Moral des Essens", Rheinische Post vom 17.6.2023, S. A 2.

23 A. Burkel, Das Grundrecht des Fuchses – Warum die Natur selbst zum Rechtssubjekt werden sollte, in: Einblicke – Das Forschungsmagazin der LMU München, Heft Nr. 2/2022.

[24] Deutsche Übersetzung abrufbar unter https://www.dublin-declaration.org/fileadmin/Pdfs/DublinDeclaration_German.pdf (zul. abger. 25.1.2024).

[25] Kritisch hierzu Dietlein, Der Europäische Menschenrechtsgerichtshof und das deutsche Jagdrecht, in: Jochum/Fritzemeyer/Kau (Hrsg.), Grenzüberschreitendes Recht – Crossing Frontiers, Festschrift für Kay Hailbronner, 2013, S. 385 ff.

[26] Eingehend hierzu und zu den Unterschieden zwischen einer Sonder- und einer Fachsprache etwa Wagner, Die deutsche „Jägersprache" aus variationslinguistischer und soziopragmatischer Sicht, Diplomarbeit Universität Graz 2014, S. 35, abrufbar unter: https://unipub.uni-graz.at/obvugrhs/download/pdf/242742?originalFilename=true (zul. abger. 25.1.2024).

[27] Zu diesem Aspekt Forstner/Reimoser u. a., Nachhaltigkeit der Jagd, Prinzipien, Kriterien und Indikatoren, 2006, S. 76.

[28] Zit. nach Winkelmayer/Hackländer/Kampits, Jagdkultur – gestern, heute, morgen, hrsg. vom LJV Bayern e. V., 2008, S. 71 (79).

[29] https://www.market.at/newsroom/zustimmung-zur-jagd-sinkt-weiter/ (zul. abger. 28.1.2024).

[30] https://www.dafv.de/service/zahlen-und-fakten-angeln (zul. abger. 25.1.2024).

[31] https://www.dafv.de/service/zahlen-und-fakten-angeln (zul. abger. 25.1.2024) unter Bezugnahme auf Statista 2021.

[32] A. Braun, Wahrnehmung von Wald und Natur, 2000, S. 147.

[33] J. Leithäuser, Importstopp für Elefantenfüße, FAZ vom 18.3.2023, S. 5.

[34] Entwurf zum Rescript an Broscovius vom 28. Januar 1808, in: Botzenhart/Ipsen (Hrsg.), Freiherr vom Stein – ausgewählte politische Briefe und Denkschriften, 2. Aufl. 1986, S. 164.

[35] Rheinische Post vom 20.3.2023, S. B 6.

[36] Rheinische Post vom 20.3.2023, S. B 6.

[37] https://de.statista.com/statistik/daten/studie/161126/umfrage/anzahl-der-jagdscheininhaber-in-deutschland-seit-1968/ (zul. abger. 25.1.2024).

[37a] Deutscher Jagdverband, Handbuch Jagd 2024, S. 684.

[38] Zahlen nach der EU-Vergleichsstatistik 2019, s. https://www.aerzte-gegen-tierversuche.de/images/themen/statistiken/eu/eu_statistik_2019.pdf (zul. abger. 25.1.2024).

[39] Vgl. hierzu die Abbildung „Landwirtschaft, Wirtschaft, Traditionen – Fleischverbrauch nach Ländern und Wirtschaftsleistung, pro Kopf, 2017", in: Fleischatlas – Daten und Fakten über Tiere als Nahrungsmittel, 2021, S. 11, im Internet abrufbar unter: https://www.boell.de/sites/default/files/2022-01/Boell_Fleischatlas2021_V01_kommentierbar.pdf (zul. abger. 25.1.2024).

[40] Kalchreuter, Die Sache mit der Jagd, 5. Aufl. 2003, S. 115.

[41] Zahlen nach https://www.wildoekologie-heute.de/themen/wald-und-schalenwild/pachtzins-vs-wald/ (zul. abger. 25.1.2024).

[42] Zahlen nach https://www.jagdverband.de/zahlen-fakten/zahlen-zu-jagd-und-jaegern (zul. abger. 25.1.2024).

[43] Daten nach https://www.jagd-fakten.de/alle-fakten-zur-jagd-in-deutschland-auf-einem-blick/stereotyp-jaegerinnen-und-jaeger-in-deutschland (zul. abger. 25.1.2024).

[44] Ergebnisse abrufbar unter https://www.jagdverband.de/sites/default/files/2022-07/2022-06_Pressegrafik_Mitgliederbefragung_2022_Ausbildung_Beruf.jpg (zul. abger. 25.1.2024).

[45] Zahlen nach https://www.deutsches-jagdportal.de/portal/index.php/blog/item/221-das-internet-und-die-altersstruktur-der-jaeger-eine-ernuechternde-bestandsanalyse (zul. abger. 25.1.2024).

[45a] Vgl. das Infoportal „Natürlich Jagd" vom 20.1.2023, abrufbar unter: https://www.natuerlich-jagd.de/im-original/fast-ein-drittel-mehr-jaeger-als-vor-30-jahren/ (zul. abger. am 23.3.2024).

[46] Vgl. Randall Haas et al., Female hunters of the early Americas, Haas et al., Science Advances 2020; 6 : eabd0310, vom 4. November 2020,

online abrufbar unter: https://www.science.org/doi/epdf/10.1126/sciadv.abd0310 (zul. abger. 25.1.2024).

47 BVerwG, NVwZ 2006, 92 (93).

48 So noch § 22 der Preußischen Jagdordnung von 1907.

49 Daten nach: https://de.wikipedia.org/wiki/Jagdstrecke (zul. abger. 25.1.2024).

50 Daten nach https://de.wikipedia.org/wiki/Jagdstrecke (zul. abger. 25.1.2024).

51 https://www.destatis.de/DE/Presse/Pressemitteilungen/2022/02/PD22_050_413.html (zul. abger. 25.1.2024).

52 Zahlen nach Deutscher Jagdverband, Handbuch Jagd 2024, S. 387 ff.

53 Vgl. N. Krüger, in: Der Überläufer Heft 01/2023, S. 58 f.

54 So aber etwa R. D. Precht, Tiere denken, 4. Aufl. 2018, S. 352.

55 Auf die Veränderung der Walbaustrategie verweist B. Krewer, Grüne Geschichten, 2019, S. 25.

56 Vgl. hierzu die Zahlen in: DJV, Faktensammlung – ZDF-Sendung „Jäger in der Falle", abrufbar unter https://www.jagdverein-rheingau.de/wp-content/uploads/2014/01/faq-papier_jagd_und_jager_in_deutschland.pdf (zul. abger. 25.1.2024). Hiernach weisen die Abschusszahlen von 1970 und 2009 in europäischen Nachbarländern deutliche Zuwachsraten auf: Schweiz plus 81 Prozent, Österreich plus 87 Prozent, Tschechien sogar plus 310 Prozent. Deutschland liegt mit plus 133 Prozent im Mittelfeld.

57 Vgl. dens., in: Dietlein/Froese, Jagdliches Eigentum, 2018, S. 65.

58 Vgl. R. D. Precht, Tiere denken, 4. Aufl. 2018, S. 359.

59 So etwa Wohlleben, https://nanu-magazin.org/zerstoeren-die-jaeger-den-wald/ (zul. abger. 25.1.2024); ders., Waldschutz – ohne Gewehr?, abrufbar unter: https://www.arte-magazin.de/waldschutz-ohne-gewehr/ (zul. abger. 25.1.2024).

60 Zahlen nach DJV Faktensammlung zur ZDF-Sendung „Jäger in der Falle", abrufbar unter https://www.jagdverband.de/sites/default/

files/faqpapier_jagd_und_jger_in_deutschland_0.pdf (zul. abger. 25.1.2024).

61 Vgl. dens., https://nanu-magazin.org/zerstoeren-die-jaeger-den-wald/ (zul. abger. 25.1.2024).

62 Eckpunkte der Waldstrategie 2050, Februar 2020, S. 41 (s. Endn. 3).

63 Pressemitteilung des Landes vom 24.11.2022, abrufbar unter https://www.baden-wuerttemberg.de/de/service/presse/pressemitteilung/pid/forstbw-verpachtet-staatseigene-jagdbezirke (zul. abger. 25.1.2024).

64 Bayerischer VGH, Beschluss vom 20.11.2018 – 19 ZB 17.1798.

65 Vgl. Gustav Mitschke, Forst-, Jagd-, Fischereirecht – Naturschutz und Tierschutz, Ausführliche Quellensammlung, 1937, S. 356.

66 BVerwG, Urteil v. 30.03.1995, Az.: 3 C 8/94.

67 VGH München, Urteil v. 30.06.2020 – 19 BV 15.1021.

68 Ders., Hege – Eine durchaus kritische Betrachtung, 2019, S. 78.

69 Statt aller etwa VGH München, Beschluss v. 20.11.2018 – 19 ZB 17.1601.

70 Zitat nach https://www.sueddeutsche.de/bayern/bayern-waelder-aiwanger-kaniber-1.4489321 (zul. abger. 25.1.2024).

71 Vgl. S. Herzog, Die Sache mit dem Wald, 2023, S. 107; Reimoser/Stock, Beiträge zur Jagd- und Wildforschung, Band 46 (2021); ähnl. bereits Kalchreuter, Die Sache mit der Jagd, 5. Aufl. 2003, S. 419 ff., bes. S. 422 ff. unter Hinweis auf die Beobachtungen A. Leopolds aus dem Jahre 1936.

72 E. D. Schulze u. a., Ungulate browsing causes species loss in deciduous forests independent of community dynamics and silvicultural management in Central and Southeastern Europe, abrufbar unter https://www.researchgate.net/publication/268817946_Ungulate_browsing_causes_species_loss_in_deciduous_forests_independent_of_community_dynamics_and_silvicultural_management_in_Central_and_Southeastern_Europe/link/5478bcc30cf205d1687f79df/download (zul. abger. 25.1.2024).; s. auch das: Eckpunkte der Waldstrategie 2050 des Wissenschaftlichen Beirats für Waldpolitik beim

Bundesministerium für Ernährung und Landwirtschaft von Februar 2020, S. 41 (s. Endn. 3).

73 https://fawf.wald.rlp.de/fileadmin/website/fawfseiten/fawf/downloads/WSE/2015/2015_OEkonomische_Bewertung.pdf (zul. abger. 24.4.2024) – Bezugsjahr 2012.

74 https://www.topagrar.com/jagd-und-wald/news/rechnungsprue-fer-parngern-zu-hohe-wildbestaende-in-sachsen-anhalt-an-12429553.html (zul. abger. 22.4.2024).

74a S. Trierischer Volksfreund vom 3.11.20213, abrufbar unter: https://www.volksfreund.de/region/mosel-wittlich-hunsrueck/kontrover-se-um-bettenfelder-jagd_aid-6476821 (zul. abger. 23.3.2024).

75 Zit. nach I. Weber-Kellermann, Jagd und Forst: Herrschaftliche gegen bäuerliche Interessen im Vormärz, in: Piereth (Hrsg.), Das 19. Jahrhundert, 1996, S. 291 (292).

76 I. Weber-Kellermann (Endn. 75).

77 Vgl. dens., Auf den Mensch gekommen. Erfahrungen mit Leuten, München 1974, S. 363.

78 Zur Zulässigkeit derartiger Umlagen VG Bayreuth, Urteil v. 26.04.2022 – B 1 K 21.41.

79 Zu den im Einzelnen sehr differenzierten Reformüberlegungen Moog, in: Dietlein/Fröse (Hrsg.), Jagdliches Eigentum, 2018, S. 83 ff.

80 H. W. Eckardt, Herrschaftliche Jagd, bäuerliche Not und bürgerliche Kritik, 1976, S. 113; Urban, Wirtschaftliche Grundlagen der Bauernkriege, 1924, S. 25.

81 Th. Mommsen, Die Grundrechte des Deutschen Volkes, Neudruck der anonymen Erstausgabe von 1849, 1969, S. 64.

82 Hierzu S. Schwenk, Die „Bürgerliche Revolution" von 1848/49 und das deutsche Jagdrecht, in: Deutscher Jagdrechtstag (Hrsg.), Schriftenreihe des Deutschen Jagdrechtstags Band IX/X, 2000, S. 215 ff., die von drei Jagden im Herzogtum Württemberg berichtet, bei denen, wenngleich in einem erheblichen Zeitabstand von vielen

Jahrzehnten (1581, 1737/8 und 1790), insgesamt mehr als 24.000 Stück Wild erlegt wurden.

83 R. von Mohl, Staatsrecht, Völkerrecht und Politik, Zweiter Band (Politik I), 1862, S. 82.

84 I. Weber-Kellermann, Jagd und Forst: Herrschaftliche gegen bäuerliche Interessen im Vormärz, in: Piereth (Hrsg.), Das 19. Jahrhundert, 1996, S. 291, 292.

85 N. Schindler, Wilderer im Zeitalter der Französischen Revolution, 2000, S. 323 ff.

86 I. Weber-Kellermann, Jagd und Forst: Herrschaftliche gegen bäuerliche Interessen im Vormärz, in: Piereth (Hrsg.), Das 19. Jahrhundert, 1996, S. 291 (293).

87 BVerfG, Beschl. v. 13.12.2006, 1 BvR 2084/05, Rn. 10.

88 K. L. Kaufmann, Aus Geschichte und Kultur der Eifel, Nachdruck der Erstausgabe von 1926, 1991, S. 123.

89 K. L. Kaufmann, aaO., S. 120.

90 W. J. Mommsen, 1848 – Die ungewollte Revolution, 1998, S. 134.

91 J.-D. Kühne, Die Reichsverfassung der Paulskirche, 2. Aufl. 1998, § 9 II B 2, S. 280 f.

92 H. W. Eckardt, Herrschaftliche Jagd, bäuerliche Not und bürgerliche Kritik, 1976, S. 266.

93 Vereinzelt finden sich auch höhere Flächenmaße, wie etwa in Bayern (81, 755 ha bzw. im Gebirge sogar 300 ha) oder Brandenburg (150 ha).

94 Vgl. dens., aaO., S. 17 f.

95 A. Braun, Wahrnehmung von Wald und Natur, 2000, S. 145.

96 BVerfGE 58, 300 (339).

97 Eckpunkte der Waldstrategie 2050, Februar 2020, S. 41 (s. Endn. 3).

98 Stratmann, Grüne Paragrafen – braune Denke, in: PIRSCH vom 23.05.2018, online abrufbar unter: https://www.pirsch.de/jagdwissen/gruene-paragrafen-braune-denke-34006 (zul. abger. 25.1.2024).

99 U. Scherping, Waidwerk zwischen den Zeiten, 2. Aufl. 2009 (Original aus 1950), S. 39 f.

100 https://www.bundestag.de/resource/blob/514242/323d38f32d344f-22fa1df016f8b3c2e5/bundesjagdgesetz-data.pdf (zul. abger. 25.1.2024).

101 Th. Klingebiel, Curt Mast – Ein Unternehmer in der Politik, 2017, S. 149 f. Endn. 221.

102 Vgl. Th. Klingebiel, aaO., S. 150: „Mitwisser oder gar […] Mittäter"; seine hohe Bedeutung, gerade ob der vielen internen Kenntnisse, beschreibt auch H. Rubner, Deutsche Forstgeschichte 1933–1945, 1985, S. 177.

103 Hierzu Suter, Jagd unterm Hakenkreuz, 2021, S. 33. Bode/Emmert, Jagdwende, 1998, S. 152 ff.; eingehend auch Neumärker/Knopf, Görings Revier: Jagd und Politik in der Rominter Heide, 2. Aufl. 2008, S. 128 ff.; abschwächend A. Gautschi, wonach Scherping kein Befürworter der dortigen Maßnahmen war, ihnen allerdings auch nicht entgegengetreten ist, vgl. dens., Walter Frevert – Eines Weidmanns Wechsel und Wege, 3. Aufl. 2012, S. 79.

104 Vgl. P.-J. Hopp/W. Weitz, Walter Frevert – Der Macht verfallen, Wild und Hund 2017, https://wildundhund.de/walter-frevert-der-macht-verfallen/ (zul. abger. 25.1.2024); W. Bode/ E. Emmert, Jagdwende, 1983, S. 149 f.

105 Vgl. Geschichte im Original, 50 Jahre Landesjagdverband NRW, Beilage zur Zeitschrift Rheinisch-Westfälischer Jäger 5/1997, S. 4.

106 U. Scherping, Waidwerk zwischen den Zeiten, 2. Aufl. 2009 (Original aus 1950), S. 39; vgl. auch Th. Klingebiel, Curt Mast – Ein Unternehmer in der Politik, 2017, S. 137 wonach Göring vor allem „die Chance sah, sich eine halbe Million Jäger als Gefolgschaft zu verpflichten".

107 J. Dietlein, in: ders./Froese (Hrsg.), Jagdliches Eigentum, S. 29 (47).

108 Ausführlich hierzu zuletzt Weinrich, NuR 2019, 314 (315).

109 F. Skowronnek, Die Jagd, 1901, S. 20.

[110] Zit. nach F. Bergner, Zwei Kaiser, zwei Jäger, zwei Welten – Eine jagdhistorische Studien, S. 12, im Internet abrufbar unter: https://www.forum-jagdkultur.de/veroeffentlichungen/downloads/category/5-sonstiges?download=6:studie-zwei-kaiser-zwei-jaeger-zwei-welten (zul. abger. 25.1.2024).

[111] So der Beitrag von W. Bode, „Die anerkannten Grundsätze der deutschen Weidgerechtigkeit" gem. § 1 Abs. 3 BJagdG – ein trojanisches Pferd der völkischen Rechtserneuerung im Jagdrecht?, in: J. Martínez (Hrsg.), Jahrbuch des Agrarrechts, Band XIII, 2016, S. 33 ff.

[112] W. Bode, aaO., S. 33 (103).

[113] H. Suter, Jagd unterm Hakenkreuz, 2021, S. 171.

[114] BVerfG, Beschl. v. 13. Dezember 2006, 1 BvR 2084/05, Rn. 15.

[115] BVerfG, aaO., Rn. 16.

[116] EGMR, Urt. v. 26.6.2012, NV.9300/07.

[117] Originaltext abrufbar unter https://hudoc.echr.coe.int/eng#{%22display%22:[%220%22],%22languageisocode%22:[%22GER%22],%22appno%22:[%229300/07%22],%22documentcollectionid2 %22:[%22GRANDCHAMBER%22],%22itemid%22:[%22001-113049 %22]} (zul. abger. 25.1.2024).

[118] Nach Schätzungen im Gesetzentwurf für ein neues Jagdgesetz in Brandenburg vom 13.10.2022 (S. 5) sollen in den vergangenen Jagdjahren gar rund 10 % der Rehe, Hirsche und Wildschweine überfahren worden sein; abrufbar unter https://ljv-brandenburg.de/download/zweiter-jagdgesetzentwurf/ (zul. abger. 25.1.2024).

[119] A. Burkel, Das Grundrecht des Fuchses – Warum die Natur selbst zum Rechtssubjekt werden sollte, in: Einblicke – Das Forschungsmagazin der LMU München, Heft Nr. 2/2022.

[120] BVerfG, NJW 2009, 3089 (3091).

[121] Schmidt, in: Isensee/Lecheler (Hrsg.), Festschrift für Walter Leisner, 1999, S. 437 (439).

122 So etwa R. D. Precht, Tiere denken, 4. Aufl. 2018, S. 122 uö.; aus der Rechtsprechung iS. genuiner Tierrechte etwa LG Magdeburg, StV 2018, 335 ff.

123 https://rp-online.de/panorama/deutschland/kinder-glauben-kaefer-anfassen-verboten_aid-17430369 (zul. abger. 25.1.2024).

124 R. Brämer, Natur obskur, Wie Jugendliche heute Natur erfahren, 2006, S. 101.

125 Brämer, aaO., S. 97.

126 https://www.wanderforschung.de/files/www-ml-niedersachsen-de-rainer-braemer-umweltbildung-odernaturerfahr_1707061705.pdf (zul. abger. 25.1.2024) – Folie 28.

127 Frank Sirocko et al., Thresholds for the presence of glacial megafauna in central Europe during the last 60,000 years, in: Scientifc Reports | (2022) 12:20055, s. hierzu auch https://www.archaeologie-online.de/nachrichten/grosssaeugetiere-verschwinden-vor-11-000-jahren-aus-der-eifelregion-infolge-zunehmender-bewaldung-54/#:~:text=Die%20Anwesenheit%20dieser%20Tiere%20d%C3%BCrfte,dies%20vor%20etwa%2015.000%20Jahren (zul. abger. 25.1.2024).

128 So aber R. D. Precht, Tiere denken, 4. Aufl. 2018, S. 74.

129 https://www.archaeologie-online.de/nachrichten/grosssaeugetiere-verschwinden-vor-11-000-jahren-ausder-eifelregion-infolge-zunehmender-bewaldung-54/#:~:text=Die%20Anwesenheit%20dieser%20Tiere%20d%C3%BCrfte,dies%20vor%20etwa%2015.000%20Jahren (zul. abger. 25.1.2024).

130 https://www.geo.de/wissen/dna-enthuellt-schicksal-der-ersten-menschen-europas-30468880.html (zul. abger. 22.4.2024).

131 https://www.tagesschau.de/wetter/wetterthema/dauerfrost-100.html (zul. abger. 25.1.2024).

132 Vgl. dens., Die Zukunft der Jagd & Jäger der Zukunft, 2009, S. 94 ff.

133 Vgl. dens., aaO., S. 95.

134 S. Herzog, ebda, 2023, S. 86.

135 Ders., Die Zukunft der Jagd & die Jäger der Zukunft, 2009, S. 94.

136 Ders., Die Sache mit der Jagd, 5. Aufl. 2003, S. 416.

137 Ders., Das geheime Leben der Bäume, 14. Aufl. 2015, z. B. S. 214.

138 So Wohlleben, Waldschutz – ohne Gewehr?, abrufbar unter https://www.arte-magazin.de/waldschutz-ohne-gewehr/ (zul. abger. 25.1.2024).

139 Interview mit P. Wohlleben, https://nanu-magazin.org/zerstoeren-die-jaeger-den-wald/ (zul. abger. 25.1.2024).

140 FAZ vom 21.9.2023, online abrufbar unter: https://www.faz.net/aktuell/feuilleton/debatten/kritik-an-peterwohllebens-thesen-baeume-kuscheln-nicht-19188355.html (zul. abger. 25.1.2024).

141 Vgl. dens., Facts don't matter? Von Waldflüsterern und wirklichen Förstern, https://www.jmwiarda.de/2021/03/16/facts-don-t-matter-von-waldfl%C3%BCsterern-und-wirklichen-f%C3%B6rstern/ (zul. abger. 23.01.2024).

142 AFZ-Der Wald 21/2020, S. 50 f.

143 AFZ-Der Wald 21/2020, S. 50 f.

144 AaO.

144a Ebda, Bl. 3, abrufbar unter: https://wald-mit-wild.org/wp-content/uploads/2022/10/RA_MLUK_Jagdgesetz_-_GE.pdf (zul. abger. 25.4.2024).

145 https://www.deutschlandfunkkultur.de/holzpellets-geschaeft-europa-waelder-wald-100.html (zul. abger. 25.1.2024).

146 Vgl. hierzu das vom BMEL herausgegebene Strategiepapier „Waldstrategie 2050", S. 19, abrufbar unter: https://www.bmel.de/SharedDocs/Downloads/DE/Broschueren/Waldstrategie2050.pdf?blob=publication File&v=9 (zul. abger. 25.1.2024).

147 https://www.deutschlandfunkkultur.de/holzpellets-geschaeft-europa-waelder-wald-100.html (zul. abger. 25.1.2024).

148 AaO. (s. Endn. 141).

149 Rheinische Post vom 2.12.2022, S. 1.

150 So die Schätzung von T. Reinwald, https://www.geo.de/natur/tierwelt/21509-rtkl-peter-wohlleben-trifftwozu-jagen-eine-debatte-ueber-den-sinn-tiere-zu (zul. abger. 25.1.2024).

151 https://de.wikipedia.org/wiki/Nationalpark_Gran_Paradiso (zul. abger. 25.1.2024).

152 Christina Warta, Bergsteiger 08/2013, S. 34 ff.; abrufbar unter: https://www.grand-paradis.it/sites/default/files/rassegna/2013-08-31+Bergsteiger+Der_Konig_des_Gran_Paradiso.pdf.pdf (zul. abger. 25.1.2024).

153 https://www.nzz.ch/amp/in_den_italienischen_bergen_sterben_die_jungen_steinboecke_weg-ld.972380 (zul. abger. 25.1.2024).

154 https://www.outdoorseiten.net/vb5/forum/outdooraktivit%C3 %A4ten/outdoor-basiswissen/natur-und-umwelt/46428-steinbocksterben-im-gran-paradiso (zul. abger. 25.1.2024).

155 Vgl. Die Welt vom 20.10.2014, Ursache für rätselhaftes Seehund-Sterben gefunden, abrufbar unter https://www.welt.de/wissenschaft/umwelt/article133473333/Ursache-fuer-raetselhaftes-Seehund-Sterben-gefunden.html (zul. abger. 22.4.2024).

156 Spiegel Online vom 13.6.2008, online abrufbar unter: https://www.spiegel.de/wissenschaft/natur/essay-von-josef-h-reichholf-leben-kaempft-stets-gegen-das-gleichgewicht-a-551723.html (zul. abger. 12.6.2024).

157 Hierzu LCEE, Recarbonatisierung von Mauerwerk, Kurzstudie von Dezember 2022, abrufbar unter https://www.dgfm.de/fileadmin/01-DGFM/downloads/studien-mauerwerksbau/2022/LCEE_Kurzstudie-Recarbonatisierung-MW-SP.pdf (zul. abger. 25.1.2024).

158 Irslinger (Endn. 141).

159 So etwa Wüstenberg, NWVBl. 2023, 400 (405).

160 Hierzu Weinrich, NuR 2019, 314 (316).

161 Weinrich, NuR 2019, 314 (318).

162 Heinrich, AtD 2003, 12, zit. nach Hirt/Maisack/Moritz, TierSchG, Komm., 3. Aufl. 2016, § 17 Rn. 18; vgl. hierzu auch P. Müller, Schwarz-

wild, 2009, S. 79: „Kenner wissen, dass die Ansitzjagd die Jagdart mit den geringsten Kollateralschäden ist."

163 Hirt/Maisack/Moritz, aaO.

164 https://de.wikipedia.org/wiki/Erleger (zul. abger. 23.01.2024).

165 § 22 des Regierungsentwurfs vom 23.6.2023 zum LJG RP, abrufbar unter: https://mkuem.rlp.de/fileadmin/14/Startseite/Pressemeldung-PDF/Regierungsentwurf_zum_Landesjagdgesetz.pdf (zul. abger. 24.4.2024).

166 Hierzu die Ausführungen der Deutschen Wildtier Stiftung unter dem Vorsitz von Prof. Dr. Hackländer, abrufbar unter: https://www.rothirsch.org/wissen/alttier-kalb-bindung-und-folgen-des-verwaisens/ (zul. abger. 25.1.2024).

167 https://www.pirsch.de/jagdwissen/jagdrecht/berlin-erlaubt-jagd-auf-frischlinge-mit-schrot-und-kleiner-kugel-34458 (zul. abger. 25.1.2024).

168 Regierungsentwurf zum LJG RP (Endn. 165), Bl. 72.

169 So existiert für das Tierschutzrecht eine Vorranggesetzgebung des Bundes (Art. 74 Abs. 1 Nr. 20 GG), wohingegen den Ländern im Bereich des Jagdwesens eine sogenannte „Abweichungsgesetzgebung" zukommt, mittels derer sie von Bundesgesetzen abweichen können (Art. 72 Abs. 3 Nr. 1 GG).

170 So die Formulierung bei R. D. Precht, Tiere denken, 4. Aufl. 2018, S. 149.

171 S. 9, abrufbar unter https://www.forstbw.de/fileadmin/forstbw_pdf/waldnaturschutz/593_32_APAuerhuhn_Kurzfassung_2009.pdf (zul. abger. 25.1.2024).

172 S. 28, abrufbar unter https://mluk.brandenburg.de/sixcms/media.php/9/aspbirkh.pdf (zul. abger. 25.1.2024).

173 S. 58, abrufbar unter https://www.natur.sachsen.de/download/ArtenschutzprogrammBirkhuhn_LfULG-SBSSMUL_Endfassung_Versi.pdf (zul. abger. 25.1.2024).

174 Vgl. Litzbarski/Litzbarski, Schutzprojekt Großtrappe – 40 Jahre Naturschutzarbeit in der Agrarlandschaft, in: Berichte der naturforschenden Gesellschaft der Oberlausitz, Band 23 (2015) Seite 1 (14), im Internet abrufbar unter: https://www.grosstrappe.org/wp-content/uploads/2017/02/40_jahre-GT-Schutz.pdf (zul. abger. 25.1.2024).

175 https://www.riffreporter.de/de/umwelt/voegel-grosstrappen-schutz-brandenburg (zul. abger. 25.1.2024).

176 Hierzu auch https://www.wildtiermanagement.com/fileadmin/dateien/wildtiermanagement.de/pdfs/Literaturstudie_Praedation_NDS.pdf (zul. abger. 25.1.2024).

177 Vgl. dens., Tierschutz in der Jagd, hrsg. vom LJV Bayern e. V., 2007, S. 17, 28.

178 Vgl. dens., Die Zukunft der Jagd & die Jäger der Zukunft, 2009, S. 100.

179 R. D. Precht, Tiere denken, 4. Aufl. 2018, S. 357 und 359.

180 Hirt/Maisack/Moritz, Tierschutzgesetz – Kommentar, 3. Aufl. 2016, § 17 TSchG Rn. 16.

181 Deutsche Gesellschaft für Tierschutzrecht e. V., Tötung von Haustieren im Rahmen des Jagdschutzes, 13.04.2021, S. 5.

182 Im Einzelnen hierzu Hatlauf/Sachser/Lanz/Steib/Hackländer, Einfluss von Hauskatzen auf die Biodiversität – Aktuelles Wissen und Managementstrategien, BOKU-Berichte zur Wildtierforschung und Wildbewirtschaftung 25/2021.

183 Vgl. https://www.rnd.de/politik/papst-kritisiert-kinderlose-paare-hunde-und-katzen-statt-babysXJYUESRW36WTZWIRDWE32VERTY.html (zul. abger. 25.1.2024).

184 Vgl. Otto Busdorf, Wilddieberei und Förstermorde (Neudruck der Originalfassung der Bände I – III von 1928 – 1931), 2003, Bd. II S. 211 f., der von einem Fall berichtet, bei dem ein Landwirt einem später von ihm ermordeten Förster zugerufen haben soll: „Denjenigen, der mir den Hund erschossen hat, schieß ich auch nieder!“

185 BVerfG, Beschl. v. 19.1.1965 – 2 BvL 6/64, BeckRS 1965, 104391.

186 https://www.focus.de/panorama/welt/jagd-nashoerner-namibia-lizenz-versteigerung-jagdlizenz-grosswildjagd-nashorn-350-000-dollar-6_id_3534384.html (zul. abger. 25.1.2024).

187 https://www.stern.de/familie/tiere/simbabwe-laesst-500-elefanten-von-jaegern-erschiessen---aus-finanzieller-not-30492128.html (zul. abger. 25.1.2024).

188 FAZ vom 23.1.2023, S. 24, Bericht „Statussymbol oder Heilmittel – der Handel mit wilden Tieren boomt", Datenrecherche von Matthias Janson; hierzu auch BT-Drs. 19/27306 vom 03.03.2021, abrufbar unter https://dserver.bundestag.de/btd/19/273/1927306.pdf (zul. abger. 25.1.2024).

189 Entschließung des EU-Parlaments vom 5.10.2022.

190 Hierzu Moser, Eine wilde Symbiose, FAZ vom 12.4.2023, S. N 2.

191 Kommissions-Antwort auf eine Anfrage der EU-Abg. Rips (Verts/ALE) vom 27.4.2023, abrufbar unter https://www.europarl.europa.eu/doceo/document/E-9-2023-001394-ASW_DE.html (zul. abger. 30.1.2024).

192 Krieg gegen die Wilderei, TAZ vom 10.3.2020, https://taz.de/Militarisierter-Naturschutz-in-Afrika/!5669805/ (zul. abger. 25.1.2024).

193 Daten nach FAZ (Endn. 188).

194 FAZ (Endn. 188).

195 BT-Drs. 19/27306 (Endn. 188), S. 4.

196 https://idw-online.de/de/news814192 (zul. abger. 25.1.2024).

197 BT-Drs. 20/5319, S. 8.

198 Im Einzelnen https://www.bfn.de/jagdtrophaeen.

199 J. Leithäuser, Importstopp für Elefantenfüße, FAZ vom 18.3.2023, S. 5.

200 Zitiert nach J. Leithäuser, aaO.; s. auch Moser, Eine wilde Symbiose, FAZ vom 12.4.2023, S. N 2.

201 https://www.natuerlich-jagd.de/im-original/fakt-5-zur-auslandsjagd/ (zul. abger. 25.1.2024).

202 R. D. Precht, Tiere denken, 4. Aufl. 2018, S. 346.

203 Ders., ebda, S. 354.

204 Hespeler, Rehwild heute, 1992, S. 93.

205 So die Formulierung bei R. D. Precht, Tiere denken, 4. Aufl. 2018, S. 149.

206 Hierzu Wiebke Hüster, Zähme dich selbst!, FAZ vom 20.1.2023, S. 13.

207 https://www.hund-jagd.de/119-djv-veroeffentlicht-erstaunliche-zahlen-ueber-das- hundefuehren#:~:text=(huj)%20Der%20Deutsche%20Jagdverband%20(,Drittel%20aller%20J%C3%A4gerhaushalte%20Jagdhunde%20leben (zul. abger. 25.1.2024).

208 Schleswig-Holsteinisches VG, Beschluss vom 22.12.2020 – 7 B 11/20.

209 Vgl. für Hessen § 33 Abs. 1 Nr. 2 HessJagdVO i. V. m. § 41 Abs. 2 HJagdG. In Mecklenburg-Vorpommern muss ein Hund mitgeführt werden, dessen Brauchbarkeit die staatlich anerkannte Landesjägerschaft „bestätigt" haben muss, vgl. § 1 JagdHBVO M-V i. V. m. § 35 Abs. 1 LJagdG M-V.

210 VG Schwerin, BeckRS 2018, 55896 Rn. 14.

211 LT RLP – Drs. 15/4341, S. 49.

212 Vgl. zu einer parallelen Bewertung einer nicht durch formelles Gesetz legitimierten Übertragung von Sachkundeprüfungen auf private Hundevereine OVG Münster, NVwZ 1997, 806.

213 Soweit speziell § 21 Abs. 1 AVBayLJG ein anderes Normverständnis nahelegen könnte, ist diese Vorschrift im Lichte des höherrangigen BayLJG dahingehend auszulegen, dass sie keine Vorab-Prüfung festschreibt und zudem die Brauchbarkeitsprüfung nach der amtlich bestätigten Prüfungsordnung lediglich ein möglicher Weg ist, um den gesetzlich nicht geforderten Vorab-Nachweis der Brauchbarkeit eines Hundes zu erbringen; hierzu z. B. VG Regensburg, Urt. v. 21.3.2006 – RN 2 K 05.782; VGH München, Beschl. v. 3.5.2007, Az. 19 ZB 06.1625.

214 Vgl. in diese Richtung VGH München, Beschl. v. 3.5.2007, Az. 19 ZB 06.1625.

[215] VG Gera, Urt. v. 9.12.2008 – 3 K 595/08 Ge, juris Rn. 60 f.

[216] Dänischer Jagdverband, Jagen in Dänemark, S. 7, online abrufbar unter: https://face.eu/sites/default/files/denmark_de.pdf (zul. abger. 25.1.2024).

[217] VGH Kassel, Beschl. vom 06.11.1996 – 11 TG 4486/96; OVG Schl.-Hst., Urt. vom 17.3.1998, 4 L 219/94.

[218] VGH Kassel, aaO.; ähnl. OVG Schl.-Hst., aaO.

[219] OVG Koblenz, Urteil vom 20. 3. 2001 – 12 A 11997/00.

[220] OVG NRW, Urt. vom 30.7.1998, 20 A 592/96; OLG Celle, Urt. vom 12.10.1993, 12 Ss 147/93.

[221] OVG Münster, Urteil vom 30.07.1998, 20 A 592/96.

[222] Spittler/Feemers, Stifterverband für Jagdwissenschaften e. V., Studie zur Frage der Notwendigkeit und Tierschutzgerechtigkeit der Ausbildung und Prüfung von Jagdhunden an lebenden, vorübergehend flugunfähig gemachten Enten, Typoskript, o. J., S. 20 ff.; abrufbar über www.stifterverband-jagdwissenschaften.de (zul. abger. 27.5.2024).

[223] Anders immerhin BayVGH, Beschl. vom 16.11.2023, Az. 24 CS 23.1695, Rn. 24.

[224] Beschlüsse vom 23. Januar 2013, Az. 2 BvR 1645/10, 2 BvR 1676/10 und 2 BvR 1677/10.

[225] Bundeskriminalamt, Waffenkriminalität – Bundeslagebild 2022, S. 6.

[226] https://www.pirsch.de/jagdwissen/neue-polizeiliche-kriminalstatistik-schusswaffen-deutschland-35904 (zul. abger. 25.1.2024).

[227] Traumann, Waffen – Denn sie wissen nicht was sie tun, in: Zeitschrift „Jäger“ von 16. Dezember 2022, abrufbar unter: https://www.jaeger-magazin.de/jagd-aktuell/jaeger-meinung/waffen-denn-sie-wissen-nicht-was-sietun/ (zul. abger. 25.1.2024).

[228] https://www.focus.de/politik/deutschland/gesetzesluecke-bei-den-laendern-verfassungsschutz-darf-waffen-behoerden-vielfach-nicht-vor-reichsbuergern-warnen_id_180453245.html (zul. abger. 25.1.2024).

229 https://www.ndr.de/nachrichten/info/Deutsche-Waffenbehoerden-schlecht-gegen-Amoklaeufe-geruestet,amoklauf202.html (zul. abger. 25.1.2024).

230 Hierzu Dietlein, Agrar- und Umweltrecht 2018, 253 ff.; grundsätzliche Bedenken bereits bei Fandrey, Agrar- und Umweltrecht 2010, 1 ff.

231 BVerfG, Beschluss vom 28. September 2022, 1 BvR 2354/13.

232 WD, Regelanfrage bei den Verfassungsschutzbehörden nach dem Waffengesetz, Ausarbeitung vom 28.5.2020, abrufbar unter: https://www.bundestag.de/resource/blob/705370/807d171b06ed889ba09e8ddc55cd95e6/WD-3-129-20-pdf-data.pdf (zul. abger. 25.1.2024).

233 Chr. Gusy, JhbÖffSich 2008/09, S. 177 (180).

234 Hierauf hinweisend Jürgensen/Blanc, GSZ 3/2023, S. 131 (135).

235 So auch Jürgensen/Blanc, aaO.

236 Im Jahre 2020 neugefasst durch Art. 1 Ziff. 3 a des 3. WaffRÄndG (BGBl. I S. 166 Nr. 7).

237 VG Düsseldorf, BeckRS 2023, 5109.

238 Anders in Bezug auf die vormalige Gesetzeslage immerhin VG Dresden, Urt. vom 23.06.2016, Az. 4 K 286/16.

239 OVG Bautzen, NVwZ 2023, 358.

240 Beschl. vom 16.11.2023, 24 CS 23.1695 Rn. 23.

241 OVG Magdeburg, Beschl. v. 24.04.2023 – 3 M 13/23; VG Regensburg, BeckRS 2022, 10646.

242 Nr. 12.3.3.2 der Allgemeinen Verwaltungsvorschrift zum Waffengesetz vom 5.3.2012.

243 https://www.pirsch.de/jagdwissen/neue-polizeiliche-kriminalstatistik-schusswaffen-deutschland-35904 (zul. abger. 25.1.2024).

244 Schätzung des Präsidenten des Verbandes Deutscher Büchsenmacher und Waffenfachhändler J. Triebel, Wild & Hund Heft 3/2023, S. 67.

245 Mehr Fortschritt wagen – Bündnis für Freiheit, Gerechtigkeit und Nachhaltigkeit, Koalitionsvertrag 2021 – 2025 zwischen SPD, BÜNDNIS 90/DIE GRÜNEN und der FDP, S. 108.

246 Rheinische Post vom 7.6.2024, S. 1.

247 Vgl. https://www.sueddeutsche.de/panorama/usa-ein-land-unter-waffen-in-sieben-grafiken-1.3694023 (zul. abger. 25.1.2024).

248 https://www.novo-argumente.com/artikel/mehr_waffen_weniger_verbrechen (zul. abger. 25.1.2024).

249 VG Gießen, Urt. 28.10.2021, Az. 9 K 2448/20.GI; s. auch OVG Lüneburg, Beschl. v. 4.10.2010, 11 ME 344/10.

250 Beschluss vom 4.10.2010, 11 ME 344/10.

251 M. G. von Pückler, 391 JVG – Begrenzung des Waffenbesitzes durch die Hintertür, Wild & Hund 2/2014, abrufbar unter: https://wildundhund.de/391-jvg-begrenzung-des-waffenbesitzes-durch-die-hintertuer/ (zul. abger. 25.1.2024).

252 Gesetzentwurf, Bearbeitungsstand 13.10.2022, S. 3 https://ljv-brandenburg.de/download/zweiter-jagdgesetzentwurf/ (zul. abger. 25.1.2024).

253 Vgl. https://ljv-brandenburg.de/download/zweiter-jagdgesetzentwurf/ (zul. abger. 25.1.2024).

254 FAZ vom 19.8.2023, S. 11: „Schädlinge des Waldes – Rheinland-Pfalz macht Jagd auf Waidmanns Vernunft.

255 Vgl. Hoegh, in: Der Überläufer 1/2023, S. 78 f.

256 https://www.shz.de/deutschland-welt/grenzland-daenemark/artikel/letztes-tier-geschossen-keine-wildschweine-mehr-in-daenemark-20085824 (zul. abger. 25.1.2024).

257 Vgl. EGMR, Urt. v. 26.6.2012, Az. NV.9300/07.

258 Begr. Bl. 18 zu § 10 Absatz 4 a. E.

259 S. BVerfG, NVwZ 2007, 808 (810).

260 50 Jahre LJV NRW, Geschichte im Original, Beilage RWJ 5/1997, S. 16.

261 § 10 Abs. 1 LJagdG Bayern.

262 Vgl. https://www.pirsch.de/news/jagdpacht-keine-reviere-mehr-fuer-aeltere-jaeger-34454 (zul. abger. 25.1.2024).

[263] BVerwG, Urteil vom 14.04.2005 – 3 C 31.04: „Darüber hinaus erhält der Grundeigentümer als Surrogat des Jagdausübungsrechts das Mitgliedschaftsrecht in der Jagdgenossenschaft, das ihm Einfluss auf deren Entscheidungen und einen Anteil an den Jagdpachteinnahmen verschafft."; ähnl. BVerfG, Beschl. vom 13.12.2006, Rn. 22: Mitwirkungsrechte als „Ausgleich für die Beschränkung des Eigentums". – 1 BvR 2084/05-, Rn. 1–43.

[264] VerfGH NRW, Urt. vom 31.10.1980, VerfGH 14/79 – betr. kommunale Pflichtverbände.

[265] Krit. etwa Pfannenstiel, Heute noch jagen?, 2017, S. 92, der die Mindestgrößen „wildbiologischen Unfug" nennt.

[266] Vgl. § 7 Rn. 4 des Entwurfs, abrufbar unter https://ljv-brandenburg.de/download/zweiter-jagdgesetzentwurf/ (zul. abger. 25.1.2024).

[267] § 8 Abs. 4 BJagdG.

[268] Explizit Munte, in: Schuck (Hrsg.), BJagdG – Komm., 2. Aufl. 2015, § 10 Rn. 12.

[269] S. https://www.zeit.de/news/2022-03/16/forscher-warnen-genetische-vielfalt-bei-rotwild-sehr-gering (zul. abger. 25.1.2024).

[270] Vgl. dens., Interview in Der Überläufer 01/2023, S. 31.

[271] Überblick bei BMEL, Der Wald in Deutschland, Ausgewählte Ergebnisse der 3. Waldinventur, 3. Aufl. 2018.

[272] OVG Münster, Urteil vom 08.11.2019 – 16 A 447/13, BeckRS 2019, 33798, Rn. 47.

[273] Kamimura et al., Tree dynamic response and survival in a category-5 tropical cyclone: The case of super typhoon Trami, Sci. Adv. 8, eabm7891 (2022), abrufbar unter https://www.science.org/doi/epdf/10.1126/sciadv.abm7891 (zul. abger. 25.1.2024).

[274] W. Bode, Forstrecht ökologisch ausgerichtet – Schluss mit der gesetzlichen Nachhaltigkeitslüge, hrsgg. von der Naturschutzinitiative e. V., 2021, S. 6 und 7.

[275] S. den Artikel Das Schalenwild nützt der Natur – Im bayerischen Grafenwöhr sind Hirsche nicht Schädling, sondern Landschaftspfleger, abrufbar unter: https://www.natuerlich-jagd.de/news/das-schalenwild-nuetztder-natur/ (zul. abger. 25.1.2024).

[276] Vgl. dens., Die Sache mit der Jagd, 5. Aufl. 2003, bes. S. 457.

[277] WDR vom 6.4.2023: Pflanzmaschine macht Dampf bei Aufforsten, abrufbar unter https://www1.wdr.de/nachrichten/westfalen-lippe/pflanzmaschine-aufforsten-wald-suedwestfalen-100.html (zul. abger. 25.1.2024).

[278] S. https://www.baden-wuerttemberg.de/de/service/presse/pressemitteilung/pid/ergebnisse-des-projektsrotwild-in-baden-wuerttemberg-vorgestellt (zul. abger. 25.1.2024).

[279] Rotwildwegeplan aus dem Managementplan 2022 – 2025 – Rotwild in Schleswig-Holstein, erstellt von dem Wildbiologen Frank Zabel (M. Sc.), hrsgg. vom LJV Schleswig-Holstein, abrufbar unter: https://ljv-sh.de/wp-content/uploads/Rotwild-in-SH-Managementplan-2022-2025_Ansicht_Zabel.pdf (zul. abger. 25.1.2024).

[280] Vgl. § 21 Abs. 3 des Entwurfes vom 13.10.2022, wonach „an jeder Stelle das Aufwachsen der Verjüngung des Waldes (Naturverjüngung, Saat und Pflanzung) gewährleistet sein (muss)“, ohne dass nach Baumart oder Art und Umfang des Verbisses differenziert wird.

[281] Krit. hierzu schon Kalchreuter, Die Sache mit der Jagd, 5. Aufl. 2003, S. 457.

[282] Moog, (Endn. 79).

[283] Eckpunkte der Waldstrategie 2050, Februar 2020, S. (s. Endn. 3).

[284] https://www.topagrar.com/jagd-und-wald/news/rechnungspruefer-parngern-zu-hohe-wildbestaende-in-sachsen-anhalt-an-12429553.html (zul. abger. 25.1.2024).

[285] DIE ZEIT vom 15. März 2023: Rechnungshof zu Nationalpark: Zu viel Wild, zu hohe Kosten, online abrufbar unter: https://www.sueddeutsche.de/bayern/umwelt-ramsau-bei-berchtesgaden-rech-

nungshof-zu-nationalpark-zu-viel-wild-zu-hohe-kosten-dpa.urn-newsml-dpa-com-20090101-230315-99-963658 (zul. abger. 25.1.2024).

286 Abrufbar unter https://lrh.nrw.de/wp-content/uploads/2023/02/LRH_NRW_Jahresbericht_2002.pdf (zul. abger. 29.1.2024).

287 BVerwG, Urteil vom 27.06.2012 – BVerwG 9 C 10.11.

288 NVwZ-RR 2012, 817.

289 OVG Lüneburg NdsVBl. 2008, 210.

290 § 57 Abs. 2 S. 2 LJagdG NRW in der ab 31.12.2003 geltenden Fassung sowie 57 Abs. 3 Nr. 3 neu gef. mWv 1.1.2010 durch G v. 17.12.2009 (GV. NRW. S. 876).

291 OVG Koblenz, Urteil vom 15.02.2017, 8 A 10578/16.OVG, BeckRS 2017, 159727 Rn. 54.

292 BVerfGE 122, 316 – CMA-Entscheidung.

293 S. https://www.pirsch.de/news/ministerium-blockiert-jagdabgabe-brandenburg-36511 (zul. abger. 25.1.2024).

294 BVerfG, Urteil vom 7. Mai 1998 – 2 BvR 1991/95 und 2 BvR 2004/95.

295 OVG Lüneburg, Beschl. v. 29.08.2023 – 9 LA 147/22, BeckRS 2023, 22537 Rn. 35.

296 Vgl. dens., Warum der Wolf nicht in besiedelte Landschaften gehört, Vortrag aus dem Jahre 2018, abrufbar unter https://www.teamwork-schoenfuss.de/partnerschaften-beziehungen-links/prof-valerius-geist-w%C3%B6lfe-in-deutschland/ (zul. abger. 25.1.2024).

297 Małgorzata Pilot u. a., Widespread, long-term admixture between grey wolves and domestic dogs across Eurasia and its implications for the conservation status of hybrids, in: Evolutionary Applications 2018;11:662 ff., online abrufbar unter: https://onlinelibrary.wiley.com/doi/full/10.1111/eva.12595.

297a Urt. vom 11. Juni 2020, Rs. C-88/19.

298 Vgl. https://www.senckenberg.de/de/presse/wolfsmonitoring-faq/#-content-0002_5 (zul. abger. 29.4.2024).

[299] So Christopher Zimmermann, Leiter des Thünen-Instituts für Ostseefischerei in Rostock, Frankfurter Rundschau vom 3.6.2023, online abrufbar unter: https://www.fr.de/wissen/sind-kormorane-schuld-am-dorsch-mangel-zr-92320470.html (zul. abger. 25.1.2024).

[300] Abgedruckt in: Johann Elias Ridinger, Die edle Jagdbarkeit, 18. Kupferstiche von Johann Elias Ridinger aus dem Jahre 1729, Stuttgart 1961, S. 47.

[301] S. H. Pitzen, Von Wölfen und Hunden in der Eifel, 2001, S. 20.

[302] Hierzu insgesamt Theo Schmidt, Der Wolf der rheinischen Wälder, in: Bonner Zoologische Beiträge, Heft 3 / 4 aus 1957, S. 197 (200), online abrufbar unter https://www.zobodat.at/pdf/Bonner-Zoologische-Beitraege_8_0197-0206.pdf (zul. abger. 25.1.2024).

[303] Aktuelles: Wildpferde erhalten Schutzzaun, in: RWJ 9/2022, S. 4.

[304] Vgl. zuletzt https://www.natuerlich-jagd.de/news/toedlicher-wolfsangriff-in-westsibirien-60-jaehrige-rentnerin-totgebissen/ (zul. abger. 29.4.2024).

[305] S. Linnell/Kovtun/Rouart, Wolf attacks on humans: an update for 2002-2020, S. 3, online abrufbar unter https://www.ifaw.org/de/resources/nina-report-wolf-attacks-2002-2020 (zul. abger. 25.1.2024).

[306] Wohlleben trifft …, Wozu jagen? Eine Debatte über den Sinn, Tiere zu schießen, https://www.geo.de/natur/tierwelt/21509-rtkl-peter-wohlleben-trifft-wozu-jagen-eine-debatte-ueber-den-sinn-tiere-zu (zul. abger. 25.1.2024).

[307] Vgl. dens., ebda., https://www.geo.de/natur/tierwelt/21509-rtkl-peter-wohlleben-trifft-wozu-jagen-einedebatte-ueber-den-sinn-tiere-zu (zul. abger. 25.1.2024).

[308] https://www.dbb-wolf.de/mehr/pressemitteilungen/details/aktuelle-zahlen-und-daten-zum-wolf-bundesweit-184-rudel-bestaetigt (zul. abger. 25.1.2024).

[309] FAZ vom 13.10.2023, Nr. 238, S. 18: Schnelle Abschüsse von Wölfen – Umweltministerin macht Vorschläge.

310 https://www.rbb24.de/panorama/beitrag/2022/12/brandenburg-wild-bestaende-verband-rueckgang.html (zul. abger. 25.1.2024).

311 Bernd Krewer, Grüne Gedanken, 2017, S. 60 ff.

312 Vgl. dens., Hege und Bejagung des Schwarzwildes, 2017, S. 213.

313 Vgl. FAZ vom 8.9.2023: „Mehr Wölfe und wir sind weg", von Anne Kokenbrink, abrufbar unter: https://zeitung.faz.net/faz/wirtschaft/2023-09-08/ae807c8d3eecc355cf5d0fd4a2e62fe1/?GEPC=s9 (zul. abger. 25.1.2024).

314 https://www1.wdr.de/nachrichten/westfalen-lippe/wolfzaeune-wildpferde-duelmen-100.html#:~:text=Zehn%20Kilometer%20Zaun,keine%20der%20Wildpferde%20rei%C3 %9Fen%20k%C3%B6nnen (zul. abger. 25.1.2024).

315 https://www.dbb-wolf.de/wolfsmanagement/herdenschutz/schadensstatistik (zul. abger. 25.1.2024).

316 Bundesamt für Naturschutz, Pressehintergrund v. 28.11.2022, S. 8, online abrufbar unter: https://www.bfn.de/sites/default/files/2022-11/BfN-Pressehintergrund%20Wolf%2021-22_0.pdf (zul. abger. 29.4.2024).

317 https://www.kreiszeitung.de/lokales/niedersachsen/niedersachsen-jaeger-erschreckende-prognose-300prozent-wolfsrisse-2030-was-tun-92295143.html (zul. abger. 25.1.2024).

318 BOKU-Berichte zur Wildtierforschung und Wildbewirtschaftung BOKU-Reports on Wildlife Research & Game Management, Gutachterliche Stellungnahme zu den Auswirkungen von rückkehrenden Wölfen auf Landwirtschaft und traditionelle Weidehaltung, Freizeit- und Erholungswirtschaft, Jagd- und Forstwirtschaft sowie Biodiversität im Ostalpenraum, 2019, S. 15.

319 https://www.sueddeutsche.de/wissen/tiere-hannover-lies-sieht-grundlage-fuer-einfacheren-abschuss-von-woelfen-dpa.urn-newsml-dpa-com-20090101-220714-99-21175 (zul. abger. 24.04.2024).

320 https://www.stern.de/politik/ausland/schweden-jagt-den-wolf---und-riskiert-aerger-mit-der-eu-33085488.html (zuletzt aufgerufen

am 11.04.2023), wonach der Ausschuss der Ansicht ist, „dass der Wert angesichts der Verdichtung der Wolfspopulation im Lande im unteren Bereich von 170 Individuen liegen sollte".

321 So berichtet ein Biobauer von einem Kostenaufwand von einer halben bis Dreiviertelmillion Euro, dem eine Förderung in Höhe von 30.000 Euro gegenüberstehe, s. FAZ vom 8.9.2023: „Mehr Wölfe und wir sind weg", von Anne Kokenbrink, abrufbar unter: https://zeitung.faz.net/faz/wirtschaft/2023-09-08/ae807c8d3eecc355cf5d0fd4a2e62fe1/?GEPC=s9 (zul. abger. 25.1.2024).

322 Fruth, Herdenschutzhunde – Ärger ist vorprogrammiert, https://www.wochenblatt-dlv.de/feld-stall/tierhaltung/herdenschutzhunde-aerger-vorprogrammiert-559499#:~:text=Ihre%20Attacken%20finden%20dann%20explosiv,den%20Hundehalter%20und%20dessen%20Familie (zul. abger. 25.1.2024). S. auch Oelrich, Rückkehr eines Raubtieres: Lernen mit dem Wolf zu leben, https://zeitung.faz.net/fas/rheinmain/2023-02-12/93b60f9fa121c5ea4d6a3925f4a2f6c3/?GEPC=s9 (zul. abger. 25.1.2024).

323 OVG NRW, Beschl. vom 4.10.2023, Az. 8 B 833/23.

324 https://www.sueddeutsche.de/wissen/tiere-hannover-lies-sieht-grundlage-fuer-einfacheren-abschuss-von-woelfen-dpa.urn-newsml-dpa-com-20090101-220714-99-21175 (zul. abger. 25.1.2024).

325 RP vom 12.05.2023, abrufbar unter: https://rp-online.de/nrw/landespolitik/umweltminister-vertroestenwolfsgegner_aid-90226843 (zul. abger. 25.1.2024).

326 AG Potsdam, Urt. v. 21.06.2021, Az. 82 Ds 82/20; bestätigt durch LG Potsdam, Urt. vom 4.4.2023, 26 N 59/21.

327 Bl. 12 der Entscheidungsgründe.

328 https://kurier.at/chronik/oesterreich/woelfe-tierschuetzer-zeigen-jetzt-landwirte-an-die-schafe-weidenlassen/402491906 (zul. abger. 25.1.2024).

329 Vgl. hierzu etwa Art. 16 Abs. 1 lit. b und c der FFH-Richtlinie.

330 Hierzu M. Brenner, NuR 2024, 1 (4) mwN.

331 EuGH, Urt. v. 10.10.2019 – C 674/17, BeckRS 2019, 23630, Rn. 56 ff., 67.

332 Art. 1 lit. i FFH-RL.

333 Vgl. Pfannenstiel, Heute noch jagen? Das Waidwerk – geliebt und geächtet, 2017, Abbildungsteil Bl. 3.

334 Hierzu umfassend M. Brenner, NuR 2024, 1 (5).

335 https://ga.de/sonderthemen/spezial/presseportal/aktuelle-wolfszahlen-an-die-eu-melden-dbv-und-djv-fordern-bundesumweltministerium-auf-die-blockadehaltung-aufzugeben_aid-98160689 (zul. abger. 25.1.2024).

336 Vgl. Wissenschaftliche Dienste des Bundestages, Wolfsangriffe in Europa, Russland, Asien und Nordamerika, WD 8-3000/041,18, S. 7.

337 https://www.dbb-wolf.de/mehr/pressemitteilungen/details/aktuelle-zahlen-und-daten-zum-wolf-bundesweit-184-rudel-bestaetigt (zul. abger. 25.1.2024).

338 Vgl. die Entschließung des Europäischen Parlaments vom 24.11.2022 zum Schutz der Viehwirtschaft und Großraubtiere in Europa (2022/2952(RSP)), online abrufbar unter: https://www.europarl.europa.eu/doceo/document/TA-9-2022-0423_DE.html (zul. abger. 25.1.2024).

339 M. Brenner, NuR 2024, 1 (11).

340 Aktionsbündnis Forum Natur (AFN), Wildtiermanagement Wolf, Handlungsvorschlag für ein praxisorientiertes Wolfsmanagement in der Kulturlandschaft Deutschlands, 2. Aufl. 2019, S. 42, abrufbar unter: https://www.jagdverband.de/sites/default/files/Wolf_Wildtiermanagement_2019.pdf (zul. abger. 25.1.2024).

341 Hierzu O. Dietz, in: Schwenk/Tilander/Willemsen (Hrsg.), Et Multum et Multa, Festg. für K. Lindner, 1971, S. 61 (67).

342 O. Hülden, Von Wölfen angefallen: Gefahren des antiken Landlebens, Archäologieblog v. 31.10.2019, online abrufbar unter: https://www.derstandard.de/story/2000110227337/von-woelfen-angefallengefahren-des-antiken-landlebens (zul. abger. 25.1.2024).

Bildnachweis

Mit 18 Fotos von AdobeStock (7)/ bathory74: Bildtafel I o. /Xaver Klaussner: Bildtafel I u. /Nathan Hutchcraft: Bildtafel II u. /yorgen67: Bildtafel VI o. /fotograupner: Bildtafel VII o. /giodilo: Bildtafel X o. / ReNi: Bildtafel XII o.; Chris Balke: Bildtafel XII u.; Prof. Johannes Dietlein (5): Bildtafel II o., IX u., X u., XI o., XI u.; imago images/Mary Evans: VI u.; Landesjagdverband Hessen e. V.: Bildtafel IX o.; Landesjagdverband Nordrhein-Westfalen e. V./F. Martini: Bildtafel V o.; Privatarchiv: Bildtafel III; Shutterstock/Rudi Hulshof: Bildtafel VII u.

Mit 4 Illustrationen von Deutsche Wildtier Stiftung: Bildtafel VIII; Landesjagdverband Nordrhein-Westfalen e. V. (2): Bildtafel V u. beide; Privatarchiv: Bildtafel IV

Impressum

Umschlaggestaltung von Büro Jorge Schmidt, München, unter Verwendung einer Grafik von AdobeStock/lesniewski

Mit 18 Farbfotos, 3 Farbillustrationen und 1 Schwarzweißillustration

Gedruckt auf chlorfrei gebleichtem Papier

ISBN 978-3-440-18157-7
Redaktion: Ekkehard Ophoven
Gestaltung und Satz: DOPPELPUNKT, Stuttgart
Produktion: Vanessa Frömmig
Druck und Bindung: Friedrich Pustet GmbH & Co. KG, Regensburg
Printed in Germany / Imprimé en Allemagne